本书得到“中山大学品牌专业建设项目”
及“禾田哲学发展基金”资助，特此致谢！

中国古典美学原著精读本

罗筠筠 编

中国社会科学出版社

图书在版编目（CIP）数据

中国古典美学原著精读本／罗筠筠编．—北京：中国社会科学出版社，2020.9
（2024.12 重印）
（中山大学哲学精品教程）
ISBN 978－7－5203－5270－3

Ⅰ.①中…　Ⅱ.①罗…　Ⅲ.①美学史—中国—古代—教材　Ⅳ.①B83－092

中国版本图书馆 CIP 数据核字（2019）第 216049 号

出 版 人　赵剑英
责任编辑　孙　萍
责任校对　李　莉
责任印制　王　超

出　　版　中国社会科学出版社
社　　址　北京鼓楼西大街甲 158 号
邮　　编　100720
网　　址　http：//www.csspw.cn
发 行 部　010－84083685
门 市 部　010－84029450
经　　销　新华书店及其他书店

印　　刷　北京君升印刷有限公司
装　　订　廊坊市广阳区广增装订厂
版　　次　2020 年 9 月第 1 版
印　　次　2024 年 12 月第 2 次印刷

开　　本　710×1000　1/16
印　　张　23.5
插　　页　2
字　　数　310 千字
定　　价　109.00 元

凡购买中国社会科学出版社图书，如有质量问题请与本社营销中心联系调换
电话：010－84083683

总　序

中山大学哲学系创办于1924年，是中山大学创建之初最早培植的学系之一，黄希声、冯友兰、傅斯年、吴康、朱谦之等著名学者曾执掌哲学系。1952年全国高校院系调整撤销建制，1960年复办至今，先后由杨荣国、刘嵘、李锦全、胡景钊、林铭钧、章海山、黎红雷、鞠实儿、张伟教授担任系主任。

早期的中山大学哲学系名家云集，奠立了极为深厚的学术根基。其中，冯友兰先生的中国哲学研究、吴康先生的西方哲学研究、何思敬先生的马克思主义哲学研究、朱谦之先生的比较哲学研究、马采先生的美学研究等，均在学界产生了重要影响，也奠定了中大哲学系在全国的领先地位。

近百年来，中山大学哲学系同仁勠力同心，继往开来，各项事业蓬勃发展，取得了长足进步。目前，我系是教育部确定的国家基础学科人才培养和科学研究基地之一，具有一级学科博士学位授予权。拥有“国家重点学科”2个、“全国高校人文社会科学重点研究基地”2个、“国家重点培育学科”1个，另设各类省市级研究基地及学术机构若干。

自2002年教育部实行学科评估以来，我系一直稳居全国高校前列。2017年，中大哲学学科入选“双一流”建设名单，并于2022年顺利进入新一轮建设名单；2021年，哲学学科在国际哲学学科排名中位列全球前50；哲学和逻辑学两个本科专业先后获批国家级一流本科专业建设点，2021 年获批基础学科拔尖学生培养计划 2. 0 基地。中山大学哲学系正迎来跨越式发展的重大机遇。

近年来，中大哲学系队伍不断壮大，而且呈现出年轻化、国际化的特色。哲学系同仁研精覃思，深造自得，在各自研究领域取得了丰硕的成果，不少著述产生了国际性的影响，中大哲学系已发展成为哲学研究的重镇。

2016 年，习近平总书记《在哲学社会科学工作座谈会上的讲话》指出："一个国家的发展水平，既取决于自然科学发展水平，也取决于哲学社会科学发展水平。"同时对教材建设提出了更高要求："培养出好的哲学社会科学有用之才，就要有好的教材。……要抓好教材体系建设，形成适应中国特色社会主义发展要求、立足国际学术前沿、门类齐全的哲学社会科学教材体系。"中大哲学系在发展过程中，即十分重视教学和教材建设工作，注重培养德才兼备、具有家国情怀的优秀人才。诸位同仁对待课堂教学，投入了大量精力与热情。在本科及研究生教学工作中，重视中西方经典原著的研读以及学术前沿问题的讲授，逐渐形成特色，学生从中获益良多。

为了进一步提升教学质量，我系推出这套《中山大学哲学精品教程》，所选皆为我系同仁精心结撰的各科教材。这无论对于学科建设还是立德树人而言，都具有十分重要的意义。

《中山大学哲学精品教程》的编撰和出版，是对我系教学工作的检验和促进，我们真诚希望得到学界同仁的批评指正，使之更加完善。

《中山大学哲学精品教程》的出版，得到中国社会科学出版社、中山大学出版社的大力支持，在此谨致以诚挚谢意！

中山大学哲学系
2022 年 4 月 16 日

序　文

经典的魅力

所谓经典，狭义上说，其中的“经”指的是四书五经中的经，“典”则是春秋战国以前的公文体制；广义上说，则是指各个领域中具有典范性、权威性、经久不衰的传世之作，进一步可以扩展为经过历史长河筛选出来的最有价值的、最能表现本行业最精髓的、最具代表性的完美的作品。由此可见，经典之所以能够千古流传、万年传诵，是因为它是人类精神中的精华所在。在今天急需重新树立文化自信的时代，重新温习经典，对于新一代的大学生而言至少有以下重要作用：

首先，经典对当代大学生具有不可替代的美育价值。美育是中国教育方针中重要却并未被完全理解与重视的一个方面。在今天仍然以应试教育为主的中国中、小学教育中，美育也常常是最容易被忽略的，这就显得大学生的审美教育尤其重要。因为美育，不仅仅是一种手段，或者一种途径，美育也不仅仅是让学生懂得如何欣赏各种艺术或者生活中的审美技巧，美育的最终目的是要通过趣味的引导与培养，升华人的感性，最终实现完美人格的获得与完善人生的旅程。而中国文化经典中的许多智慧与哲理，正是美育最深厚与宝贵的源泉。

其次，经典是当今大学生守正创新、传承中华优秀传统文化的基础。

当今的大学生大部分是出生于21世纪的新人类，与出生于书香与笔墨环境中的前人最大的不同是，他们生活于一个电子、网络、信息化、无纸化的新世界中，如今有的中、小学上课、做作业都是用手机、IPAD，这种教育方式固然先进，但未免也过于不接地气，弊端颇多，让人怀疑早晚有一天我们的孩子不会握笔，不谙书香，更加远离经典、脱离传统，成为无本之木、无源之水。因而，在今天的大学课堂上弘扬经典，留住根基，是我们义不容辞的使命，也是使我们的中华传统代代相传、永不枯竭的责任。习近平总书记曾做出“推动中华优秀传统文化保护传承”，“着力赓续中华文脉、推动中华优秀传统文化创造性转化和创新性发展”的重要指示①。使大学生（未来的未来）认识到经典的重要并熟悉与热爱经典，才能让中华民族的优秀传统与精华星火相继、源远流长。

再次，经典帮助大学生建立民族文化自信和民族文化认同。

习近平总书记指出，“文化认同是最深层次的认同，是民族团结之根、民族和睦之魂”②。文化自信建设是党和政府反复强调并持续推进的一项重要方针政策，亦是当代高等教育的目标和任务之一。而经典是中华优秀传统文化传承和发展的重要载体，通过对经典的学习，可以让大学生掌握优秀传统文化的知识、了解优秀传统文化的价值，理解优秀传统文化的内涵，在此基础上对本民族文化形成认同，并进而建立民族文化自信和自豪感。

进一步而言，经典原著经过长期的历史沉积，具有深厚的文化底蕴，并且对于今天来说仍然有着无穷魅力，是国人修身养性的重要源泉。对于哲学系的学生来说，需要一些留得住的东西，无论今后从事什么样的工作，自身的修养都是必需的。

本教材所选中国古典美学经典包括古典诗文、书画、音乐等几方

---

① 《习近平对宣传思想文化工作作出重要指示》，《人民日报》2023 年 10 月 9 日。

② 《习近平在参加内蒙古代表团审议时强调 完整准确全面贯彻新发展理念 铸牢中华民族共同体意识》，《人民日报》2021 年 3 月 6 日。

面的重要代表性文章 14 篇，每篇分题解、原文、注疏、精解、参考文献、延伸阅读六个方面全面系统地介绍和注疏，使学生能够深入理解，并以此为契机进行更为深入的探讨，从而得以培育其中华传统文化修养，和中国知识分子的批判精神与文人气质。

罗筠筠

2023 年 11 月 16 日

目　录

第一章

诗 文 缘 情

一 （魏）曹丕《典论·论文》

（一）题解

曹丕（187—226年），即魏文帝，字子桓，是曹操之妻卞氏所生长子。少有逸才，广泛阅读古今经传、诸子百家之书，年仅8岁，即能为文，又善骑射、好击剑。建安十六年（211年），为五官中郎将、副丞相。二十二年，立为魏太子。二十五年正月，曹操卒，曹丕嗣位为丞相、魏王。同年十月，以“禅让”方式代汉自立，改元黄初。登基以后，在黄初三年（222年）、六年曾两次亲征孙吴，皆未能过江，不果而还。七年五月，病卒于洛阳。曹丕今存诗歌，较完整的约40首。曹丕的著作，《隋书·经籍志》著录有集23卷，又有《典论》5卷，《列异传》3卷等，皆已散佚。明代张溥辑有《魏文帝集》，收入《汉魏六朝百三家集》中。他撰写的文论著作流传于世的有两篇，一篇是《与吴质书》，另一篇是著名的《典论·论文》。

《典论》是曹丕精心撰写的学术著述，共20篇，《论文》是其中之一。《典论》一书失传，《论文》这一篇因被选入《昭明文选》而得以保存下来。这是一篇非常重要的文论著作，在中国文学理论批评史上具有划时代的意义，因为在它之前还没有精心撰写的严格意义上的文学理论专著。它的产生是中国古代文论开始步入自觉期的一个标志。在曹丕之前的一些单篇文论，如《诗大序》《离骚序》《两都赋序》《楚辞章句序》等，所论述的对象要么是一种文体，要么是一位作家，《论文》则是讨论多种文体和评论多位作家，以“才性—文气”为中心，一以贯之地提出或者触及了不少新鲜的重要的文论课题。其重要特征就是推崇作家创作个性及才能，在中国文论史上第一次将才性的“性”阐释为气质、个性，并进一步探讨了作家的气质、个性与文体及风格的关系，其论述的特用术语是“文气”。

曹丕的《论文》重视品藻诸家，分析各家才性的细微差别，探讨文气的内在规律，是有其思想文化背景的。其一，当时品藻人物的社会风气很盛。其二，当时的文学创作也进入了自觉时代，越来越多的作品开始体现出不同的创作个性。这些都历史地呼唤着《典论·论文》的产生。《典论·论文》从批评“文人相轻”入手，强调“审己度人”，对建安七子的创作个性及其风格给予了分析，并在此基础上提出了“四科八体”的文体说，“经国之大业，不朽之盛事”的文学价值观及“文以气为主”的作家论。鲁迅在《魏晋风度及文章与药及酒之关系》中给予本文很高评价：“曹丕的一个时代可以说是‘文学的自觉时代’，或如近代所说的为艺术而艺术的一派。”从此，文学艺术在“文以载道”的社会作用外，有了独立的地位。

（二）原文

文人相轻，自古而然。傅毅[1]之于班固[2]，伯仲之间耳，而固小之，与弟超书曰：“武仲以能属文为兰台[3]令史，下笔不能自休。”夫人善于自见，而文非一体，鲜能备善，是以各以所长，相轻所短。里语[4]曰：“家有弊帚[5]，享之千金[6]。”斯不自见之患也[7]。

今之文人，鲁国孔融文举、广陵陈琳孔璋、山阳王粲仲宣、北海徐幹伟长、陈留阮瑀元瑜、汝南应瑒德琏、东平刘桢公幹[8]。斯七子者，于学无所遗[9]，于辞无所假[10]，咸以自骋骥騄[11]于千里，仰齐足[12]而并驰。以此相服，亦良难[13]矣！盖君子审己以度人[14]，故能免于斯累而作《论文》[15]。

王粲长于辞赋，徐幹时有齐气[16]，然粲之匹也。如粲之《初征》《登楼》《槐赋》《征思》，幹之《玄猿》《漏卮》《圆扇》《橘赋》，虽张、蔡[17]不过也。然于他文，未能称是。琳、瑀之章表书记，今之隽[18]也。应瑒和而不壮[19]，刘桢壮而不密[20]。孔融体气高妙[21]，有过人者，然不能持论[22]，理不胜辞[23]，以至乎杂以嘲戏[24]。及其所善，扬、班俦[25]也。

常人贵远贱近，向声背实[26]，又患暗于自见，谓己为贤。

夫文本同而末异[27]，盖奏议宜雅，书论宜理，铭诔尚实，诗赋欲丽。此四科[28]不同，故能之者偏也；唯通才能备其体。

文以气[29]为主，气之清浊[30]有体，不可力强而致[31]。譬诸音乐，曲度虽均[32]，节奏同检，至于引气不齐，巧拙有素[33]，虽在父兄，不能以移[34]子弟。

盖文章，经国之大业，不朽之盛事。年寿有时而尽，荣乐止乎其身，二者必至之常期[35]，未若文章之无穷。是以古之作者，寄身于翰墨[36]，见意于篇籍[37]，不假良史之辞[38]，不托飞驰之势[39]，而声名自传于后。故西伯幽而演《易》[40]，周旦显而制《礼》[41]，不以隐约而弗务[42]，不以康乐而加思[43]。夫然则古人贱尺璧而重寸阴[44]，惧乎时之过已。而人多不强力[45]，贫贱则慑于饥寒，富贵则流于逸乐[46]，遂营目前之务[47]，而遗千载之功[48]。日月逝于上，体貌衰于下，忽然与万物迁化[49]，斯志士之大痛也！融等已逝，唯干著论，成一家言。

（三）注疏

1. 傅毅（？—约 90 年）：东汉辞赋家。字武仲。扶风茂陵（今陕西兴平东北）人。明帝永平中，在平陵习章句之学，作《迪志诗》自勉并以明志。又因为明帝求贤无诚意，士多隐居，而作《七激》以讽谏。汉章帝建初中，封傅毅为兰台令史，汉明帝时拜郎中，和班固、贾逵一起校勘禁中书籍。曾作《显宗颂》10 篇，文名显于朝廷。后被车骑将军马防聘为军司马。和帝永元元年（89 年），车骑将军窦宪复拜请为主记室，及窦宪升迁大将军，又任他为司马。早卒。现存诗赋等 28 篇。

2. 班固（32—92 年）：字孟坚，扶风安陵人（今陕西咸阳东北），史学家班彪之子，东汉时史学家、文学家，与司马迁并称“班马”。在班彪续补《史记》之作《后传》的基础上编写《汉书》，至汉章帝建初中基本完成。编有《白虎通德论》（《白虎通义》），为汉章帝时朝廷白虎观会议的成果。曾随大将军窦宪北伐匈奴，后受其株连死于狱中。善辞赋，有《两都赋》等。

3. 兰台：汉代中央档案典籍库，位于宫中，隶属于御史府，由御史中丞主管。置兰台令史，“掌图书秘书”。兰台典藏十分丰富，包括皇帝诏令、臣僚章奏、国家重要律令、地图和郡县计簿等。傅毅、班固都曾任兰台令史。

4. 里语：里巷之语，民间俗语。里：同“俚”。

5. 弊帚：破笤帚。典出班固等作《东观汉记》之《光武帝记》。

6. 享之千金：享有千金之贵，意即值有千金。

7. 患：祸害，灾难，害处。

8. 孔融等七人：后世称“建安七子”，是建安年间（196—220 年）七位文学家的合称，包括：孔融（153—208 年）、陈琳（？—217 年）、王粲（177—217 年）、徐幹（171—217 年）、阮瑀（165—212 年）、应瑒（177—217 年）、刘桢（？—217 年）。这七人大体上代表了建安时期除曹氏父子外的优秀作者。“七子”之说乃《典论·论文》首先提出，得到后世的普遍承认。他们对于诗、赋、散文的发展，都曾做出过贡献。鲁国：孔融为东汉末鲁国（治所在今山东曲阜）人。广陵：陈琳为广陵（今江苏扬州）人。山阳：王粲为山阳高平（今属山东）人。北海：徐幹为北海剧县（今山东昌乐西）人。陈留：阮瑀为陈留（今属河南）人。汝南：应瑒为汝南郡（今河南汝南东南）人。东平：刘桢为东平（今属山东）人。七子除孔融、阮瑀均死于217年的一场瘟疫。

9. 于学无所遗：意谓学问广博，无所遗漏。

10. 于辞无所假：意谓文辞无所凭借，自铸伟辞。

11. 骥騄：均为骏马，此处比喻七子文采俊杰。

12. 仰齐足：仰，仰仗，依靠。齐足，喻七子并驾齐驱的文才。

13. 良难：犹言很难。

14. 君子审己以度人：君子，有道德有修养的人，这里曹丕以君子自许。审己以度人：正确审视自己，然后以审视自己的标准去衡量他人。

15. 免于斯累而作《论文》：免于斯累，指免于这些束缚（即文人相轻的偏见）。《论文》，指本文（《典论·论文》）。

16. 齐气：当时人认为齐地人有儒雅舒缓的习气。这里指徐幹文章有舒缓之气。

17. 张、蔡：张衡（78—139年）和蔡邕（133—192年），均为东汉著名辞赋家。

18. 隽：同“俊”，杰出。

19. 和而不壮：意谓应瑒的文章风格平和而不雄健。

20. 壮而不密：意谓刘桢文章风格壮健而条理不够周密。

21. 体气高妙：意谓孔融气度风韵高雅超俗。

22. 不能持论：不善于立论说理。

23. 理不胜辞：意谓文辞胜过说理。

24. 杂以嘲戏：孔融的文章嬉笑怒骂，长于讽刺嘲笑，故曹丕认为他的文章不够严肃，常夹杂着讽刺嘲笑。

25. 扬、班俦：扬、班，扬雄（前53—18年）和班固，均为汉代以赋著称的文学家。俦，伴侣，同辈。扬、班俦，指孔融的好文章是能够与扬、班比美的。

26. 向声背实：趋向名声而背弃实际，意即只重视名声而不注重实际。

27. 本同而末异：树根为本，枝叶为末。这里指文章（用文辞表达内容）的本质是共同的，而具体（体裁和形式）的末节是不同的。

28. 四科：曹丕把八种文体分成奏议、书论、铭诔、诗赋“四科”。

29. 气：中国古代文学理论批评中的重要术语，可以指才气、气质、气势等。

30. 清浊：清气，指才气或气质清新刚健；浊气，则指才气或气质庸弱驽钝。

31. 力强而致：指努力而勉强获得。

32. 曲度虽均：曲度，指曲谱。均：均等。句谓划分曲调的标准是一致的。

33. 节奏同检：指划分音乐节拍的长短缓急的度数相同。引气不齐：演奏时运气方法人各不同。巧拙有素：指各人“引气”方法都有自己平素的或巧或拙的风格。

34. 移：移动，传授。

35. 必至之常期：意谓有必然而一定的年限。

36. 翰墨：翰，毛笔。翰墨，泛指书法，这里指写文章。

37. 见意于篇籍：意谓把自己的意见表现在文章里。

38. 不假良史之辞：意谓不凭借好的史官的文字记载。

39. 不托飞驰之势：意谓不依靠高官显赫的权势。

40. 西伯幽而演《易》：西伯，指周文王姬昌（前1152—前1056

年），季历之子，周王朝奠基者。他在商纣王时为西伯（西方雍州之长），传说他被纣王囚禁于羑（yǒu）里时推演了《易》。将八卦演之为六十四卦。

41. 周旦显而制《礼》：周成王时，周公姬旦为大周摄政，制定了各种礼乐制度。周公名姬旦（约生活于前1100年），也称叔旦，是周文王姬昌的第四子、周武王姬发的同母弟，因封地在周（今陕西省宝鸡市岐山北），故称周公或周公旦。为西周初期杰出的政治家、军事家、思想家和教育家，被尊为儒学奠基人。东都洛邑建成之后，周公召集天下诸侯举行盛大庆典，在这里正式册封天下诸侯，并且宣布各种典章制度，也就是所谓“制礼作乐”。显，显达。周公旦在成王时摄政，故“显”，又说他曾制《周官》等礼书，故曰“周旦显而制《礼》”。

42. 隐约而弗务：隐约，与显达义相反，如文王被囚禁。弗务，不做事，指不从事著述。

43. 康乐：安乐，如周公，位显，可以视为康乐。加思：改变想法、志向。

44. 古人贱尺璧而重寸阴：璧，圆形中有孔的玉器。尺璧，言璧玉之大，价值昂贵。寸阴，一寸光阴，言时间之短。

45. 强力：努力。

46. 流于逸乐：过度享乐。流：放纵。

47. 遂营目前之务：遂，于是。营，经营。遂营目前之务，于是只忙于眼前的琐事。

48. 遗千载之功：遗忘可以流传千年的伟大功业，指不从事可以留名千载的著述之事。

49. 迁化：指死。

（四）精解

1. 文人相轻

“文人相轻”是文中所提出的影响后世的重要观点，曹丕以班固与傅毅的例子说明了文人之间相互轻视的现象，在他看来这主要是由于文人往往“各以所长，相轻所短”，看到自己的全是优点，而对他人却只能看到缺点，并且以自己的长处比较他人的短处，自然是别人都不如自己。他还总结了出现如此现象的主要原因，即贵远贱近，向声背实，后来刘勰《文心雕龙》“知音”篇中将其观点化为三个原因，即：贵古贱今、崇己抑人、信伪迷真。曹丕认为，文非一体，鲜能备善，所以每个人都有自己的长处，并以“建安七子”为例加以说明。

2. 审己以度人

曹丕还提出了文学批评的基本原则，即“审己以度人”。曹丕对当时社会上“文人相轻”的现象很不满，而之所以会产生这一现象，他说是因为“夫人善于自见，而文非一体，鲜能备善。是以各以所长，相轻所短”。“又患暗于自见，谓己为贤。”由此，他提出了“审己以度人”的批评原则：“盖君子审己以度人，故能免于斯累而作《论文》。”即要摆脱相互轻视，要客观地、全面地去认识自己的长处和不足，并以同样的态度去评价他人及其作品。这是继孟子的“以意逆志”和“知人论世”之后对文学批评原则的又一次突破。① 审己度人，后来成为一个著名的成语，意在评价他人之前应该先审查自己。

3. 四科八体

曹丕《典论·论文》在历史上第一次正式提出的文体分类及其各自特点的思想。包括：奏议宜雅，书论宜理，铭诔尚实，诗赋欲丽。

---

① 参见张涵、史鸿文《中华美学史》，西苑出版社 1995 年版，第 219 页。

曹丕认为文体各有不同，风格也随之各异。这当是最早提出的比较细致的文体论，也是最早的文体不同而风格亦异的文体风格论。

4. 文以气为主

在曹丕之前，人们谈论“气”多用来说明事物的构成及人的性情，如老子说：“万物负阴而抱阳，冲气以为和。”（《老子·四十二章》）管仲说：“气道乃生，生乃思，思乃知，知乃止矣。”（《管子·内业》）王充说：“天地合气，万物自生。”（《论衡·自然》）又说：“人之禀气，或充实而坚强，或虚劣而软弱。”（《论衡·气寿》）而以气论文则始于曹丕。曹丕所说的“气”也含有“人之禀气”的“气”那种含义，但曹丕不是讨论一般人的“气”，而是讨论文学家的“气”及其与其创作的关系问题。“文以气为主”是强调了作家的气质和才性对文学作品的支配作用。他认为不同的作家有不同的“气”，即“引气不齐”，而这就导致了他们的创作风格也不一样，即使是父子兄弟，也会有不一样的特点。这样他就得出了“文非一体，鲜能备善”的结论，不同作家的气质、才性都既有所长，又有所短，不可能尽善尽美，表现在作品中也是如此。他以建安时期文坛七位著名作家为例来说明：“王粲长于辞赋，徐幹时有齐气，然粲之匹也。如粲之《初征》《登楼》《槐赋》《征思》，幹之《玄猿》《漏卮》《圆扇》《桔赋》，虽张、蔡不过也。然于他文，未能称是。琳、瑀之章表书记，今之隽也。应瑒和而不壮，刘桢壮而不密。孔融体高气妙，有过人者，然不能持论，理不胜辞，以至乎杂以嘲戏。及其所善，扬、班俦也。”（《典论·论文》）在《与吴质书》中，他进一步发挥了这一思想。说：“观古今文人，类不护细行，鲜能以名节自立。而伟长独怀文抱质，恬淡寡欲，有箕山之志，可谓彬彬君子者矣。著《中论》二十余篇，成一家之言，辞义典雅，足传于后，此子为不朽矣。德琏常斐然有述作之意，其才学足以著书，美志不遂，良可痛惜。……孔璋章表殊健，微为繁富。公幹有逸气，但未遒耳。其五言诗之善者，妙绝时人。元瑜书记翩翩，致足乐也。仲宣续自善于辞赋，借其体弱，不足起其文。至于所善，古人无以远过。”曹丕所举的例子从另一方面强调了文学风格的不同，而这风格的多样化乃来源于作家“秉气”的不同。这影响到了的刘勰《文心雕龙·体性》篇中曾有“才有庸俊，气有刚柔”的说法。[①]

5. 经国之大业，不朽之盛事

曹丕在《典论·论文》中还对文学的价值及其作用作了说明：“盖文章经国之大业，不朽之盛事。年寿有时而尽，荣乐止乎其身，二者必至之常期，未若文章之无穷。”这里所说的“文章”主要指诗赋、散文等，就是文学作品。强调诗文等艺术的社会价值和社会作用乃儒家美学的一贯传统，但像曹丕这样把它提到“经国之大业”和“不朽之盛事”的高度还前所未有。传统儒家对文学社会作用的看法多限于助人伦、美教化等道德层次，如“文以载道”“寓教于乐”等，有的甚至视文学为道德的附庸，甚至以道德标准作为评价文学艺术的唯一标准。如所谓“有德者必有言，有言者不必有德”。《左传·襄公二十四年》：“太上有立德，其次有立功，其次有立言，虽久不废，此之谓不朽。”在这“不朽”之三件事中，“立言”处于第三位，而曹丕却把它提高到了“经国之大业，不朽之盛事”的高度，将属于立言一类的文学看成是建功立业（犹《左传》“立功”）的一个部分或要素。这说明曹丕较前人抬高了文学的价值。此外，曹丕还指出：“古之作者，寄身于翰墨，见意于篇籍，不假良史之辞，不托飞驰之势，而声名自传于后世。”说明文学之所以成为“不朽之盛事”，能关系到“经国之大业”，大概不是靠了道德的提助，而是由自身的价值所决定的。这说明曹丕一方面看到了文学的重大价值，另一方面看到了这一价值的获得是文学自身的功能，并非是道德、经学的

① 参见张涵、史鸿文《中华美学史》，西苑出版社 1995 年版，第 217—219 页。

附庸。这一看法与当时的文学实践是吻合的。[①] 正如鲁迅先生所言："他说诗赋不必寓教训，反对当时那些寓训勉于诗赋的见解，用近代的文学眼光来看，曹丕的一个时代可说是'文学的自觉时代'，或如近代所说是为艺术而艺术（Art for Art's Sake）的一派。"（鲁迅《魏晋风度及文章与药及酒之关系》）曹丕的这一观点，是汉代以后重新审视大学艺术功用的划时代进步。

（五）参考文献

1. 班固撰，颜师古注：《汉书》，中华书局 1964 年版。

2. 陈寿撰，裴松之注：《三国志》，中华书局 1959 年版。

3. 刘勰撰，黄叔琳注，李详补注，杨明照校注《增订文心雕龙校注》，中华书局 2000 年版。

4. 钟嵘著，周振甫译注：《诗品译注》，中华书局 1998 年版。

5. 萧统撰，阴法鲁审订：《昭明文选译注》，吉林文史出版社 1987 年版。

6. 欧阳询撰，汪绍楹校：《艺术类聚》，上海古籍出版社 1985 年版。

7. 鲁迅：《魏晋风度及文章与药及酒之关系》，《鲁迅全集》，人民文学出版社 2005 年版。

8. 刘师培：《中国中古文学史 · 论文杂记》，商务印书馆 1958 年版。

9. 朱东润：《中国文学批评史大纲》，上海古籍出版社 2016 年版。

10. 罗根泽：《中国文学批评史》，中华书局 1961 年版。

11. 郭绍虞：《中国历代文论选》，上海古籍出版社，2001 年版。

---

① 参见张涵、史鸿文《中华美学史》，西苑出版社 1995 年版，第 217—219 页。

12. 叶朗主编:《中国历代美学文库》(魏晋南北朝卷),高等教育出版社 2003 年版。

13. 张涵、史鸿文:《中华美学史》,西苑出版社 1995 年版。

(六) 延伸阅读

(三国) 曹丕《与吴质书》

二月三日,丕白:“岁月易得,别来行复四年。

三年不见,东山犹叹其远,况乃过之,思何可支!虽书疏往返,未足解其劳结。昔年疾疫,亲故多离其灾,徐、陈、应、刘,一时俱逝,痛可言邪!昔日游处,行则连舆,止则接席,何曾须臾相失。每至觞酌流行,丝竹并奏,酒酣耳热,仰而赋诗,当此之时,忽然不自知乐也。谓百年己分,可长共相保。何图数年之间,零落略尽,言之伤心!顷撰其遗文,都为一集。观其姓名,已为鬼录。追思昔游,犹在心目,而此诸子,化为粪壤,可复道哉!

观古今文人,类不护细行,鲜能以名节自立。而伟长独怀文抱质,恬淡寡欲,有箕山之志,可谓彬彬君子矣。著《中论》二十余篇,成一家之业,辞义典雅,足传于后,此子为不朽矣。德琏常斐然有述作意,才学足以著书,美志不遂,良可痛惜。间者历观诸子之文,对之抆泪,既痛逝者,行自念也。孔璋章表殊健,微为繁富。公干有逸气,但未遒(qiú)耳,至其五言诗,妙绝当时。元瑜书记翩翩,致足乐也。仲宣独自善于辞赋,惜其体弱,不足起其文,至于所善,古人无以远过也。

昔伯牙绝弦于钟期,仲尼覆醢(hǎi)于子路,愍(mǐn)知音之难遇,伤门人之莫逮也。诸子但为未及古人,自一时之隽也,今之存者已不逮矣。后生可畏,来者难诬,然吾与足下不及见也。

行年已长大,所怀万端,时有所虑,至乃通夕不瞑。何时复类昔日!已成老翁,但未白头耳。光武言‘年三十余,在兵中十岁,所更非一’，吾德虽不及之，年与之齐矣。以犬羊之质，服虎豹之文，无众星之明，假日月之光，动见观瞻，何时易邪？恐永不复得为昔日游也。少壮真当努力，年一过往，何可攀援！古人思秉烛夜游，良有以也。顷何以自娱？颇复有所述造不？东望于邑，裁书叙心。”丕白。

二 （晋）陆机《文赋》

（一）题解

陆机（261—303年），字士衡。吴郡吴（今江苏省苏州）人。曾任平原内史，世称“陆平原”。西晋文学家。与其弟陆云合称“二陆”。祖陆逊为东吴丞相，父陆抗是东吴大司马。陆抗去世时，陆机14岁，即与其弟分领父兵，为牙门将。20岁时，吴灭，与其弟陆云退居旧里，闭门勤读。太康十年（289年），陆机与弟陆云来到洛阳，拜访太常张华。张华大为爱重，使陆氏兄弟享誉京师，有“二陆入洛，三张减价”之说。当时贾谧当权，开阁延宾，一时文士辐凑其门，其中著名的有24人，号“二十四友”，陆氏兄弟亦入其列。历任国子祭酒、太子洗马、著作郎等职。永康元年（300年），赵王伦专擅朝政，以陆机为相国参军。次年，赵王伦阴谋篡位，以陆机为中书郎。伦败，陆机涉嫌，收付廷尉，依赖成都王颖、吴王晏等相救，得减死罪，徙边，遇赦而止。后入成都王幕，参大将军军事，又表为平原内史。太安二年（303年），成都王举兵伐长沙王，以陆机为前将军前锋都督。兵败，为怨家所谮，被杀，夷三族。

陆机是西晋太康、元康间最负声誉的文学家，被钟嵘誉为“太康之英”。就其创作实践而言，钟嵘评价，他的诗歌“才高词赡，举体华美”（钟嵘《诗品》），注重艺术形式技巧，代表了太康文学的主要

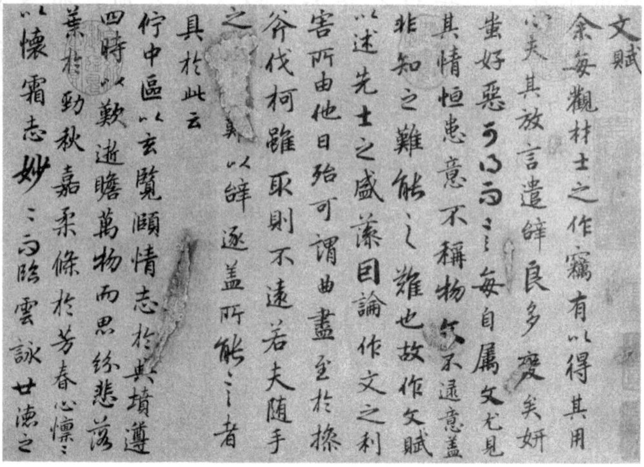

（唐）陆柬之《文赋》（局部）

倾向；就其文学理论而言，他的《文赋》是中国文学理论发展史上第一篇系统的创作论，对后世的文学创作和理论发展，产生了重要影响。陆机才华横溢，除文学外，在史学、书法绘画艺术方面也多有建树。在史学上，曾著《晋纪》4卷、《吴书》（未完成）、《洛阳记》1卷等，多已佚。他还是著名的书法家，所写的章草《平复帖》流传至今，是书法中的珍品。另外，据唐代张彦远《历代名画记》，陆机还著有《画论》（今已佚）。据《晋书·陆机传》载，陆机所作诗、赋、文章，共有300多篇，今存诗107首，文127篇（包括残篇）。原集久佚。南宋徐民瞻得遗文10卷，与陆云集合刻为《晋二俊文集》，明代陆元大据以翻刻，即今通行之《陆士衡集》。明代人张溥所辑《汉魏六朝百三家集》有《陆平原集》。

《文赋》是用赋体来论文学的开创之作。陆机在20多岁时便总结前人写作经验，写成了这部不朽论著。在《文赋》中，陆机给予灵感、想象以重要地位，认为是文学创作的源泉。反对袭蹈前人，提倡创新。此外，还将曹丕的四科八体，扩展到了十体。并论述了各种文体的特点，他还针对当时的创作提出了定去留、立警策、戒雷同、去庸音的文学创作的原则，并对遣辞、剪裁、音律等问题表达了见解。《文赋》详细分析了文学创作过程，提出了很多文学理论上的重要命题，是中国文艺理论和美学的重要文献。

（二）原文

余每观才士之所作，窃有以得其用心[1]。夫放言[2]遣辞，良多变矣，妍蚩好恶，可得而言[3]。每自属文，尤见其情[4]，恒患意不称物[5]，文不逮意[6]，盖非知之难，能之难也。故作《文赋》，以述先士之盛藻，因论作文之利害所由[7]，佗日殆可谓曲尽其妙[8]。至于操斧伐柯[9]，虽取则不远，若夫随手之变，良难以辞逮，盖所能言者，具于此云。

伫中区以玄览[10]，颐情志于典坟[11]。遵四时以叹逝，瞻万物而思纷。悲落叶于劲秋，喜柔条于芳春，心懔懔以怀霜[12]，志眇眇而临云[13]。咏世德之骏烈，诵先人之清芬[14]。游文章之林府[15]，嘉丽藻之彬彬[16]。慨投篇而援笔，聊宣之乎斯文[17]。

其始也，皆收视反听[18]，耽思傍讯[19]，精骛八极[20]，心游万仞[21]。其致也，情曈昽而弥鲜[22]，物昭晰而互进[23]。倾群言之沥液[24]，漱六艺之芳润[25]。浮天渊[26]以安流，濯下泉而潜浸[27]。于是沈辞怫悦[28]，若游鱼衔钩，而出重渊之深；浮藻联翩，若翰鸟缨缴，而坠曾云之峻[29]。收百世之阙文，采千载之遗韵[30]。谢朝华于已披[31]，启夕秀于未振[32]。观古今于须臾，抚四海于一瞬。

然后选义按部，考辞就班[33]。抱景者咸叩，怀响者毕弹[34]。或因枝以振叶[35]，或沿波而讨源。或本隐以之显，或求易而得难。或虎变而兽扰，或龙见而鸟澜[36]。或妥帖而易施，或岨峿[37]而不安。罄澄心以凝思，眇众虑而为言[38]。笼天地于形内，挫万物于笔端。始踯躅于燥吻，终流离于濡翰[39]。理扶质以立干，文垂条而结繁。信情貌之不差，故每变而在颜。思涉乐其必笑，方言哀而已叹。或操觚以率尔[40]，或含毫而邈然[41]。

伊兹事之可乐，固圣贤之所钦。课虚无以责有，叩寂寞而求音。函绵邈于尺素[42]，吐滂沛乎寸心[43]。言恢[44]之而弥广，思按之而逾深[45]。播芳蕤之馥馥[46]，发青条之森森。粲风飞而猋竖[47]，郁云起乎翰林[48]。

体有万殊，物无一量[49]。纷纭挥霍，形难为状[50]。辞程才以效伎[51]，意司契而为匠[52]。在有无而僶俛[53]，当浅深而不让。虽离方而遁员[54]，期穷形而尽相[55]。故夫夸目者尚奢[56]，惬心者贵当[57]。言穷者无隘，论达者唯旷。

诗缘情而绮靡，赋体物而浏亮[58]。碑披文以相质[59]，诔缠绵而凄怆。铭博约而温润，箴顿挫而清壮。颂优游以彬蔚，论精微而朗畅。奏平彻以闲雅，说炜晔而谲诳[60]。虽区分之在兹，亦禁邪而制放[61]。要辞达而理举，故无取乎冗长[62]。

其为物也多姿，其为体也屡迁。其会意也尚巧，其遣言也贵妍。暨音声之迭代[63]，若五色之相宣[64]。虽逝止之无常[65]，固崎锜[66]而难便。苟达变而识次，犹开流以纳泉。如失机而后会，恒操末以续颠。谬玄黄[67]之袟叙，故淟涊[68]而不鲜。

或仰偪于先条[69]，或俯侵于后章[70]。或辞害而理比[71]，或言顺而义妨[72]。离之则双美，合之则两伤。考殿最[73]于锱铢[74]，定去留于毫芒。苟铨衡之所裁，固应绳其必当。或文繁理富，而意不指适[75]。极无两致，尽不可益。立片言而居要，乃一篇之警策[76]。虽众辞之有条，必待兹而效绩。亮功多而累寡[77]，故取足而不易[78]。

或藻思绮合[79]，清丽芊眠[80]。炳若缛绣[81]，凄若繁弦[82]。必所拟之不殊，乃闇合乎曩篇[83]。虽杼轴[84]于予怀，怵佗人之我先。苟伤廉而愆义[85]，亦虽爱而必捐[86]。

或苕发颖竖[87]，离众绝致[88]。形不可逐，响难为系。块孤立而特峙，非常音之所纬[89]。心牢落而无偶，意徘徊而不能揥[90]。石韫玉而山辉，水怀珠而川媚。彼榛楛[91]之勿翦，亦蒙荣于集翠。缀《下里》于《白雪》，吾亦济夫所伟[92]。

或托言于短韵，对穷迹而孤兴[93]。俯寂寞而无友，仰寥廓而莫承[94]。譬偏弦之独张，含清唱而靡应。或寄辞于瘁音，徒靡言而弗华[95]。混妍蚩而成体[96]，累良质而为瑕。象下管之偏疾[97]，故虽应而不和。或遗理以存异[98]，徒寻虚以逐微[99]。言寡情而鲜爱，辞浮漂而不归[100]。犹弦幺而徽急[101]，故虽和而不悲[102]。或奔放以谐合，务嘈囋[103]而妖冶。徒悦目而偶[104]俗，固高声而曲下。寤《防露》与《桑间》[105]，又虽悲而不雅。或清虚[106]以婉约，每除烦而去滥。阙大羹[107]之遗味，同朱弦[108]之清氾[109]。虽一唱而三叹，固既雅而不艳[110]。

若夫丰约[111]之裁，俯仰之形[112]。因宜适变，曲有微情。或言拙而喻巧，或理朴[113]而辞轻。或袭故而弥新[114]，或沿浊而更清[115]。或览之而必察[116]，或研之而后精[117]。譬犹舞者赴节以投袂[118]，歌者应弦而遣声[119]。是盖轮扁[120]所不得言，故亦非华说之所能精。

普辞条与文律[121]，良余膺之所服。练世情之常尤[122]，识前修之所淑。虽浚[123]发于巧心，或受欠于拙目。彼琼敷与玉藻[124]，若中原之有菽。同橐籥之罔穷[125]，与天地乎并育。虽纷蔼[126]于此世，嗟不盈于予掬[127]。患挈瓶之屡空[128]，病昌言[129]之难属。故踸踔[130]于短垣，放庸音以足曲。恒遗恨以终篇，岂怀盈而自足。惧蒙尘于叩缶，顾取笑乎鸣玉[131]。

若夫应感之会，通塞之纪。来不可遏，去不可止。藏若景灭[132]，行犹响起。方天机之骏利[133]，夫何纷而不理。思风发于胸臆，言泉流于唇齿。纷威蕤以馺遝[134]，唯毫素之所拟[135]。文徽徽[136]以溢目，音泠泠[137]而盈耳。及其六情底滞[138]，志往神留。兀[139]若枯木，豁若涸流。揽营魂以探赜[140]，顿[141]精爽于自求。理翳翳[142]而愈伏，思乙乙[143]其若抽。是以或竭情而多悔，或率意而寡尤。虽兹物之在我，非余力之所戮[144]。故时抚空怀而自惋，吾未识夫开塞之所由[145]。

伊兹文之为用，固众理[146]之所因。恢万里而无阂[147]，通亿载而为津[148]。俯贻则于来叶，仰观象乎古人[149]。济文武于将坠[150]，宣风声[151]

于不泯。途无远而不弥，理无微而弗纶。配沾润于云雨[152]，象变化乎鬼神。被金石而德广，流管弦而日新[153]。

（三）注疏

1. 才士：有才气的人。窃：私下。用心：此指在构思、技巧等方面的创作意图。

2. 放言：发言，指写作。

3. 妍蚩：美丑。蚩，同“媸”。言：评论。

4. 属（zhǔ）文：写文章。情：指创作中的甘苦感受。

5. 恒：经常。患：担心。意：意念。与物相对而言，指对客观事物的认识、感受。又与文相对而言，指以一定形式所表达出的内容。称：符合，相称。

6. 文不逮意：指写出的文章和作者的构思有距离，不能如实地反映出作者的创作意图。逮：及，到，达。文：指写出来的文章。

7. 先士：前人，前代优秀作家。盛藻：华美的辞藻，此指优秀的作品。因：趁机，借此。由：根源，缘由。

8. 佗日（tuó rì）：往日，将来的时间。曲尽：婉转而详尽。

9. 操斧伐柯：语出《诗·豳风·伐柯》：“伐柯伐柯，其则不远。”《中庸》引此文，朱熹集注：“柯，斧柄。则，法也……言人执柯伐木以为柯者，彼柯长短之法，在此柯耳。”执斧砍伐斧柄。比喻可就近取法。

10. 伫：长时间站着。中区：即区中，指天地宇宙之中。玄：幽深，深远。览：观察。

11. 颐：养，引申为陶冶、熏陶。情志：性情和志趣。典坟：指三坟五典，中国上古时期的书籍。孔安国《尚书传序》：伏羲、神农、黄帝之书，谓之三坟；少昊、颛顼、高辛、唐、虞之书，谓之五典；八卦之书，谓之八索；九州之志，谓之九丘。

12. 凛凛：寒栗色惧的样子，又形容谨严不苟的神态。霜：洁白。怀霜：抱着霜雪，比喻心地纯洁。

13. 眇眇：高远。临云：达到云端，喻志向崇高。

14. 世德：世代积累的业绩。一说指陆机的祖父三国时东吴丞相陆逊及父亲东吴大将陆抗的功德；另一说指有功绩的人。骏烈：伟大功业。诵：同“咏”，歌颂或叙述。清芬：清美芬芳的美德和名声。

15. 游：游览。林府：说文章之多之富如林木府库。

16. 嘉：赞许、赞美。彬彬：文质兼备，文情并茂。

17. 聊：姑且，暂且。宣：泄漏，引申为流畅地表达、阐发。斯文：此文。

18. 收视反听：不看不听。指精神集中，心不旁骛。

19. 耽：沉溺，专心致志于思索。傍讯：广泛地探求。耽思旁讯：思考得深刻广泛。

20. 精：心神，精神。骛：奔驰。八极：《淮南子·地形训》：“天地之间，九州八极。”九州：中国古代地域共划分为九州；八极：九州之外最边远的地方。指天下所有远近的地区，比喻极远。

21. 万仞：喻极高之处。古代以七尺（汉制）或八尺（周制）为一仞。

22. 曈昽：太阳刚出来由暗而明的景象。比喻文情由隐而显。弥：更加。鲜：明。

23. 物昭晰而互进：客观事物也随思绪纷至沓来。昭晰：鲜明清晰。互进：交互涌进，即纷至沓来。物：文章要表现的事物。

24. 群言：群书，此处专指六艺之外诸子百家的著作和经史。沥液：喻精华。沥：液体点滴。

25. 漱：含，咀嚼品味。六艺：指《六经》，即《诗》《书》《礼》《乐》《易》《春秋》。芳润：芳香和润泽，指六艺内在与外在的美。

26. 浮：在水面或空中浮游，言文思驰骋之远，想象之丰富。天渊：天河。

27. 濯（zhuó）：洗涤。下泉：阴间的黄泉。潜浸：在深水中浸洗。

28. 沈辞：深沉的词意。“沈”同“沉”。怫悦：同“怫郁”，忧愁之意，引申为不痛快。李善注：“怫悦，难出之貌。”形容吐辞艰涩。

29. 翰鸟：高飞的鸟。缨：缠绕。缴（zhuó）：射鸟而系在箭上的生丝绳。缨缴：鸟被射出的箭上的生丝所缠，即中箭。曾云：即云层，指高处的云。峻：高。

30. 收：收拾，收取。阙文：残缺的文字，指古代留传下来的文字。阙：同“缺”。采：采集。

31. 谢：去掉，不用。朝华：早上开的花。已披：萎靡的样子，比喻前人已用过的辞意。

32. 启：开，打开。夕秀：傍晚开的花朵。秀：与“华”同义，都是花。振：放，怒放。比喻开启后人的才华。

33. 选义：选择恰当的事或意见，也就是所要表达的内容。考辞：考虑选取确切的词汇、文句。按部、就班：安排在恰当贴切的位置上。按：依照，照着。就：归于。部、班：指门类，次序。指写文章时篇章结构安排得体，用字造句合乎规范。后有引申为拘泥陈规之意。

34. 景：同“影”，指形象。抱、怀：有。怀响：能发声之物体。叩：敲。

35. 因：沿，依照。枝：枝干，指文章的主要部分。振：摇动，抖动。振叶：发芽长叶，此指语词的运用。叶与枝对，喻枝干以外的部分，词语的选择运用。

36. 虎变：原指虎毛更生，此引申为文章美善而多变化。见

《易·革》“大人虎变”。孔颖达疏：“损益前王，创制立法，有文章之美，焕然可观，有似虎变，其文彪炳。”扰：驯服。龙见（xiàn）：龙出现在水上。澜：原指水波，此有涣散之意。此处虎和龙喻文章的根本，兽、鸟喻文章的枝叶。

37. 妥帖：文辞平稳妥当。岨峿（jǔ yǔ）：意思是山交错不平貌，不顺当。引申为抵触，不合。在此引申为比较困难，苦心经营，仍格格不合。

38. 罄、眇：都是尽的意思，指概括全部。

39. 踯躅（zhí zhú）：徘徊不进，比喻吐辞艰涩。燥吻：干裂的嘴唇。流离：同“流利”。濡翰：饱蘸墨汁的笔。

40. 觚（gū）：古代用来书写的木简。操觚：写作。原指执简写字，后指写文章。率尔：本指轻率、不慎重，此处引申为快敏轻捷。

41. 含毫：嘴里含着毛笔，喻文思艰涩。邈然：缓慢的样子。

42. 函：同“含”，包含。绵邈：远。素：古人书写用的绫绢。

43. 滂沛：形容浩大而繁盛。吐：倾吐，指写出来的文章。寸心：指心中，心里。

44. 言：文句，语言。恢：发扬，扩大。

45. 思：思想。按：考查，研究，喻深思。逾：与“弥”同义，作“更加”讲。

46. 播：发，写出。蕤（ruí）：草木的花。馥馥：芳香。森森：又长又密的样子。

47. 粲：鲜明美丽的样子。猋（biāo）竖：谓疾风突起。猋：暴风，旋风。竖：立起，风向上卷。

48. 翰林：文七、文坛。唐以后为文官名。郁：浓郁。

49. 体：文体。殊：差异，不同。物：客观事物。量：标准。

50. 纷纭：多而乱。挥霍：迅疾的样子，言变化之快。形：外物的形态。为：“为之”的省文，即替它。状：陈述或描摹。

51. 程：量，计量考核。一说为显示，呈现。伎：通“技”，技艺，技巧。

52. 司：掌握。契：契约，证券。《老子》：“是以圣人执左契而不责于人，有德司契，无德司彻。”古代把合同、总账、具结都叫契，此指图样。司契：掌握要领。匠：工匠，引申为施工、进行。

53. 在：察。有无：有，具体的；无，抽象的。此指文辞丰富或贫乏。僶俛（mǐn miǎn）：勤勉努力。《诗·小雅·十月之交》：“僶俛从事，不敢告劳。”

54. 方：规矩，法则。遁：回避逃离。期：期望，务必。

55. 穷形：穷尽物之形。尽相：尽量表现物之相。

56. 夸目：善于夸张描绘，炫耀辞藻，使人感到琳琅满目。奢：浮艳，奢华。

57. 惬心者：注重文章内容的人。惬：心意满足。当：严密、精当。

58. 缘情：抒情。因情而生文。绮靡：美丽细致。体：体现，表现。物：描绘的对象。浏亮：清楚明朗。

59. 碑：刻石记功之文体。披文：表现文辞。披：披露，发表。

60. 诔：用来哀祭的文体。铭：用来纪功的文体，古代刻在石器或铜器上。箴：以规戒为目的的文体，用以讽刺得失。颂：颂扬功绩品德的文体。论：评论是非、褒贬功过的文体。奏：向君主陈情、叙事之文体，亦称“奏章”。说：推理、辩论之文体，亦称“辩论”。优游：态度从容舒缓，闲暇自得。彬蔚：辞采华茂。炜晔（wěi yè）：光彩夺目。谲诳：诡异迷乱，变化多端。

61. 兹：代词，此。邪：不正，指意言。放：不雅，措辞言。

62. 辞达：用词恰当，序列清楚，能完善地表达意思。理举：文理清晰，话说得明白，内容站得住脚。

63. 暨：以及，到。迭代：互相更迭替代。

64. 五色：指青、赤、黄、白、黑五种颜色。宣：互相作用，更为鲜明。

65. 逝止：去留。无常：没有一定的常规。汉王粲《赠士孙文始》诗："同心离事，乃有逝止。"

66. 崎锜（qí qí）：山势不平，山石嵌空。喻不安，不妥帖。引申为曲解附会。

67. 玄黄：玄黄是指天地的颜色。玄为天色，黄为地色。引申为五色。

68. 淟涊（tiǎn niǎn）：污浊貌。指污浊之人或流俗。

69. 仰偪：后文的文意同前面的文意相抵触。偪：通"逼"，强迫。先条：上文。

70. 俯侵：前面的文意侵犯后面的文意。后章：下文。

71. 理：义理。比：排比，合。理比：义理还可以。

72. 妨：妨害，比喻文意不妥。

73. 殿最：表示等差。古代考核政绩或军功，下等称为"殿"，上等称为"最"。

74. 锱铢：均为古代重量单位，是相对很小的重量单位。旧制锱为一两的四分之一，铢为一两的二十四分之一。用来比喻极微小的数量。

75. 意不指适：意不能称物。适：当。

76. 警策：谓以鞭策马。指的是某些语句语简言奇，含义深刻并富有哲理性的辞格。

77. 亮：同"谅"，信，确实。功：功力，功效。

78. 取足：得到满足，理极言尽。不易：不可改。

79. 藻思：文章的辞藻和文思。绮：用丝织成的有花纹的绫，是一种高级丝织品。绮合：如丝织品那样，组织得严密漂亮。

80. 芊眠：又书"芊绵"，草木繁盛的样子。

81. 炳：光明显著。缛绣：色彩明丽繁密的锦绣。

82. 凄：悲伤，凄恻，指动人之意。繁弦：多弦合奏的音乐。蔡邕《琴赋》："于是繁弦既抑，雅韵复扬。"

83. 曩（nǎng）篇：曩，以往，过去。指前人的名篇佳句。

84. 杼轴：旧时织布机上管经线和纬线的两个部件。即用来持纬（横线）的梭子和用来承经（竖线）的筘，亦代指织机。这里比喻诗文的组织、构思。《诗·小雅·大东》："小东大东，杼轴其空。"

85. 苟：如果。伤廉：没有廉耻。廉：廉洁。愆义（qiān yì）：罪过，过失。指违反道义。《左传·定公三年》："于神为不祥，于德为愆义，于人为失礼。"

86. 捐：舍弃，抛弃。

87. 苕：芦苇的花。颖：禾穗的尖端。竖：显示出来。

88. 离众：出众，与众不同。绝致：神态超伦，达到最高点。这里指绝妙的文辞。

89. 块：孤独貌。纬：编织，此谓配合，交织。

90. 揥（dì）：舍弃，捐弃。

91. 榛楛（zhēn hù）：两种不美观的灌木榛木与楛木，泛指丛生的杂木。比喻平庸的文句。

92. 济：增益，成，有利。伟：奇特，奇伟，美。

93. 短韵：简短的几句文句，小文。穷迹：指较少的写作素材。孤兴：指孤立的话，简单的感想。李善注："言文小而事寡，故曰穷迹；穷迹而无偶，故曰孤兴。"

94. "俯寂寞"二句：李善注："言事寡而无偶，俯求之则寂寞而无友，仰应之则寥廓而无所承。"俯：向下。仰：向上。寥廓：高远空旷。莫承：没有相配的佳句。

95. 瘁（cuī）音：令人哀苦憔悴之音，指无力而不健康的声音，也指不刚健、不健康的言辞。李善注："瘁者，谓恶辞也。"靡：美好。华：光华，光彩。

96. 成体：组成文章。累：连累，有害。

97. 象：类似，譬如。下管：古代举行大祭等仪式，奏管乐者在堂下，故称管乐器为“下管”。偏疾：指节奏过快。

98. 遗：抛弃文意。存异：保存奇异的文辞。

99. 虚：与“实”相对，指虚浮不实的文词。微：末节。

100. 不归：不归于实，无所归宿。

101. 幺：细小。弦幺：即幺弦，最细的弦，指古琴上的第七弦。徽：琴徽，即琴弦音位标志，共十三徽。

102. 悲：感动人。古人论音乐，用“悲”表示感人的意思。

103. 嘈囋（cáo zá）：声音杂乱；喧闹。

104. 偶：迎合。

105. 寤（wù）：同“悟”，明白，理解。《防露》《桑间》：古代情歌，当时视之为亡国之音，淫佚之曲。防露：曲名。桑间：地名，那里多产情歌，故也指乐曲。

106. 清虚：文辞朴素清淡，没有色彩。

107. 大羹：不加调料无味之肉汁，即水煮的肉汤，用于祭祖。

108. 朱弦：用练丝（即熟丝）制作的琴弦，声音较浊。《荀子·礼论》：“《清庙》之歌，一唱而三叹也。县一钟，尚拊之膈，朱弦而通越也。”《礼记·乐记》：“《清庙》之瑟，朱弦而疏越。”

109. 清氾：清散，即单调、质朴。

110. 艳：文章华美。

111. 若夫：至于那。丰约：文辞的繁缛和简约。

112. 俯仰：上下，深浅；指文辞安排位置。形：结构。

113. 理朴：道理质朴。轻：轻巧，华饰。

114. 袭故弥新：因袭旧辞，赋予新意，有化腐朽为神奇之意。

115. 沿浊更清：出自沉浊，赋予新意，而显得更清新，有推陈出新之意。

116. 览之而必察：文章的曲折微情，一看就知道。览：看。察：看清楚。

117. 精：精妙，精通。

118. 投袂（mèi）：挥动衣袖。袂：袖子。

119. 遣声：发出声音，放声歌唱。

120. 轮扁：齐国著名制作车轮的工匠，叫扁。见《庄子·天道》，轮扁对桓公说："以臣之事观之，斫轮徐则甘而不固矣，疾则苦而不入矣。不徐不疾，得之于手而应于心，口不能言。"轮扁擅长造车轮，知道重在实践和感受，单靠语言不能传授造轮的技术。此谓轮扁斫轮而不能说出斫轮的道理。意思是最精妙处只能本人去体会，而不能言传。

121. 普：普遍，所有的。辞条、文律：均指写作法则。

122. 练：熟悉，谙练。世情：世俗人之常情。尤：通病，过失，毛病。

123. 浚：深。

124. 琼敷、玉藻：皆指好文章。琼：美玉。敷：花朵。

125. 橐籥（tuó yuè）：即风箱，古代冶炼用的鼓风工具。喻指造化，大自然。此指鼓出的气。罔：无。《老子》第五章："天地之间，其犹橐籥乎？虚而不屈，动而愈出。"

126. 纷葳：繁多。

127. 掬：两手捧着，一满把。

128. 挈（qiè）瓶：提着瓶子打水，比喻知识浅薄。见《左传·昭公七年》"虽有挈瓶之知，守不假器"句。屡空：空匮，瓶中水常空，比喻才智枯竭。见《论语·先进》"回也其庶乎，屡空"。

129. 昌言：昌古同"唱"。美言。适当的文辞，指古代前贤的佳作。

130. 踸踔（chěn chuō）：跛脚走路貌，跛行貌。语出《庄子·秋水》："夔谓蚿曰：'吾以一足趻踔而行，予无如矣！'"喻文思迟滞，写作吃力。

131. 顾：反而。鸣玉：指美玉发出悦耳的声音。

132. 藏：隐藏，枯竭。景：同"影"。

133. 天机：灵感，神秘的天意，这里指文思涌现时的自然之势。骏利：流利通畅，形容文思敏捷。

134. 葳蕤：草木茂盛，此指文思繁茂。馺（sà）遝（tà）：马匹奔跑，前后相继不断。引申为盛多貌等。

135. 毫：笔。素：洁白的生绢，古代用以写字。

136. 徽徽：文采华丽美盛貌。

137. 泠泠：形容声音清脆、响亮。

138. 底滞：停滞，阻滞。

139. 兀：呆立不动，茫然无知的样子。

140. 揽：招引，引申为集中。营魂：精神，魂魄。赜：幽深玄妙，深奥。

141. 顿：振作，抖擞。

142. 翳翳：昏暗的样子，晦暗不明，不明显的样子。

143. 乙（zhá）乙：同"轧轧"，难出之貌。《说文·乙部》："乙，象春艸木冤曲而出，阴气尚强，其出乙乙也。"段玉裁注："乙乙，难出之貌。"形容极不容易出来的样子。

144. 兹物：指所写的文章。戮：尽力，戮力。

145. 开：指"天机骏利"，文思通畅。塞：指"六情底滞"，文思阻塞。

146. 众理：指宇宙万物之理。

147. 阂：界限，阻碍。

148. 通：沟通。津：桥梁，引申为传授。

149. 贻：同遗，留给。则：法则。来叶：后世。观：观察，此处有学习的意思。象：模范，此指法则，法式。

150. 济：救助，拯救，引申为振兴。文武：指周朝开国君王周文王、周武王，泛指儒家文武道统。

151. 宣：宣扬，传播。风声：指风教、诗教。

152. 配：配当，使两种东西配合在一起。沾：浸湿。润：润泽。

153. 被：同“披”，刻，此有刻写之意。金石：古代钟鼎彝器碑碣石刻。流：注入，此处是配上的意思。管弦：乐器，音乐。

（四）精解

1. 意不称物，文不逮意

“意”，包含两层意思：一是理性思维的结果，可解释为义理，二是非理性的直接结果，可解释为情感。“物”是指纷繁复杂的客观事物，也就是义理与情感所由之对象。“文”在这里是指用文字记下来的文章，即成文本之“言”。陆机认为“意不称物”即作者构思时的理性思维与非理性思维有偏离之处，而“文不逮意”是指文章不能把创作时作者感悟到的义理与产生的情感完全、恰当地表达出来。

2. 精骛八极，心游万仞

指诗人、艺术家在进行艺术构思、艺术创作时，想象可以纵横驰骋不受时空的限制。他描述了想象的过程，并把它分为“其始也”和“其致也”两个阶段。“其始也”是对审美想象初始状态的描述，其特点犹庄子所谓“用志不分，乃凝于神”。所谓“皆收视反听”，即精神的高度集中，凝神思精，意念专一；“耽思傍讯”更指熔铸着思索的联想功能，它呈现为“精骛八极，心游万仞”的高度自由状态。犹庄子的“无待”而游：“若夫乘天地之正，而御六气之辩，以游无穷者，彼且恶乎待哉!”“乘云气，骑日月，而游乎四海之外。”由此便进入“其致也”的阶段。在这一阶段中，审美想象中所唤起的记忆表象交错回荡，经过分解组合之后便逐渐清晰地显示出来，形成特定的生动感人的审美意象，这些审美意象接连不断，气势逼人，迫使作家去选择特定的富有表现力的艺术语言加以传达，这样便进入了真正的实际创作过程。想象的这种活跃性与情感的激发密不可分，而任何想象都自始至终伴随着强烈的情感因素，没有情感的激活，想象就会枯萎，就会失去自由的活力。

3. 文之十体

曹丕的“四科八体”在陆机这里发展成为十体，同时，他把诗排在了其他文体之前，以显示本文专论文学创作的主旨。陆机对十种文体的特点也做了精辟解说：诗缘情而绮靡，赋体物而浏亮。碑披文以相质，诔缠绵而凄怆。铭博约而温润，箴顿挫而清壮。颂优游以彬蔚，论精微而朗畅。奏平彻以闲雅，说炜晔而谲诳。

4. 立片言而居要，乃一篇之警策

片言（只言片语）居要，用极少的言辞，处于关键的、紧要的地方。警策原意是使马惊动而疾奔的鞭子，此处比喻精练扼要、含义深刻能使读者闻之惊警的妙句。这两句大意是，在关键、紧要处安插一句或几句精辟的话，就会成为一篇文章的警句。

（五）参考文献

1. 张少康：《文赋集释》，人民文学出版社 2002 年版。

2. 钱锺书：《管锥编》，中华书局 1979 年版。

3. 刘勰撰，范文澜注：《文心雕龙注》，人民文学出版社 1958 年版。

4. 萧统：《文选》，中华书局 1977 年版。

5. 郭庆藩：《庄子集释》，中华书局 1961 年版。

6. 洪兴祖：《楚辞补注》，中华书局 1983 年版。

7. 郭绍虞：《中国历代文论选》，上海古籍出版社 1979 年版。

（六）延伸阅读

（西晋）陆机《叹逝赋》

昔每闻长老追计平生同时亲故，或凋落已尽，或仅有存者。余年方四十，而懿亲戚属，亡多存寡；昵交密友，亦不半在。或所曾共游一途，同宴一室，十年之外，索然已尽，以是哀思，哀可知矣，乃作赋曰：

伊天地之运流，纷升降而相袭。日望空以骏驱，节循虚而警立。嗟人生之短期，孰长年之能执，时飘忽其不再，老晼晚其将及。对琼蘂之无征，恨朝霞之难挹。望汤谷以企予，惜此景之屡戢。

悲夫，川阅水以成川，水滔滔而日度。世阅人而为世，人冉冉而行暮。人何世而弗新，世何人之能故。野每春其必华，草无朝而遗露。经终古而常然，率品物其如素。譬日及之在条，恒虽尽而弗悟。虽不悟其可悲，心惆焉而自伤。亮造化之若兹，吾安取夫久长。

痛灵根之夙陨，怨具尔之多丧。悼堂构之颓瘁，悯城阙之丘荒。亲弥懿其已逝，交何戚而不忘。咨余命方殆，何视天之芒芒。伤怀凄其多念，戚貌悴而鲜欢。幽情发而成绪，滞思叩而兴端，此世之无乐，咏在昔而为言。

居充堂而衍宇，行连驾而比轩。弥年时其讵几，夫何往而不残。或冥邈而既尽，或寥廓而仅半。信松茂而柏悦，嗟芝焚而蕙叹。苟性命之弗殊，岂同波而异澜，瞻前轨之既覆，知此路之良艰。启四体而深悼，惧兹形之将然。毒娱情而寡方，怨感目之多颜，谅多颜之感目，神何适而获怡。寻平生于响像，览前物而怀之。

步寒林以凄恻，玩春翘而有思，触万类以生悲，叹同节而异时，年弥往而念广，途薄暮而意迮。亲落落而日稀，友靡靡而愈索。顾旧要于遗存，得十一于千百。乐隤心其如忘，哀缘情而来宅。托末契于后生，余将老而为客。

然后弭节安怀，妙思天造，精浮神沦，忽在世表，悟大暮之同寐，何矜晚以怨早。指彼日之方除，岂兹情之足搅。感秋华于衰木，瘁零露于丰草。在殷忧而弗违，夫何云乎识道。将颐天地之大德，遗圣人之洪宝。解心累于末迹，聊优游以娱老。

三 （南朝）刘勰《文心雕龙》选读

（一）题解

《文心雕龙》是我国现存最早的一部全面系统阐述文学理论的巨著。南朝梁刘勰著。书大约成于南朝齐和帝中兴元、二年（501—502年）间。现存最早版本为敦煌唐人草书残卷本。它是中国文学理论批评史上第一部有严密体系的文学理论专著。

刘勰（约465—约532年），字彦和，东莞莒（今山东莒县）人，世居京口（江苏镇江）。刘勰是齐悼惠王刘肥的后代，六世祖刘抚曾官彭城内史，五世祖刘爽为山阴令，四世祖刘仲道为余姚令。永嘉之乱爆发，其先人逃难渡江，世居京口。刘勰早孤家贫，其父刘尚曾任越骑校尉，元徽二年（474年）于建康平叛战役中牺牲。刘勰笃志好学，因家贫，住在定林寺，依靠名僧僧祐十余年，因而精通佛典。终身未婚。十多年后，他精通佛教经论，并钻研了儒家经典。一说《出三藏记集》与《刘子》可能出刘勰之手。三十多岁时，写成三万七千字的《文心雕龙》，沈约看了，“大重之，谓为深得文理”，被任命为奉朝请。后为临川王记室，又曾为太子记室。又任太子萧统的通事舍人，为萧统所赏爱。梁武帝大同四年（538年）昭明太子萧统去世，刘勰请出家，梁武帝不许，乃烧发以明志，遂准为僧，法号慧地，不久卒。刘勰受儒家思想和佛教的影响都很深。

《文心雕龙》共50篇，刘勰在《序志》篇中将其分为“文之枢纽”“论文叙笔”“剖情析采”“褒贬怊怅”“长怀《序志》”五个部分。“文之枢纽”，是全书理论的基础；“论文叙笔”20篇，每篇分论一种或两三种文体，对主要文体都做到“原始以表末，释名以章义，选文以定篇，敷理以举统”，共讨论了3种文体；“剖情析采”19篇，分论神思想象、个性风格（体性）、创新复古（通变）、文质关系（风骨等）、写作技巧（定势等）、文辞声律（声律等）等问题；“褒贬怊怅”5篇，述了文学的鉴赏与知音问题；最后一篇《序志》说明自己的创作目的和全书的部署意图。《文心雕龙》体系完整，各部分之间互相照应。正如作者在《附会篇》中所说：“众理虽繁，而无倒置之乖；群言虽多，而无棼丝之乱。”清代章学诚《文史通义》中评价其为“体大而虑周”，是对该著的权威性评价。

（二）原文与注疏

原道第一

文之为德也大矣，与天地并生者，何哉？夫玄黄色杂，方圆体分；日月叠璧[1]，以垂丽天之象；山川焕绮[2]，以铺理地之形。此盖道之文也。仰观吐曜[3]，俯察含章[4]，高卑定位，故两仪既生矣。惟人参之，性灵所钟，是谓三才。为五行[5]之秀，实天地之心。心生而言立，言立而文明，自然之道也。傍及万品，动植皆文：龙凤以藻绘呈瑞，虎豹以炳蔚凝姿；云霞雕色，有逾画工之妙；草木贲华[6]，无待锦匠之奇。夫岂外饰，盖自然耳。至于林籁结响，调如竽瑟；泉石激韵，和若球锽[7]。故形立则章成矣，声发则文生矣。夫以无识之物，郁然[8]有彩，有心之器，其无文欤？

注疏：

1. 璧：环状的玉。叠璧：《尚书》中曾传说日月曾一度像璧那样重叠起来。

2. 焕绮：光彩绮丽。焕，光彩；绮，有花纹的丝织品，此处用来指文采。

3. 吐曜（yào）：即发光，指日、月、星。曜，光明照耀。

4. 含章：蕴含着文采，多指地理风光。章，文采。

5. 五行：金、木、水、火、土，古人认为这是组成天地万物的五种元素。此句出自《礼记·礼运》："故人者，……王行之秀气也。……天地之心也。"

6. 贲（bì）：装饰。华：花。

7. 球：玉磬，一种敲击乐器。锽：钟声。

8. 郁然：草木茂盛的样子，形容文采之盛。

人文之元，肇自太极，幽赞神明，《易》象惟先。庖牺[1]画其始，仲尼翼其终。而《乾》《坤》两位，独制《文言》。言之文也，天地之心哉！若乃《河图》孕乎八卦，《洛书》韫乎九畴[2]，玉版金镂之实，丹文绿牒之华，谁其尸之？亦神理而已。

自鸟迹代绳，文字始炳。炎皞遗事，纪在《三坟》，而年世渺邈，声采靡追。唐虞文章，则焕乎始盛。元首载歌，既发吟咏之志；益稷陈谟[3]，亦垂敷奏之风。夏后氏兴，业峻鸿绩，九序惟歌，勋德弥缛。逮及商周，文胜其质，《雅》《颂》所被[4]，英华曰新。文王患忧，《繇辞》炳曜，符采复隐，精义坚深。重以公旦多材，振其徽烈[5]，剬[6]《诗》缉《颂》，斧藻群言。至夫子继圣，独秀前哲，熔钧六经，必金声而玉振；雕琢性情，组织辞令，木铎启而千里应，席珍流而万世响[7]，写天地之辉光，晓生民之耳目矣。

注疏：

1. 庖（páo）牺：即伏羲，传说中的"三皇"之一。

2. 《洛书》：相传大禹治水时有神龟献出书来，大禹取法而制订了《九畴》。九畴：九类，指治理天下的各类大法。九是虚数，指各类。

3. 益稷：舜的大臣，伯益和后稷。陈谟：陈述计谋。谟，计谋，谋议。

4. 《雅》《颂》：《诗经》中的《雅》诗和《颂》诗。被：及，这里指影响所及。

5. 振：振兴、发扬。徽：美。烈：功业。

6. 剬（duàn）：切断使之整齐。又，同“制”。

7. 席珍：儒者讲席上有珍贵的道德学问供别人请教。席，坐具，指传教讲学的讲席。流：流行传布。《礼记·儒行》：“孔子侍曰：‘儒有席上之珍以待聘。’”

爰自风姓[1]，暨[2]于孔氏，玄圣[3]创典，素王[4]述训：莫不原道心以敷章[5]，研神理而设教，取象[6]乎河洛，问数乎蓍龟[7]，观天文以极变，察人文以成化；然后能经纬区宇[8]，弥纶彝宪[9]，发辉[10]事业，彪炳[11]辞义。故知道沿圣以垂文，圣因文而明道，旁通而无滞[12]，日用而不匮[13]。《易》曰：“鼓天下之动者存乎辞[14]。”辞之所以能鼓天下者，乃道之文也。

注疏：

1. 爰（yuán）：于是。风姓：指伏羲，伏羲为风姓。

2. 暨（jì）：及。

3. 玄圣：远古的圣人，指伏羲等人。玄，远。

4. 素王：空王，指孔子，汉代人认为孔子有帝王之道而无王位，所以称之为素王。

5. 道心：指自然之道的精神。这个“心”和上文“天地之心哉”的“心”意思一致。敷：施加，给予。这里引申为写文章。

6. 取象：取法。

7. 数：术数，指未来的命运。蓍：草名，古时用它的梗来占卜吉凶。龟：龟甲，古代在龟甲上钻孔再烧，看它的裂纹来卜吉凶。这句是说从蓍草和龟甲中去求知定数，指占卜吉凶。

8. 经纬：织布的经线和纬线纵横交织，指治理。区宇：区域空间，指疆土、国家。

9. 弥纶：包举、综合的意思。彝宪：常法，经久不变的大经大法。彝，常；宪，法。《尚书·周书·冏命》："永弼乃后于彝宪。"

10. 辉：同"挥"。

11. 彪炳：像虎纹般光彩鲜明。彪，虎纹；炳，光明。

12. 旁通：广通。滞：停留，阻碍。

13. 匮（kuì）：竭，缺乏。

14. 辞：《易·系辞上》的原意指卦、爻辞，刘勰借用来泛指一般的文辞。

赞[1]曰：道心惟微，神理设教。光采玄圣[2]，炳耀仁孝[3]。龙图献体，龟书呈貌。天文斯观，民胥[4]以效。

注疏：

1. 赞：助，明。古代一些文章末尾有赞文，用以总括说明全篇大意。《文心雕龙》每篇都有赞。

2. 玄圣：指孔子。

3. 仁孝：泛指古代圣贤提出来的伦理道德。

4. 胥（xū）：全，都。

明诗第六

大舜云："诗言志，歌永言。"[1]圣谟所析[2]，义已明矣。是以"在心为志，发言为诗"[3]；舒文载实[4]，其在兹乎？诗者，持也[5]，持人情性。三百之蔽，义归"无邪"[6]；持之为训[7]，有符焉尔[8]。

注疏：

1. 诗言志，歌永言：语出《尚书·尧典》。

2. 圣谟："谟"通"谋"，谓圣谋、圣训。

3. 在心为志，发言为诗：语本《毛诗序》。

4. 舒文载实：舒展文章的写作，承载情志的内容。

5. 诗者，持也：语出纬书《诗·含神雾》："诗者，天地之心，君德之祖，百福之宗，万物之户也。……诗者，持也，以手维持，则承负之义，谓以手承下而抱负之。在于敦厚之教，自持其心，讽刺之道，可以扶持邦家者也。"刘勰此处谓诗有持正人心情性的功用。

6. 三百之蔽，义归"无邪"：语本《论语·为政》："子曰：《诗》三百，一言以蔽之，曰'思无邪'。"

7. 持之为训："训"谓义训，指用上述"诗者，持也"来对诗歌加以释义。

8. 有符焉尔：指与上引孔子说法相符合。焉尔，语气词。

人禀七情[1]，应物斯感；感物吟志，莫非自然。昔葛天氏乐辞云[2]，《玄鸟》在曲[3]；黄帝《云门》[4]，理不空绮[5]。至尧有《大唐》之歌[6]，舜造《南风》之诗[7]；观其二文，辞达而已。及大禹成功，九序惟歌[8]；太康败德[9]，五子咸怨[10]：顺美匡恶[11]，其来久矣。自商暨周[12]，《雅》《颂》圆备[13]；四始彪炳[14]，六义环深[15]。子夏监"绚素"之章[16]，子贡悟"琢磨"之句[17]；故商、赐二子[18]，可与言《诗》。自王泽殄竭[19]，风人辍采[20]。春秋观志[21]，讽诵旧章[22]；酬酢以为宾荣[23]，吐纳而成身文[24]。逮楚国讽怨[25]，则《离骚》为刺[26]。秦皇灭典[27]，亦造《仙诗》[28]。

注疏：

1. 七情：指喜、怒、哀、惧、爱、恶、欲。

2. 葛天氏：传说的上古氏族首领。《吕氏春秋·古乐》称其发明

"乐舞"。

3.《玄鸟》：葛天氏时的歌。玄鸟是燕子。无歌辞传世。

4.《云门》：黄帝时的歌曲。无歌辞传世。

5. 理不空绮：按道理不会没有歌词。绮，谓文章、文华，此处引申为歌词。

6.《大唐》之歌：《大唐》歌可见《尚书大传》，属后人拟作。

7.《南风》之诗：《南风》歌见《孔子家语》，属后人拟作。

8. 九序惟歌：大禹的王政事业使人世一切有序不紊，故咏歌嘉颂。九序，即九功。指水、火、金、木、土、谷、正德、利用、厚生之序。《左传·文公七年》："六府、三事，谓之九功。水、火、金、木、土、谷，谓之六府。正德、利用、厚生，谓之三事。"

9. 太康败德：夏朝太康帝昏庸无德。见《史记·夏本纪》。

10. 五子咸怨：太康之兄弟五人作《五子之歌》抒发怨刺。《五子之歌》见《尚书·伪五子之歌》。

11. 顺美匡恶：顺是加以歌颂之意，匡为纠正之意。

12. 暨：及至。

13.《雅》《颂》圆备：《雅》《颂》圆满完备。

14. 四始：指《诗经》的《风》《大雅》《小雅》《颂》。

15. 六义：指风、赋、比、兴、雅、颂。

16. 子夏监"绚素"之章：《论语·八佾》记述子夏以诗"素以为绚兮"而兴发礼义，为孔子所夸赞，认为可与谈《诗》。

17. 子贡悟"琢磨"之句：《论语·学而》记述子贡从精益求精之道联想到《诗》句"如切如磋，如琢如磨"，亦受孔子所夸赞，认为可与谈《诗》。

18. 商、赐二子：商为子夏之名，赐为子贡之名。

19. 王泽殄竭：指周朝王道阙失。《汉书·礼乐志》："王泽既竭，而诗不能作。"

20. 风人辍采：周朝礼乐制度衰颓，采诗官制度中止。

21. 春秋观志：春秋时期在朝聘会盟等外交场合，士大夫每有赋诗言志、引诗言志之风，他人从所述诗中得以观察其欲表达的心志情感。

22. 讽诵旧章：指赋诗言志时讽咏传统的诗章。

23. 酬酢以为宾荣：酬酢，指酒席上劝酒与回敬的礼节。宾荣，通过赋诗言志展示自身的文教修养，荣谓文章之光华。

24. 吐纳而成身文：赋诗吐纳成文。身文，可参《征圣》“贵文之征”中“修身贵文之征”的说法。

25. 楚国讽怨：战国时期楚国有诗歌表达怨刺。

26. 《离骚》为刺：屈原所作《离骚》对楚怀王表达怨刺。

27. 秦皇灭典：指秦始皇焚书坑儒。

28. 亦造《仙诗》：秦皇政下犹令博士作《仙真人诗》，传令乐人弦歌之 。

汉初四言，韦孟首唱[1]；匡谏之义[2]，继轨周人[3]。孝武爱文，《柏梁》列韵[4]。严、马之徒[5]，属辞无方[6]。至成帝品录[7]，三百余篇[8]；朝章国采[9]，亦云周备。而辞人遗翰[10]，莫见五言；所以李陵、班婕妤[11]，见疑于后代也。按《召南·行露》[12]，始肇半章[13]；孺子《沧浪》[14]，亦有全曲[15]；《暇豫》优歌[16]，远见春秋；《邪径》童谣[17]，近在成世[18]。阅时取证[19]，则五言久矣。又《古诗》佳丽[20]，或称枚叔[21]；其《孤竹》一篇[22]，则傅毅之词[23]。比采而推，两汉之作乎？观其结体散文[24]，直而不野；婉转附物[25]，怊怅切情[26]：实五言之冠冕也[27]。至于张衡《怨篇》[28]，清典可味；《仙诗缓歌》[29]，雅有新声[30]。

注疏：

1. 汉初四言，韦孟首唱：汉朝初年产生四言诗，韦孟是最早的四言诗诗人。韦孟（前 228—前 156 年），西汉初人，作《讽谏诗》

讽谏汉楚王刘茂荒淫无度。

2. 匡谏之义：指韦孟《讽谏诗》讽谏楚王之义。

3. 继轨周人：继承周代诗歌的讽刺之义。

4. 孝武爱文，《柏梁》列韵：传说汉武帝与群臣在柏梁台上联句作诗，是七言诗，诗可见《古文苑》（卷八）。

5. 严、马之徒：即严忌与司马相如。

6. 无方：指写诗没有规格范式。

7. 品录：品评和编集。指汉成帝诏人所编的《诗赋集》。

8. 三百余篇：据班固《汉志》记载说有三百一十四篇。

9. 朝章国采：朝章指朝上官方的诗歌，国采指地方民歌。

10. 辞人遗翰：辞人们遗传下来的诗作。翰，笔，引为作品。

11. 李陵、班婕妤：李陵传有《与苏武诗》三首，班婕妤传有《怨歌行》《团扇诗》，均为五言诗，但都出于后人伪作。

12. 《召南·行露》：指《诗经·召南·行露》。该诗第二、三章，前四句为五言。

13. 始肇半章：半章，一章中一半是五言诗。《召南·行露》“谁谓雀无角，何以穿我屋？谁谓女无家，何以速我狱？虽速我狱，室家不足”。刘勰以为五言诗之始可追溯到《召南·行露》的半章。

14. 孺子《沧浪》：《孟子·离娄上》“有孺子歌曰：‘沧浪之水清兮，可以濯我缨；沧浪之水浊兮，可以濯我足。’”兮为语助词，不占一字，故此孺子之歌仍为五言。

15. 亦有全曲：此首孺子《沧浪》之歌全首即为五言。

16. 《暇豫》优歌：《国语·晋语二》记有优施对里克所唱之歌“暇豫之吾吾，不如鸟乌。人皆集于苑，己独集于枯”。除第二句外，此歌为五言。

17. 《邪径》童谣：《汉书·五行志》记载汉成帝时期的童谣“邪径败良田，谗口乱善人。桂树华不实，黄爵巢其颠。昔为人所羡，今为人所怜”。

18. 近在成世：与上文“远见春秋”相对，指《邪径》童谣较近见于汉成帝时期。

19. 阅时取证：经历上述各时代的诗歌，可以取得旁证（证明五言诗起源甚早）。

20.《古诗》佳丽：指《古诗十九首》写作华丽漂亮。

21. 或称枚叔：枚叔，即枚乘。有人说《古诗十九首》为枚乘手笔。李善注：“并云古诗，盖不知作者。或云枚乘，疑不能明也。”

22.《孤竹》:《古诗十九首》中《冉冉孤生竹》一篇。

23. 傅毅之词：据说是傅毅的作品。傅毅，东汉初官员，作家。

24. 结体散文：建构体格，抒写文辞。

25. 婉转附物：婉转如如地描写事物。

26. 怊怅切情：怊怅，惆怅。惆怅而动人之情。

27. 五言之冠冕：谓《古诗十九首》是五言诗的第一杰作。

28. 张衡《怨篇》：指张衡的四言诗《怨诗》。张衡，东汉中期天文学家，有文采。与司马相如、扬雄、班固并称汉赋四大家。

29.《仙诗缓歌》：已远不可考，可能为乐府杂曲《前缓声歌》。

30. 雅有新声：雅有，颇有。新声，即异乎传统四言诗。

暨建安之初[1]，五言腾踊。文帝、陈思[2]，纵辔以骋节[3]；王、徐、应、刘[4]，望路而争驱。并怜风月[5]，狎池苑[6]，述恩荣[7]，叙酣宴[8]；慷慨以任气[9]，磊落以使才[10]。造怀指事，不求纤密之巧；驱辞逐貌[11]，唯取昭晰之能。此其所同也。乃正始明道[12]，诗杂仙心[13]；何晏之徒[14]，率多浮浅[15]。唯嵇志清峻[16]，阮旨遥深[17]，故能标焉[18]。若乃应璩《百一》[19]，独立不惧；辞谲义贞[20]，亦魏之遗直也[21]。

注疏：

1. 建安之初：汉献帝初期。其时五言诗发展极盛。

2. 文帝、陈思：文帝即魏文帝曹丕，陈思即陈思王曹植。

3. 纵辔以骋节：在文学创作上尽情施展才华。辔（pèi）：驾驭牲口用的嚼子和缰绳。

4. 王、徐、应、刘：分别为王粲、徐幹、应瑒、刘桢，以四人涵盖建安七子。

5. 怜风月：爱赏风月。

6. 狎池苑：狎玩池园苑囿。

7. 述恩荣：叙述恩遇荣隆。

8. 叙酣宴：叙写宴饮之乐。

9. 慷慨以任气：建安文学以慷慨气健著称。

10. 磊落以使才：磊落，指建安文学襟抱光明盛大。

11. 驱辞逐貌：驱遣辞藻，图写事物景貌。

12. 正始明道：正始年间的文学受玄学风气影响，道家思想流行。后世称为正始体。正始（240—249 年）魏齐王曹芳年号。

13. 诗杂仙心：正始文学的玄言诗夹杂玄道思想。

14. 何晏之徒：何晏（？—249 年），正始时著名的清谈玄士。

15. 率多浮浅：率，大抵。何晏一流的作品大多比较肤浅。

16. 嵇志清峻：指嵇康的诗歌清刚、峻烈。

17. 阮旨遥深：指阮籍的诗歌寄旨深远。

18. 故能标焉：标，高。嵇康阮籍的诗高出同时代的人。

19. 应璩《百一》：应璩的《百一诗》。

20. 辞谲义贞：文辞曲折，事义贞正。

21. 魏之遗直：魏代遗留下的质直之作。《左传·昭公十四年》："仲尼曰：'叔向，古之遗直也。'"

晋世群才，稍入轻绮[1]。张、潘、左、陆[2]，比肩诗衢[3]。采缛于正始[4]，力柔于建安[5]；或析文以为妙[6]，或流靡以自妍[7]：此其大略也。

江左篇制[8]，溺乎玄风[9]；嗤笑徇务之志[10]，崇盛亡机之谈[11]。袁、孙已下[12]，虽各有雕采，而辞趣一揆[13]，莫与争雄[14]。所以景纯《仙篇》[15]，挺拔而为俊矣[16]。宋初文咏，体有因革[17]；庄、老告退，而山水方滋[18]。俪采百字之偶[19]，争价一句之奇；情必极貌以写物[20]，辞必穷力而追新[21]。此近世之所竞也。

注疏：

1. 晋世群才，稍入轻绮：晋代文苑的诗人们，其作品稍稍流入轻靡。

2. 张、潘、左、陆：分别为张载、张协、张亢，潘岳、潘尼，左思，陆机、陆云。

3. 比肩诗衢：衢，大道。指在诗坛上并驾齐驱。

4. 采缛于正始：文采比正始文学繁缛。

5. 力柔于建安：骨力比建安文学柔和。

6. 析文以为妙：指讲究丽辞对偶的文章。

7. 流靡以自妍：流靡，指文章讲究藻饰绮丽。

8. 江左篇制：江左，即江东，东晋南渡，偏安于江左。

9. 溺乎玄风：沉溺于谈玄风气。

10. 嗤笑徇务之志：嘲笑致力于政务的志向。徇，顺众。

11. 崇盛亡机之谈：崇尚忘掉机务的清谈。

12. 袁、孙已下：指在袁宏、孙绰以后。袁宏（328—376 年），字彦伯，陈郡阳夏（河南太康）人，东晋玄学家、文学家、史学家。孙绰（314—371 年），字兴公，太原中都（山西平遥）人，东晋大臣、文学家、书法家、玄言诗代表人物。

13. 辞趣一揆：文辞的内在趣尚一致。揆，道理、准则。

14. 莫与争雄：无人可与玄言诗争雄。

15. 景纯《仙篇》：景纯，即郭璞，字景纯，东晋时期诗人。《仙篇》，即其《游仙诗》。

16. 挺拔而为俊：独立高出于当时文坛而为杰作。

17. 宋初文咏，体有因革：南朝宋时的诗文，在风格上有因有革。

18. 庄、老告退，而山水方滋：崇尚庄老之学的玄言诗退出诗坛后，以谢灵运等为代表的山水诗方兴。

19. 俪采百字之偶：百字，指极大篇幅。文辞的对偶甚至弥漫全篇。

20. 情必极貌以写物：描写景物情状则铺写极致入微。

21. 辞必穷力而追新：文辞的使用则尽力追求新奇。

故铺观列代，而情变之数可监[1]；撮举同异[2]，而纲领之要可明矣。若夫四言正体，则雅润为本[3]；五言流调，则清丽居宗[4]。华实异用，惟才所安。故平子得其雅[5]，叔夜含其润[6]，茂先凝其清[7]，景阳振其丽[8]。兼善则子建、仲宣[9]，偏美则太冲、公幹[10]。然诗有恒裁，思无定位；随性适分，鲜能通圆。若妙识所难，其易也将至；忽之为易，其难也方来。至于三六杂言，则出自篇什[11]；离合之发，则明于图谶[12]；回文所兴，则道原为始[13]；联句共韵，则柏梁余制[14]。巨细或殊，情理同致[15]；总归诗囿，故不繁云。

注疏：

1. 情变之数可监：监，察看。列代诗文情态变化的道理可以得到察看。

2. 撮举同异：撮，总括。概括、列举其中的同异。

3. 四言正体，则雅润为本：四言诗以《诗经》四言体为正规，其以雅正温厚为本旨。

4. 五言流调，则清丽居宗：五言诗属于文学新变后流行起来的诗体，以清丽流靡的俗文学趣味为宗尚。

5. 平子得其雅：平子，即张衡，字平子。张衡写四言诗，能含有传统四言诗的雅正。

6. 叔夜含其润：叔夜，即嵇康，字叔夜。嵇康也有写四言诗，能含有传统四言诗的温润。

7. 茂先凝其清：茂先，即西晋张华，字茂先。张华的五言诗集中清新的一面。

8. 景阳振其丽：景阳，即西晋张协，字景阳。张协的五言诗发扬华丽的一面。

9. 兼善则子建、仲宣：子建，即曹植，字子建。仲宣，即建安七子之一的王粲，字仲宣。曹植、王粲的两人兼善四言五言诗。

10. 偏美则太冲、公幹：太冲，即左思，字太冲。公幹，即建安七子之一的刘桢。左思、刘桢二人只写五言诗。

11. 三六杂言，则出自篇什：三言诗、六言诗、杂言诗，它们的源头出自《诗经》。篇什，此指《诗经》，《诗经》之诗每十篇为"什"。

12. 离合之发，则明于图谶：离合，即离合诗，为拆字诗，始见于图谶。图谶，先秦时即已产生的一种神怪图文，专事人世预言，后与纬书并称谶纬。可参考《文心雕龙》的《正纬》一篇。

13. 回文所兴，则道原为始：回文，即回文诗。道原，或许是南朝宋的贺道庆。回文诗最早始于贺道庆。也有说回文诗为"原道"表现。

14. 联句共韵，则柏梁余制：联句，指几人合写的那种"联句诗"，此种诗继承的是柏梁体。柏梁体，相传汉武帝在柏梁台上与群臣共赋七言诗，人各一句，句皆用韵，后人遂以每句用韵者为柏梁体。

15. 巨细或殊，情理同致：上述种种诗体形式，虽规模大小有别，但其中的情志和道理则相同。

赞曰：民生而志，咏歌所含[1]。兴发皇世[2]，风流二《南》[3]。神理共契[4]，政序相参[5]。英华弥缛[6]，万代永耽[7]。

注疏：

1. 民生而志，咏歌所含：人生来皆有情志，吟咏诗歌时便为表达的内容。

2. 兴发皇世：歌咏兴起发生于上古三皇之世。

3. 风流二《南》：歌咏的风气又流传发展到《诗经》中。二《南》指《周南》《召南》。

4. 神理共契：《诗经》与神理大道相契合。

5. 政序相参：《诗经》与王政政教秩序相配合。

6. 英华弥缛：诗文的文采将愈益繁缛。

7. 万代永耽：耽，喜爱。指后世万代将永久喜爱。

神思第二十六

古人云："形在江海之上，心存魏阙之下。"神思之谓也。文之思也，其神远矣。故寂然凝虑，思接千载，悄焉动容[1]，视通万里；吟咏之间，吐纳珠玉之声；眉睫之前[2]，卷舒风云之色：其思理之致乎？故思理为妙，神与物游[3]，神居胸臆，而志气[4]统其关键；物沿耳目，而辞令管其枢机[5]。枢机方通，则物无隐貌；关键将塞，则神有遁[6]心。是以陶钧文思，贵在虚静[7]，疏瀹五藏，澡雪[8]精神；积学以储宝[9]，酌理以富才，研阅以穷照[10]，驯致以怿辞，然后使元解之宰[11]，寻声律而定墨；独照之匠，窥意象而运斤：此盖驭文之首术，谋篇之大端。

注疏：

1. 悄：静寂无声。动：变化。容：容颜。

2. 睫：眼毛。眉睫之前：即眼前。

3. 神与物游：神，神思，指想象活动。物，物象，指与作家头脑中主观精神相荡物象。精神和外物一起活动，即思维想象受外物的影响。

4. 志气：情志、气质。情志和气质支配着构思活动。

5. 辞令：语言或文辞。作家头脑中的形象和语言总是交织在一起的。枢机：关键，即主要部分。

6. 遁：隐避，逃遁。

7. 虚：虚怀。静：安静。贵在虚静：刘勰从先秦道家和荀子那里引入文学创作并加以改造的理论，包含两层意思：一是虚才能全面接纳各种事物并很好地认识事物形象的各方面，二是虚才能在文学创作过程中排除干扰，专心一意，更好地驰骋想象，释放感情。

8. 澡雪：洗涤。以上三句是要求作者思想净化，毫无杂念。

9. 宝：指知识。

10. 研阅：研究观察。照：察看，理解。这句是说通过观察研究尽量去明白事理。

11. 元：杨校作“玄”。元解：懂得深奥的道理。宰：主宰，指作者的心、脑。

夫神思方运，万涂竞萌，规矩虚位[1]，刻镂无形。登山则情满于山，观海则意溢于海[2]，我才之多少，将与风云而并驱矣。方其搦翰，气倍辞前[3]，暨乎篇成，半折心始[4]。何则？意翻空[5]而易奇，言征实而难巧也[6]。是以意授于思，言授于意，密则无际，疏[7]则千里：或理在方寸而求之域表，或义在咫尺[8]而思隔山河：是以秉心养术，无务苦虑，含章司契，不必劳情也。

注疏：

1. 规矩：作动词用，按一定规矩加工，指对事物的揣摩。虚位：指存在于作家头脑中虚而不实之物。

2. 溢：满出。这二句指构思中想到“登山”与“观海”的情景。

3. 辞前：作品未写成之前。辞，指作品。此二句指想象比文辞丰富得多。

4. 半折：打了一半折扣。心始：心中开始想象的。此句是说写出来的文章不能表达原来的想法。

5. 翻空：即不受限制之意，展开想象的翅膀在空中驰骋。

6. 征实：求实，即把作者的想象具体写出。难巧：难于工巧。

7. 疏：疏漏，结合不好，指言不能准确表达意。

8. 咫（zhǐ）：古代长度名，周制八寸，今制六寸。咫尺：比喻距离很近。

人之禀才，迟速异分[1]，文之制体，大小殊功。相如含笔而腐毫[2]，扬雄辍翰而惊梦[3]，桓谭疾感于苦思[4]，王充气竭于思虑[5]，张衡研京以十年[6]，左思练都以一纪[7]。虽有巨文，亦思之缓也。淮南崇朝而赋骚[8]，枚皋应诏而成赋[9]，子建援牍如口诵[10]，仲宣举笔似宿构[11]，阮瑀据案而制书[12]，祢衡当食而草奏[13]。虽有短篇，亦思之速也。

注疏：

1. 异分：不同。

2. 相如含笔而腐毫：相如，司马相如，西汉著名的辞赋家。相传他文思不敏捷。含笔，笔浸在墨汁中。毫，毛，指毛笔。腐毫，即毛笔都腐烂了。

3. 扬雄辍翰而惊梦：扬雄奉诏写完《甘泉赋》后，作噩梦，梦见自己五脏流淌于地，用手收回。醒后大病一岁。事见桓谭《新论·祛蔽》。

4. 桓谭疾感于苦思：桓谭，东汉政治家、哲学家。他在《新论·祛蔽篇》中说自己年少时羡慕扬雄文章写得好，因苦思太甚而发病。

5. 王充气竭于思虑：王充（27—约 97 年），字仲任，东汉思想家。《后汉书·王充传》：“充好论说，始若诡异，终有理实，……著

《论衡》八十五篇，二十余万言。年渐七十，志力衰耗，乃造养性书十六篇。”

6. 张衡研京以十年：张衡，东汉科学家、文学家。《后汉书·张衡传》说，张衡学习班固的《两都赋》作《二京赋》（《西京赋》《东京赋》），共花了十年时间。

7. 左思练都以一纪：左思，西晋著名文人。《文选》卷四《三都赋序》李善注引臧荣绪《晋书》说，左思《三都赋》的构思写作花了十余年时间。一纪，十二年。

8. 淮南：淮南王刘安。崇朝：终朝，指一个早晨。崇，终。《汉书·淮南王传》记载刘安曾奉汉武帝命写《离骚传》，早上受诏，日食时即献上。

9. 枚皋应诏而成赋：枚皋（前153—？年），汉赋大家枚乘庶子，文思敏捷，汉武帝猎射之际，每有所感，命其作赋，受诏而成，所赋甚多，传有120余篇。

10. 子建：曹植的字。援：握。牍：简牍，指纸。这句说，曹植拿着木片写文章好像把背诵过的文章抄写下来一样。

11. 仲宣举笔似宿构：仲宣，即王粲。王粲博闻强记，有过目不忘之才。擅写短小篇赋，即兴写作就如同昨晚提前写好一样。

12. 案：应作“鞍”。据案：伏在马鞍上。制书：写文章。阮瑀在随军西征关中时，曹操请他代笔书信，他在马上沉吟片刻便一挥师就。

13. 祢衡当食而草奏：当食，指吃饭时。草奏，写出文章。《后汉书·祢衡传》中说，荆州牧刘表一次在和诸文人共同草拟奏书，这时祢衡外出而归见奏书写得不好，很快另写好一篇。又黄射大宴宾客，有人献来鹦鹉，黄射请他赋鹦鹉，他席前很快写好《鹦鹉赋》。

若夫骏发之士，心总要术，敏在虑前，应机立断；覃思[1]之人，情饶歧路，鉴[2]在疑后，研虑方定：机敏故造次而成功，虑疑故愈久而致绩。难易虽殊，并资博练[3]。若学浅而空迟，才疏而徒速，以斯成器，未之前闻。是以临篇缀虑，必有二患：理郁者苦贫[4]，辞溺者伤乱[5]。然则博见为馈[6]贫之粮，贯一为拯乱之药[7]，博而能一，亦有助乎心力矣。

注疏：

1. 覃（tán）思：深思。指文思迟缓的人写作时因构思深想而用很长的时间。

2. 鉴：察看、鉴别。

3. 资：依靠。博练：广泛学习训练。博，博学；练，才干。

4. 郁：郁积，思路郁积不开展。贫：贫乏，没东西可写。

5. 溺：陷。辞溺：指陷在辞藻中。乱：杂乱。

6. 博见：广博的吸取知识。馈：进食，引申为补救。

7. 贯一：贯通统一，指围绕着一个中心或重点。拯：救。

若情数诡杂，体变迁贸[1]，拙辞或孕于巧义，庸事或萌于新意[2]，视布于麻，虽云未贵，杼轴献功[3]，焕然乃珍。至于思表纤旨[4]，文外曲[5]致，言所不追，笔固知止。至精而后阐其妙，至变而后通其数[6]，伊挚不能言鼎[7]，轮扁不能语斤[8]，其微矣乎！

注疏：

1. 体变：指体裁。体，体性，风格。迁贸：迁移，变化。贸，移。应该写成短篇的，硬要拉成长篇。此句与上句都指创作中由于未遵循创作的原则所出现的问题。

2. 庸事：平凡的事。庸，平庸。萌：萌芽。这句是说平庸的事例有时也在新奇的内容中出现。

3. 杼轴：旧式织机上的两个管经纬线的装置。献功：指麻经过杼轴的加工。这里以织造加工来比喻运用想象进行文学的创作构思。

4. 表：外。纤：细微。

5. 曲：隐曲、曲折。指文辞以外还没有写到的情致。

6. 变：文体的风格变化。通：通晓、通达。数：方法，规律。

7. 伊挚不能言鼎：伊尹，名挚，夏末商初政治家，原为擅烹饪的奴隶，却乐于尧舜之道，商汤礼聘多次，后助汤灭夏。鼎：古代炊器。

8. 轮扁不能语斤：轮扁，古代传说中制车轮的能工巧匠。斤，斧。此句指轮扁不能说出自己熟练的技术。与上句同指文章的妙处也是微妙而不能说清的。

赞曰：神用象通，情变所孕。物以貌求，心以理应[1]。刻镂声律，萌芽比兴[2]。结虑司契，垂帷制胜[3]。

注疏：

1. 心：感情。理：作品内容。应：反应。

2. 比兴：《诗经》的赋、比、兴写作手法。

3. 垂帷：垂下帷帐。这句是说，运筹于帐幕中就能克敌制胜，借军事术语来比喻只要能巧妙运用神思，创作定能成功。

体性第二十七

夫情动而言形[1]，理发而文见[2]；盖沿隐以至显[3]，因内而符外者也[4]。然才有庸俊[5]，气有刚柔[6]，学有浅深，习有雅郑[7]；并情性所铄[8]，陶染所凝[9]，是以笔区云谲[10]，文苑波诡者矣[11]。故辞理庸俊，莫能翻其才[12]；风趣刚柔[13]，宁或改其气[14]；事义浅深[15]，未闻乖其学[16]；体式雅郑[17]，鲜有反其习[18]：各师成心，其异如面[19]。若总其归途[20]，则数穷八体[21]：一曰典雅[22]，二曰远奥[23]，三曰精约[24]，四曰显附[25]，五曰繁缛[26]，六曰壮丽[27]，七曰新奇[28]，八曰轻靡[29]。典雅者，熔式经诰[30]，方轨儒门者也[31]。远奥者，馥采典文[32]，经理玄宗者也[33]。精约者，核字省句[34]，剖析毫厘者也。显附者，辞直义畅，切理厌心者也[35]。繁缛者，博喻酿采[36]，炜烨枝派者也[37]。壮丽者，高论宏裁[38]，卓烁异采者也[39]。新奇者，摈古竞今[40]，危侧趣诡者也[41]。轻靡者，浮文弱植[42]，缥缈附俗者也[43]。故雅与奇反，奥与显殊[44]，繁与约舛[45]，壮与轻乖[46]。文辞根叶[47]，苑囿其中矣[48]。

注疏：

1. 情动而言形：《毛诗序》："情动于中而形于言。"形：表达。

2. 见（xiàn）：同"现"，显露，和上句"形"字意近。

3. 隐：指上文所说的"情"和"理"。显：指上文所说的"言"和"文"。

4. 因内符外：《论衡·超奇》："有根株于下，有荣叶于上；有实核于内，有皮壳于外。文墨辞说，士之荣叶皮壳也。实诚在胸臆，文墨著竹帛，外内表里，自相符称；意奋而笔纵，故文见而实露也。"

5. 庸：平凡。俊：杰出。

6. 气：指作者的气质。刚柔：强弱。

7. 雅：雅乐。郑：郑声。这里是借"雅郑"指正与邪。

8. 情性：指先天的质性，包括才和气在内。铄（shuò）：原指金属的熔化，这里引申为影响的意思。

9. 陶染：指后天的影响，如学和习。

10. 笔区：和下句的"文苑"意义相近。谲（jué）：变化。

11. 诡（guǐ）：反常。扬雄《甘泉赋》："于是大厦云谲波诡。"李善注引孟康曰："言厦屋变巧，乃为云气水波相谲诡也。"

12. 翻：转动，这里有改变的意思。

13. 风：指作品所起的教育作用。趣：指作品中所体现的味道。

14. 宁：难道。

15. 事义：事情和意义。《事类》篇说："学贫者，迍邅于事义。"

16. 乖：不合。

17. 体：风格。

18. 鲜：少。

19. “各师”二句：《左传·襄公三十一年》：“人心之不同，如其面焉。”成心：本性，指作者的才、气、学、习。《庄子·齐物论》：“夫随其成心而师之，谁独且无师乎。”郭象注：“夫心之足以制一身之用者，谓之成心。”

20. 总：综合。途：途径。

21. 穷：尽。

22. 典雅：指内容符合儒家学说，文辞比较庄重的。典：儒家经典。雅：正。

23. 远奥：指内容倾向道家，文辞比较玄妙的。

24. 精约：指论断精当，文辞凝练的。

25. 显附：指说理清楚，文辞畅达的。

26. 繁缛（rù）：指铺叙详尽，文辞华丽的。缛：采饰繁杂。

27. 壮丽：指陈义俊伟，文辞豪迈的。

28. 新奇：指内容新奇，文辞怪异的。

29. 轻靡：指内容浅薄，文辞浮华的。靡：轻丽。

30. 熔式：取法。诰：告诫之文，如《尚书》中的《汤诰》《康诰》之类，这里泛指儒家经典。

31. 方轨：并驾。《史记·苏秦传》：“车不得方轨，骑不得比行。”此谓与儒家著述并行不悖。

32. 馥（fù）：当作“复”。复：深奥。典：这里指法则。

33. 玄宗：指道家学说。玄：幽远。道家学说称为“玄学”，道教又称“玄教”。

34. 核：考查。

35. 切：切合。厌：满足。

36. 酿：杂。

37. 炜烨（wěi yè）：明亮的样子。枝派：树多枝叶，水分流派，这里指铺叙的夸张。

38. 宏：高大。裁：判断，议论。

39. 烁（shuò）：光彩。异：指不同一般。

40. 摈：排斥。

41. 危侧：险僻。

42. 植：借为“志”。《楚辞·招魂》：“弱颜固植。”王逸注：“植，志也。”

43. 缥缈（piāo miǎo）：恍惚不定之意，这里指内容的不切实。

44. 殊：不同。

45. 舛（chuǎn）：违背，不合。

46. 乖：违背。

47. 根叶：这里指作品的主要部分和次要部分两个方面。

48. 苑囿（yòu）：园林，这里作动词用。

若夫八体屡迁，功以学成；才力居中，肇自血气[1]。气以实志，志以定言[2]；吐纳英华[3]，莫非情性。是以贾生俊发[4]，故文洁而体清；长卿傲诞[5]，故理侈而辞溢[6]；子云沈寂[7]，故志隐而味深[8]；子政简易[9]，故趣昭而事博[10]；孟坚雅懿[11]，故裁密而思靡[12]；平子淹通[13]，故虑周而藻密[14]；仲宣躁锐[15]，故颖出而才果[16]；公幹气褊[17]，故言壮而情骇[18]；嗣宗俶傥[19]，故响逸而调远[20]；叔夜俊侠[21]，故兴高而采烈[22]；安仁轻敏[23]，故锋发而韵流[24]；士衡矜重[25]，故情繁而辞隐[26]。触类以推，表里必符[27]。岂非自然之恒资[28]，才气之大略哉？

注疏：

1. 肇（zhào）：开始。血气：指先天的气质。

2. “气以实志”二句：这里借用《左传·昭公九年》中的话：“味以行气，气以实志；志以定言，言以出令。”杜注：“气和则志充。在心为志，发口为言。”

3. 吐纳：表达的意思。英华：精华。

4. 贾生：指西汉著名作家贾谊（前200—前168年）。俊发：英俊发扬，指其才性的豪迈。《才略》篇说：“贾谊才颖，陵轶飞兔（超过飞驰的良马）。”他的赋论疏奏，大胆抨击时政的很多，如《上疏陈政事》中提出：“可为痛哭者一，可为流涕者二，可为长太息者六。”认为：“进言者皆曰，天下已安已治矣，臣独以为未也。曰安且治者，非愚即谀，皆非事实。”（《汉书·贾谊传》）

5. 长卿：西汉著名作家司马相如的字。诞（dàn）：放诞。《世说新语·品藻》注引嵇康《高士传·司马相如赞》：“长卿慢世，越礼自放。犊鼻居市，不耻其状。托疾避官，蔑此卿相。乃赋《大人》，超然莫尚。”

6. 侈：过分，夸大。溢：满。《才略》：“相如好书，师范屈、宋，洞入夸艳，致名辞宗。”

7. 子云：西汉著名作家扬雄的字。沈寂：性格沉静。沈：同沉。《汉书·扬雄传》：“雄少而好学，不为章句，训诂通而已。……口吃。不能剧谈，默而好深湛之思，清静亡为，少耆欲。”

8. 志隐而味深：《才略》篇说：“子云属意，辞人最深。观其涯度幽远，搜选诡丽；而竭才以钻思，故能理赡而辞坚矣。”

9. 子政：西汉末年作家刘向（前77—前6年）的字，刘向著有《新序》《说苑》等名著。简易：平易近人。《汉书·刘向传》说：“向为人简易无威仪。”

10. 昭：明白。事：指作品中引用的故事。

11. 孟坚：东汉初年著名历史家、文学家班固的字。懿（yì）：温和。《后汉书·班固传》说，班固“性宽和容众，不以才能高人”。

12. 裁密而思靡：《后汉书·班固传论》：“固文赡而事详。若固之序事，不激诡，不抑抗，赡而不秽，详而有体，使读之者亹亹

(wěi) 而不厌。”李贤注：“激，扬也；诡，毁也；抑，退也；抗，进也”；《尔雅》曰：“亹亹，犹勉也。”靡：这里指细致。

13. 平子：东汉中年著名科学家、文学家张衡的字。淹通：深通。《后汉书·张衡传》说，张衡“通五经，贯六艺，虽才高于世，而无骄尚之情”。

14. 虑周：思考全面。《神思》：“张衡研《京》以十年。”藻密：文采细密。《杂文》：“张衡《七辨》，结采绵靡。”

15. 仲宣：“建安七子”之一王粲的字。躁锐：急疾而锐利。《三国志·魏书·王粲传》说王粲才锐：“善属文，举笔便成，无所改定，时人常以为宿构，然正复精意覃思，亦不能加也。”

16. 颖出：露锋芒。果：决断，《才略》：“仲宣溢才，捷而能密，文多兼善，辞少瑕累，摘其诗赋，则七子之冠冕乎。”

17. 公干：“建安七子”之一刘桢的字。褊（biǎn）：狭隘急遽。

18. 言壮而情骇：钟嵘《诗品》评刘桢的诗：“仗气爱奇，动多振绝，真骨凌霜，高风跨俗。但气过其文，雕润恨少。”骇：惊人。

19. 嗣宗：三国魏国著名作家阮籍的字。俶傥（tì tǎng）：无拘无束的样子。亦作“倜傥”。《三国志·魏书·王粲传》曾说阮籍“倜傥放荡”。

20. 响逸而调远：《诗品》评阮籍的《咏怀诗》：“言在耳目之内，情寄八荒之表。洋洋乎会于风雅，使人忘其鄙近，自致远大。”逸：高。

21. 叔夜：三国魏国著名作家嵇康的字。侠：豪侠。《三国志·魏书·王粲传》中说嵇康“尚奇任侠”。《晋书·嵇康传》说：“康早孤，有奇才，远迈不群。”

22. 兴（xìng）：兴会，兴致。采烈：辞采犀利。

23. 安仁：西晋作家潘岳（247—300年）的字。轻敏：《晋书·潘岳传》：“岳性轻躁，趋世利。”《才略》：“潘岳敏给，辞自和畅。”

24. 锋发：势锐。韵流：指音节流畅。

25. 士衡：西晋著名文学家陆机的字。矜（jīn）：庄重。《晋书·陆机传》说陆机“伏膺儒术，非礼不动”。

26. 情繁而辞隐：《才略》篇说：“陆机才欲窥深，辞务索广，故思能入巧，而不制繁。”

27. 表：外表，这里指作品。里：内涵，这里指作者的性格。

28. 恒资：指先天的资质。

夫才有天资[1]，学慎始习；斫梓染丝[2]，功在初化；器成彩定[3]，难可翻移。故童子雕琢，必先雅制[4]；沿根讨叶[5]，思转自圆[6]。八体虽殊，会通合数[7]；得其环中[8]，则辐辏相成[9]。故宜摹体以定习[10]，因性以练才；文之司南[11]，用此道也[12]。

注疏：

1. 天资：就是上文说的“自然之恒资”。

2. 斫（zhuó）：砍。梓：一种可供建筑及制造器具的树木。

3. 彩：指彩色丝绸。

4. 雅制：指儒家经书。

5. 讨：寻究。

6. 圆：圆满，圆转。

7. 数：方法。

8. 环中：轴心。语出《庄子·齐物论》：“得其环中，以应无穷。”

9. 辐（fú）：车轮的辐条。辏（còu）：指辐条的聚集。

10. 摹：学习。

11. 司南：指南。

12. 道：指道路。

赞曰：才性异区，文辞繁诡[1]。辞为肤根[2]，志实骨髓[3]。雅丽黼黻[4]，淫巧朱紫[5]。习亦凝真[6]，功沿渐靡[7]。

注疏：

1. 辞：王利器校作“体”，“体”指风格。

2. 根：范文澜注，当作“叶”。“肤”与“叶”都是指次要的事物。

3. 骨髓：这里指主要的事物，和《风骨》篇所说的“骨”不同。

4. 黼黻（fǔ fú）：古代礼服上绣的有规律的“黑白”“黑青”相间花纹。

5. 淫：过分。朱紫：指杂色乱正色。古代以“朱”为正色，“紫”为杂色。《论语·阳货》：“恶紫之夺朱也。”刘勰在这里即用此意。《文心雕龙》全书五次用到“朱紫”二字，《正纬》篇中的“朱紫乱矣”“朱紫腾沸”，和这里的用意正同。

6. 真：指作者的才和气。

7. 渐（jiān）靡：《汉书·淮南衡山济北王传赞》：“臣下渐靡使然。”王先谦补注：“王念孙曰：《枚乘传》亦云：‘渐靡使之然也。’案渐读渐渍之渐，靡与摩同。《学记》：‘相观而善谓之摩。’郑注：‘摩，相切磋也。’《荀子·性恶》篇：‘择良友而友之，得贤师而事之，身日进于仁义，而不自知也者，靡使然也。’靡即摩字。《庄子·马蹄》篇：‘马喜，则交颈相靡。’李颐曰：‘靡，摩也。’靡字古读若摩，故与摩通。说见《唐韵正》。渐靡即渐摩，《董仲舒传》云‘渐民以仁，摩民以谊’是也。”

风骨第二十八

诗总六义，风冠其首[1]，斯乃化感之本源，志气之符契也[2]。是以怊怅述情，必始乎风；沉吟[3]铺辞，莫先于骨。故辞之待骨，如体之树骸；情之含风，犹形之包气[4]。结言端直[5]，则文骨成焉；意气骏爽[6]，则文风清焉。若丰藻克赡[7]，风骨不飞，则振采失鲜[8]，负声无力。是以缀虑裁篇，务盈守气，刚健既实，辉光乃新，其为文用，譬征鸟之使翼也。

注疏：

1. 风冠其首：“六义”的次序按照《毛诗序》是风、赋、比、兴、雅、颂，风居首位。

2. 志：情志和气势。气：个性、气质。符契：信约，指作品和志气一致。符，古代的凭信之物。契，约券。

3. 沉吟：低声吟咏。

4. 形：指人的形体。气，气血之气。这句比喻风对文情即文章内容的重要。

5. 端直：端正有力。

6. 骏爽：明快爽朗。

7. 丰藻：辞藻丰富。赡：富足。

8. 鲜：明。

故练于骨者，析[1]辞必精；深乎风者，述情必显。捶字坚而难移，结响凝而不滞[2]，此风骨之力也。若瘠义肥辞，繁杂失统[3]，则无骨之征也；思不环周，索莫[4]乏气，则无风之验也。昔潘勖锡魏[5]，思摹经典[6]，群才韬笔，乃其骨髓峻也[7]；相如赋仙，气号凌云[8]，蔚[9]为辞宗，乃其风力遒也。能鉴斯要，可以定文，兹术或违，无务繁采。

注疏：

1. 析：考究、分析。

2. 结响凝：使声调有力。凝，是声调有力。滞：死板、呆滞。此句重在练风，凝指抒情确切，不滞指抒情生动。

3. 统：体统，条理。

4. 索莫：作“牵课”，即勉强。

5. 潘勖（？—215年）：东汉末期作家。锡魏：指潘勖的《策魏公九锡文》。魏公，指曹操。九锡：天子赐予功臣的车马等九大礼品，是最高的赏赐。

6. 思摹经典：潘勖《策魏公九锡文》是仿效《尚书》的笔法写成的。

7. 骨髓：髓，指骨力。峻：高大，挺拔有力。

8. 气号凌云：《汉书·司马相如传》说汉武帝看了《大人赋》之后感到飘飘有凌云气游天地之间的感觉。凌，升、高出。凌云，在云上，驾云。

9. 蔚：盛。

故魏文称“文以气[1]为主，气之清浊有体，不可力强[2]而致。”故其论孔融，则云“体气高妙”；论徐幹[3]，则云“时有齐气”；论刘桢[4]，则云“有逸气”[5]。公幹亦云：“孔氏卓卓[6]，信含异气；笔墨之性[7]，殆不可胜。”并重气之旨也。夫翚翟[8]备色，而翾翥[9]百步，肌丰而力沉也；鹰隼[10]乏采，而翰飞戾天[11]，骨劲而气猛也。文章才力，有似于此。若风骨乏采，则鸷集翰林[12]；采乏风骨，则雉窜文囿：唯藻耀而高翔[13]，固[14]文笔之鸣凤也。

注疏：

1. 气：指秉气、气质。

2. 强：强求，勉强。

3. 徐幹：东汉末期作家。曹丕在《典论·论文》中说他“时有齐气”，因为他为人恬淡优柔，性近舒缓。

4. 刘桢：东汉末期作家。

5. “有逸气”：曹丕《与吴质书》中说：“公幹（刘桢的字）有逸气，但未遒耳。”逸气，超逸的气质，指高超的风格。

6. 孔氏卓卓：是刘桢评论孔融的一段话，其出处已不可考。孔氏，指孔融。卓卓，卓越，超出一般。

7. 性：特点、特性。

8. 翚（huī）：五彩的野鸡。翟：长尾的野鸡。

9. 翾翥（xuān zhǔ）：小飞。翥，飞举。

10. 鹰隼：都是凶猛善飞的禽鸟。鹰，老鹰。隼，又名鹘鸟。

11. 翰：高。戾：到。

12. 鸷：凶猛的禽鸟。翰林：翰墨之林，即文艺的园地。

13. 藻耀：辞藻光彩闪耀，指有文采。高翔：高飞，指有风骨。此句指风骨和辞采相统一。

14. 固：乃。

若夫熔铸经典之范，翔集子史之术[1]，洞晓情变，曲昭[2]文体，然后能孚甲[3]新意，雕画奇辞。昭体，故意新而不乱，晓变，故辞奇而不黩[4]。若骨采未圆，风辞未练[5]，而跨略旧规[6]，驰骛[7]新作，虽获巧意，危败亦多。岂空结奇字，纰缪而成经矣[8]。《周书》云："辞尚体要，弗惟好异[9]。"盖防文滥也。然文术多门，各适所好，明者弗授[10]，学者弗师；于是习华随侈，流遁忘反。若能确乎正式，使文明以健，则风清骨峻，篇体光华。能研诸虑[11]，何远之有哉！

注疏：

1. 翔集：指取法经史诸子使文字写得极为生动，像鸟飞翔一般。术：道路，方法。

2. 曲昭：详悉明白。

3. 孚甲：草木种子发芽，引申为萌生。

4. 黩：亵狎，不严肃，有浮滑意。

5. 练：熟练。

6. 跨：超越。略：省略。

7. 骛：追求。

8. 纰（pī）缪：谬误。纰，丝缕、布帛等破坏散开。成经：成为经常，经常这样，不是偶然这样。

9. 体：体现，体察。要：要点。惟：独。

10. 明者弗授：明者，指深明创作方法的人，即《神思》所说“不能言鼎”的伊挚和“不能语斤”的轮扁一类人。

11. 诸虑：指上述所讨论的诸方面的问题。

赞曰：情与气偕，辞共体并[1]。文明以健，珪璋乃骋。蔚[2]彼风力，严此骨鲠。才锋峻立，符采克炳[3]。

注疏：

1. 体：风格。并：合、共，统一。

2. 蔚：盛，指文采而言。

3. 符采：玉的横纹。炳（bǐng）：即彪炳，光彩照耀。

通变第二十九

夫设文之体有常，变文之数无方[1]，何以明其然耶？凡诗赋书记，名理相因[2]，此有常之体也；文辞气力，通变则久，此无方之数也。名理有常，体必资于故实[3]；通变无方，数必酌于新声；故能骋无穷之路，饮不竭之源。然绠短者衔渴[4]，足疲者辍[5]途，非文理之数尽，乃通变之术疏[6]耳。故论文之方，譬诸草木，根干丽土而同性，臭味晞阳[7]而异品矣。

注疏：

1. 数：术数，方法。无方：没有定规。《易・系辞上》：“故神无方而《易》无体。”

2. 名理：文体的名称及其写作的原则、原理。因：因袭，继承。

3. 资于故实：凭借前人的创作，即借鉴前人创作。资，凭借。故实，指前人的创作。《国语・周语上》：“赋事行刑，必问于遗训而咨于故实。”

4. 绠（gěng）：汲水的绳索。衔渴：即受渴。《庄子·至乐》：“绠短者不可以汲深。”

5. 辍：停止。

6. 疏：生疏、疏漏。只知“通”不知“变”，或只知“变”不知“通”，都是疏漏，也是对“通变”生疏不熟，不善于“通变”。

7. 臭味：指气类相同。臭，气味。晞（xī）阳：晒太阳。晞，晒。

是以九代咏歌，志合文则[1]。黄歌断竹，质[2]之至也；唐歌在昔，则广[3]于黄世；虞歌卿云，则文[4]于唐时；夏歌雕墙[5]，缛[6]于虞代；商周篇什，丽于夏年。至于序志述时，其揆[7]一也。暨楚之骚文，矩式[8]周人；汉之赋颂，影写[9]楚世；魏之策制，顾慕[10]汉风；晋之辞章，瞻望魏采。榷[11]而论之，则黄唐淳而质，虞夏质而辨[12]，商周丽而雅，楚汉侈[13]而艳，魏晋浅而绮，宋初讹[14]而新。从质及讹，弥近弥淡。何则？竞今疏古，风末气衰也[15]。

注疏：

1. 九代：指下文所说的黄、唐、虞、夏、商、周、汉、魏、晋。志：指“诗言志”。则：法则。

2. 质：朴。

3. 广：内容广阔。

4. 文：文采。

5. 夏：指夏代。雕墙：《尚书·伪五子之歌》的第二首说：“内作色荒，外禽荒，甘酒耆音，峻宇（高房）雕墙，有一于此，未或不亡。”此歌讽刺夏帝王太康荒淫好色，败坏国政。大意是说：太康在内荒淫好色，外出享乐打猎，只知喝酒听乐，住豪华的宫廷，有了这样一个人做君主，国家没有不灭亡的。

6. 缛：文采繁盛。

7. 揆：道。

8. 矩式：以为规矩法式，即取法。

9. 影写：照着影子写，指模仿。

10. 顾慕：追慕。

11. 榷：扬榷，大略。

12. 辨：明晰，清楚。

13. 侈：浮夸。

14. 宋：指南朝刘宋朝代。讹：怪诞，指伪体，和正确的体裁相反，指写得怪诞。

15. 风末：冲风之末。冲风，强烈的风。末，末尾、残余。

今才颖之士，刻意学文，多略[1]汉篇，师范宋集，虽古今备[2]阅，然近附而远疏矣。夫青生于蓝，绛生于茜，虽逾本色，不能复化[3]。桓君山[4]云："予见新进丽文，美而无采[5]；及见刘扬[6]言辞，常辄有得。"此其验也。故练青濯绛，必归蓝茜；矫讹翻浅[7]，还宗经诰。斯斟酌乎质文之间，而檃括[8]乎雅俗之际，可与言通变矣。

注疏：

1. 略：忽略、忽视。

2. 备：完备、全面。

3. "青生于蓝"四句：刘勰的意思是从蓝草、茜草里可以提炼出青色、红色染料，而青色、红色染料却不能再有什么变化，用来比喻读华丽的文章没有什么收获。蓝，草本植物，从它叶中提取的靛青可做染料。绛，赤色、大红色。茜，茜草，根可做染料。语出《荀子·劝学》。

4. 桓君山：桓谭字君山，东汉初作家。这里的话是他《新论·本造》的佚文。

5. 采：采取、收获。

6. 刘：指刘向，西汉末期的学者。扬：指扬雄，西汉末期的作家。

7. 矫：纠正。翻：改变、翻转。

8. 檃括：矫正曲木的工具，这里指纠正偏向。《荀子·性恶》："故枸木必将待檃括烝矫然后直。"

夫夸张声貌，则汉初已极，自兹厥[1]后，循环相因，虽轩翥出辙，而终入笼内。枚乘《七发》[2]云："通望兮东海，虹洞兮苍天。"相如《上林》[3]云："视之无端，察之无涯[4]，日出东沼[5]，月生西陂[6]。"马融《广成》云："天地虹洞，固无端涯，大明[7]出东，月生西陂"。扬雄《羽猎》云："出入日月，天与地沓[8]。"张衡《西京》[9]云："日月于是乎出入，象扶桑于濛汜。"此并广寓极状[10]，而五家如一。诸如此类，莫不相循，参伍因革[11]，通变之数也。

注疏：

1. 厥：其。

2. 枚乘《七发》：枚乘，西汉初期作家，作有《七发》。

3. 相如《上林》：司马相如，西汉辞赋家，作品《上林赋》。

4. 涯：边际。

5. 沼：水池。

6. 月生西陂：当作"入乎西陂"。陂，山坡。

7. 大明：指太阳。

8. 沓：多而重复，重合。

9. 张衡《西京》：张衡的《西京赋》。

10. 寓：托喻。状：描绘。

11. 参伍：错综。因革：继承革新。

是以规略文统，宜宏大体[1]。先博览以精阅，总纲纪而摄契；然后拓衢路[2]，置关键，长辔[3]远驭，从容按节[4]，凭情以会通，负气以适变，采如宛虹之奋鬐[5]，光若长离[6]之振翼，乃颖脱[7]之文矣。若乃龌龊于偏解，矜激乎一致[8]，此庭间之回骤，岂万里之逸[9]步哉！

注疏：

1. 大体：这里指主体，基本原则。

2. 衢（qú）路：四通八达的大路。

3. 辔：马缰绳。

4. 节：节度，节奏。

5. 宛虹：弯曲的长虹。宛，弯曲。奋鬐（qí）：虹背。《庄子·外物》："骛扬而奋鬐，白波若山，海水震荡。"

6. 长离：即传说中的灵鸟凤。

7. 颖脱：锥子尖从袋子里脱露出来，露头角的意思。

8. 矜激：矜恃偏激。矜，夸耀。一致：一得之见。致，至。

9. 逸：快。

赞曰：文律运周，日新其[1]业。变则其久，通则不乏。趋时必果，乘机无怯[2]。望今制奇，参古定法。

注疏：

1. 其：将。

2. 怯：懦弱。

情采第三十一

圣贤书辞，总称文章[1]，非采而何！夫水性虚而沦漪结[2]，木体实而花萼振：文附质也[3]。虎豹无文，则鞟[4]同犬羊；犀兕[5]有皮，而色资丹漆[6]：质待文也。若乃综述性灵[7]，敷写器象，镂心鸟迹之中[8]，织辞鱼网之上[9]，其为彪炳，缛采名矣。故立文之道[10]，其理有三：一曰形文，五色是也；二曰声文，五音[11]是也；三曰情文，五性是也。五色杂而成黼黻，五音比而成韶夏[12]，五情发而为辞章，神理之数也。

注疏：

1. 文章：绘画与刺绣上交错的彩色，即纹彩。这里的文章指文彩显明，不是文章作品的意思。

2. 性：性质，特征。沦漪：即涟漪，水的波纹。结：产生。

3. 文：文采。附：依附。质：质地。这三句是说，水波有待于水性，花萼全靠树林，可见文采依附着质地。

4. 鞟（kuò）：革，去毛的皮。

5. 犀兕（sì）：犀，雄犀牛。兕，雌犀牛。犀、兕的皮都很坚韧，古代用来做盔甲。

6. 资：靠。丹：红色。古代用犀兕皮做的盔甲用丹漆等漆上色彩。这二句是说犀牛皮坚韧可以制成兵甲，但需要涂上丹漆彩绘有色彩之美。

7. 若乃：至于。综述：总述，指抒写。性灵：心性和精神，指人的思想感情。

8. 镂心：精细雕刻推敲。镂，雕刻。鸟迹：文字。

9. 织辞：组织文字，指写作。鱼网：纸。《后汉书·蔡伦传》说蔡伦用渔网、树皮、麻头造纸，故这里用鱼网代纸。

10. 文：指广义的文，即《原道》中“文之为德”的“文”，包括颜色、声音、情理，即形文、声文、情文。立文：指写作。

11. 五音：宫、商、角、徵、羽。用于写作则为语言文辞的声律。

12. 比：并列，调和。韶夏：古代的音乐。韶，舜时的音乐。夏，禹时的音乐。这里泛指美好的音乐。

《孝经》垂典，丧言不文；故知君子常言，未尝质也。老子疾伪，故称“美言不信”，而五千精妙，则非弃美矣。庄周云“辩雕万物”，谓藻饰也。韩非云“艳乎辩说”，谓绮丽也。绮丽以艳说，藻饰以辩雕，文辞之变，于斯极矣。研味《孝》[1]老，则知文质附乎性情[2]；详览庄韩，则见华实过乎淫侈。若择源于泾渭之流，按辔于邪正之路，亦可以驭文采矣。夫铅黛所以饰容，而盼倩生于淑姿；文采所以饰言，而辩丽本于情性。故情者文之经，辞者理之纬；经正而后纬成，理定而后辞畅：此立文之本源也。

注疏：

1. 《孝》：即《孝经》。
2. 文：华丽。质：质朴。性情：性气，情志。

昔诗人什篇，为情而造文；辞人[1]赋颂，为文而造情。何以明其然？盖风雅之兴，志[2]思蓄愤，而吟咏情性，以讽其上，此为情而造文也；诸子[3]之徒，心非郁陶，苟[4]驰夸饰，鬻声钓[5]世，此为文而造情也。故为情者要约而写真，为文者淫[6]丽而烦滥。而后之作者，采滥忽真，远弃风雅，近师辞赋，故体情之制日疏，逐文之篇愈盛。故有志深轩冕[7]，而泛咏皋壤；心缠几务，而虚述人外。真宰弗存[8]，翩其反矣。夫桃李不言而成蹊，有实存也；男子树兰而不芳，无其情也。夫以草木之微，依情待实；况乎文章，述志为本，言与志反，文岂足征[9]？

注疏：

1. 辞人：指辞赋家。
2. 志：记。
3. 诸子：指辞赋家。
4. 苟：勉强。
5. 钓：取。
6. 淫：过分。
7. 轩冕：坐车和戴礼帽，大官的排场。轩：官员的车，有屏帷。

冕：官帽、礼帽。

8. 真宰弗存：《庄子·齐物论》："若有真宰，而特不得其眹。"《荀子·正名》："心也者，道之工宰也。"真宰，指真心。

9. 征：证验。

是以联辞结采，将欲明经[1]，采滥辞诡，则心理愈翳[2]。固知翠纶桂饵，反所以失鱼。"言隐荣华[3]"，殆谓此也。是以"衣锦褧衣[4]"，恶文太章[5]；贲象穷白[6]，贵乎反本。夫能设谟[7]以位理，拟地以置心，心定而后结音，理正而后摛[8]藻，使文不灭质[9]，博不溺心，正采耀乎朱蓝[10]，间色屏于红紫，乃可谓雕琢其章，彬彬君子矣。

注疏：

1. 经：意为"理"。

2. 心理：指内心感情。翳：障蔽。

3. 言隐荣华：见《庄子·齐物论》。隐，隐蔽。荣华，草本植物的花叫荣，木本植物的花叫华，这里用来指文采。

4. 衣锦褧（jiǒng）衣：《诗经·卫风·硕人》："硕人其颀，衣锦褧衣。"硕人，高大白胖的人。颀，修长的样子。褧衣，麻布衣。《硕人》诗中原意是妇女出嫁穿上麻布罩衫遮灰尘，以保护锦衣。

5. 恶文太章：恶，厌恶；章，同"彰"，明。这是刘勰对"衣锦褧衣"的解释，用来说明他的主张，已使诗的原意改变了。

6. 贲象穷白：《周易·贲卦》中的"贲"是文饰的意思，可是它的象却归于白色。穷，探究到底。白，指本色，因为丝的本色是白的。

7. 谟：当作"模"，规范，指体裁。设模：即设置标准。

8. 摛（chī）：铺陈。

9. 文：文采。质：内容。

10. 正采：正色。古代以青、赤、黄、白、黑为正色。朱：大红，属赤色。蓝：属青色。正色代表雅正的好的文采。

赞曰：言以文远，诚哉斯验。心术既形[1]，英华乃赡。吴锦好渝[2]，舜英[3]徒艳。繁采寡情，味之必厌。

注疏：

1. 心术既形：内心的情感已经通过文辞显露出来，即写出了情思，这就构成了文采。

2. 渝：变色。

3. 舜英：木槿花，朝开暮谢，有花无实，不长久。

丽辞第三十五

造化赋形，支[1]体必双，神理为用，事不孤立。夫心生文辞，运裁百虑，高下相须[2]，自然成对。唐虞之世，辞未极文，而皋陶赞云："罪疑惟轻，功疑惟重[3]。"益陈谟云："满招损，谦受益[4]。"岂营丽辞，率然[5]对尔。《易》之《文》《系》[6]，圣人之妙思也。序《乾》四德，则句句相衔；龙虎类感，则字字相俪[7]；乾坤易简，则宛转相承；日月往来，则隔行悬合：虽句字或殊，而偶意一也。至于诗人偶章，大夫联辞，奇偶[8]适变，不劳经营。自扬马、张、蔡，崇盛丽辞，如宋画吴冶，刻形镂法，丽句与深采并流，偶意共逸韵俱发。至魏晋群才，析句弥密，联字合趣，剖毫析厘。然契机[9]者入巧，浮假者无功。

注疏：

1. 支：同"肢"，即肢体。

2. 相须：相对，相需。须，待，宜。

3. "罪疑惟轻"二句：《尚书·伪大禹谟》中皋陶回答舜的话。疑，疑惑不定。

4. "满招损"二句：《尚书·伪大禹谟》中益赞助禹说的话。

5. 率然：随便，未经思考。

6.《易》：指《周易》。《文》《系》：指解说《周易》的《文言》和《系辞》，相传都是孔子所作。

7.“龙虎类感”二句：《周易·乾卦·文言》中有“水流湿，火就燥，云从龙，风从虎”的话，这些话都字字相对。俪，对偶，骈俪。

8. 奇偶：奇，单数；偶，双数。指散句和偶句。

9. 契机：合时，指对偶得当。

故丽辞之体，凡有四对：言对[1]为易，事对为难，反对[2]为优，正对为劣。言对者，双比空辞[3]者也；事对者，并举人验者也；反对者，理殊趣合者也；正对者，事异义同者也。长卿《上林赋》云：“修容乎礼园[4]，翱翔乎书圃[5]。”此言对之类也；宋玉《神女赋》[6]云：“毛嫱障袂，不足程式；西施掩面，比之无色。”此事对之类也；仲宣《登楼》云：“钟仪幽而楚奏[7]，庄舄显而越吟[8]。”此反对之类也；孟阳[9]《七哀》云：“汉祖想枌榆，光武思白水。”此正对之类也。凡偶辞胸臆，言对所以为易也；征人之学，事对所以为难也；幽显同志，反对所以为优也；并贵共心[10]，正对所以为劣也。又以事对，各有反正，指类而求，万条自昭然矣。张华诗[11]称：“游雁比翼翔，归鸿知接翮。”刘琨诗言“宣尼悲获麟，西狩泣孔丘”。若斯重出，即对句之骈枝也。

注疏：

1. 言对：文字的对偶。

2. 反对：意义相反的对偶。

3. 空辞：指不用典的文辞。

4. 修容：修饰容仪。礼园：礼仪之园。礼是用来调整威仪的，即可以修容。长卿：司马相如。

5. 翱翔：浮游，徘徊，指学习《尚书》。圃：园圃，园地。

6. 宋玉（约前298—前222年）：字子渊。战国时代楚国作家，作有《神女赋》。

7. 钟仪：生卒不详，楚国郧公，曾被郑国俘虏，献给晋国。晋侯知道他是伶人，叫他演奏，钟仪奏出楚音。

8. 庄舄：生卒不详，越国人，楚国大臣，因爱故国，生病发生越吟。

9. 孟阳：张载，字孟阳。《文选》有张载《七哀诗二首》，但无此二句。

10. 并贵共心：也是双关，既指对偶两句表达相同的思想，又指刘邦和刘秀都贵为天子而同样思念家乡。

11. 张华（232—300年）：字茂先，西晋作家。诗：指张华的《杂诗》。

是以言对为美，贵在精巧；事对所先，务在允当。若两事相配，而优劣不均，是骥在左骖[1]，驽[2]为右服也。若夫事或孤立，莫与相偶，是夔[3]之一足，趻踔[4]而行也。若气无奇类，文乏异采，碌碌丽辞，则昏睡耳目。必使理圆事密，联璧[5]其章，迭用奇偶，节以杂佩[6]，乃其贵耳。类此而思，理自[7]见也。

注疏：

1. 骖（cān）：古代驾车三马中左边的马。后四马中间的两匹称“服”，左右两边称“骖”。

2. 驽：劣马。骥在左骖，驽为右服，意为左右两马一为良马，一为劣马，不平衡。

3. 夔：古代传说中一种外形似龙而只有一足的动物。

4. 趻踔（chěn chuō）：跳跃着走。

5. 璧：环玉。

6. 杂佩：包括各种不同的佩玉，有各种形式和名称。

7. 自：作“斯”。

赞曰：体植必两，辞动[1]有配。左提右挈，精味[2]兼载。炳烁联华，镜静[3]含态。玉润双流，如彼珩佩[4]。

注疏：

1. 动：动辄，往往。

2. 精味：精义韵味。

3. 静：同“净”，明净。

4. 珩：成双的佩玉上面的横玉。佩：古代衣带上佩戴的玉石。

比兴第三十六

诗文弘奥，包韫六义[1]，毛公述传，独标兴体[2]，岂不以风通而赋同，比显而兴隐哉[3]？故比者，附也；兴者，起[4]也。附理者，切类[5]以指事，起情者，依微[6]以拟议。起情故兴体以立，附理故比例以生。比则畜愤以斥言[7]，兴则环譬以记讽。盖随时之义不一，故诗人之志有二也[8]。

注疏：

1. 韫：藏。六义：即风、赋、比、兴、雅、颂。其中风、雅、颂指诗的类型，赋、比、兴是表现手法。赋是直接铺陈，比是比喻，兴是因物起兴。

2. 独标兴体：《毛传》注释《诗经》时，对“兴体”有特别注明。

3. 比显：比喻手法明显，也较易识别。兴隐：起兴手法隐晦，和比喻又有相似之点，不易识别。

4. 起：引起。

5. 切：切合。类：相似。

6. 微：隐。

7. 畜：当作“蓄”。蓄愤：积愤，兼激愤的感情。斥言：指斥的话。

8. 诗人：指《诗经》作者。有二：二指比兴两种手法。

观夫兴之托喻，婉而成章，称名也小，取类也大。关雎有别，故后妃方德；尸鸠[1]贞一，故夫人象义。义取其贞，无疑于夷禽；德贵其别，不嫌于鸷鸟：明而未融，故发[2]注而后见也。且何谓为比？盖写物以附意，扬言以切事者也。故金锡以喻明德，珪璋以譬秀民，螟蛉以类教诲，蜩螗以写号呼，浣衣以拟心忧[3]，席卷以方志固[4]：凡斯切象，皆比义也。至如麻衣如雪，两骖如舞，若斯之类，皆比类者也。楚襄[5]信谗，而三闾忠烈，依《诗》制《骚》，讽兼比兴。炎汉虽盛，而辞人夸毗，诗刺道丧，故兴义销亡。于是赋颂先鸣，故比体云[6]构，纷纭杂遝，信[7]旧章矣。

注疏：

1. 尸鸠（jiū）：即鸤鸠，布谷鸟。

2. 发：阐发、启发。

3. “浣衣”句：《诗经·邶风·柏舟》：“心之忧矣，如匪浣衣。”浣衣，洗衣。

4. 席卷：应作“卷席”。“卷席”句：《诗经·邶风·柏舟》：“我心匪席，不可卷也。”

5. 襄：指楚怀王和楚顷襄王时代，怀王和顷襄王听信靳尚等奸臣谗言，疏远流放屈原。

6. 云：纷纷的意思，形容众多。

7. 信：当作“倍”。倍，即“背”。

夫比之为义，取类不常：或喻于声，或方于貌，或拟于心，或譬于事。宋玉《高唐》[1]云：“纤条悲鸣，声似竽籁[2]。”此比声之类也；

枚乘《菟园》云：“焱焱[3]纷纷，若尘埃之间白云。”此则[4]比貌之类也；贾生《鵩赋》[5]云：“祸之与福，何异纠纆[6]。”此以物比理者也；王褒《洞箫》云：“优柔温润，如慈父之畜[7]子也。”此以声比心者也；马融《长笛》云：“繁缛络绎[8]，范蔡[9]之说也。”此以响比辩者也；张衡《南都》云：“起郑舞，茧曳绪。[10]”此以容比物[11]者也。若斯之类，辞赋所先，日用乎比，月忘乎兴，习小而弃大，所以文谢于周人也。至于扬班[12]之伦，曹刘[13]以下，图状山川，影写云物，莫不纤综比义，以敷其华，惊听回视，资此效绩。又安仁[14]《萤赋》云“流金在沙”，季鹰[15]《杂诗》云“青条若总翠”，皆其义者也。故比类虽繁，以切至为贵，若刻鹄类鹜，则无所取焉。

注疏：

1. 《高唐》：战国时期楚国作家宋玉的《高唐赋》。
2. 竽：乐器名，形似笙，有三十六簧。籁：孔窍发出的声音。
3. 焱焱（yàn）：形容鸟飞的快。枚乘《梁王菟园赋》。
4. 则：当删去。
5. 贾生：即贾谊。赋：当作“鸟”。《鵩鸟》：《鵩鸟赋》。
6. 纠纆（mò）：用三股拧成的绳。纆，绳索。
7. 畜：养。
8. 络绎：接连不断。
9. 范蔡：范雎、蔡泽，都是战国辩士，都曾做过秦国的丞相。
10. 郑舞：郑国地方的舞蹈。茧曳绪：茧抽丝，亦为连续不断意。
11. 以容比物：似当作“以物比容”。容，仪态。
12. 扬班：扬雄、班固。
13. 曹刘：曹植、刘桢。
14. 安仁：西晋文学家潘安（247—300年），字安仁。
15. 季鹰：西晋文学家张翰，字季鹰，生卒不详。

赞曰：诗人比兴，触物圆览。物虽胡越[1]，合则肝胆。拟容取心[2]，断辞必敢。攒杂咏歌，如川之涣[3]。

注疏：

1. 胡越：胡，胡人，在北方；越，越人，在南方。比喻相距很远。

2. 容：容貌，形象。心：指精神实质。

3. 涣：作“澹”。澹：水波动荡的样子。

隐秀第四十

夫心术之动远矣，文情[1]之变深矣，源奥而派生，根盛而颖峻[2]，是以文之英蕤，有秀有隐。隐也者，文外之重旨[3]者也；秀也者，篇中之独拔者也。隐以复意[4]为工，秀以卓绝[5]为巧。斯乃旧章之懿绩[6]，才情之嘉会也。夫隐之为体[7]，义主文外，秘响傍[8]通，伏采[9]潜发，譬爻象之变互体，川渎之韫[10]珠玉也。故互体变爻，而化成四象；珠玉潜水，而澜表方圆[11]。始正而末奇[12]，内明而外润，使玩之者无穷，味之者不厌矣。彼波起辞间，是谓之秀。纤手[13]丽音，宛乎逸态，若远山之浮烟霭，娈女之靓[14]容华。然烟霭天成，不劳于妆点；容华格定，无待于裁熔[15]。深浅而各奇，侬纤而俱妙，若挥之[16]则有余，而揽之则不足矣。

注疏：

1. 文情：指作品的内容。《礼记·乐记》：“是故情深而文明，气盛而化神，和顺积中，而英华发外。”

2. 颖：禾芒，比树梢。峻：高。

3. 重旨：言外之意，话中的话。重，双重。

4. 复意：即两重意思，一是字面的意思，二是言外之意。

5. 卓绝：即“独拔”的意思。

6. 旧章：指前人的作品。懿：美。

7. 体：风格、特点。

8. 秘响：隐秘之响，即暗响。指不显露的意义。傍：杨校当作“旁”。旁：侧面。《易·乾·文言》：“六爻发挥，旁通情也。”

9. 伏采：隐伏的文采。《厚道》：“符采复隐。”

10. 韫（yùn）：藏。《文赋》：“石韫玉而山辉，水怀珠而川媚。”

11. “珠玉潜水”二句：《淮南子·地形训》中说水中蕴藏着玉，水纹方而曲折；水中蕴含着珠，水纹圆而曲折。

12. 自“始正而末奇”至“朔风动秋草”之“朔”字共四百余字，为后世补文。

13. 纤手：妇女细柔的巧手。纤，细。

14. 靓：装饰。娈：美好。《诗·小雅·车舝》：“思娈季女逝兮。”

15. 裁熔：修饰。

16. 挥之：舍去，即不加装点，顺其自然。

夫立意之士，务欲造奇，每驰心于玄默之表；工[1]辞之人，必欲臻美，恒溺思于佳丽之乡。呕心吐胆[2]，不足语穷；煅岁炼年[3]，奚能喻苦？故能藏颖词间，昏迷于庸目[4]；露锋文外，惊绝乎妙心[5]。使酝藉[6]者蓄隐而意愉，英锐者抱秀而心悦。譬诸裁云制霞，不让乎天工；斫卉刻葩[7]，有同乎神匠矣。若篇中乏隐，等宿儒之无学，或一叩[8]而语穷；句间鲜秀，如巨室[9]之少珍，若百诘[10]而色沮：斯并不足于才思，而亦有愧于文辞矣。

注疏：

1. 工：巧，精于其事。这里用为使之工巧的意思。

2. 呕心吐胆：呕吐出心胆。比喻劳心苦思。

3. 煅岁炼年：饱经年岁锻炼，比喻功夫的深久。煅，指对文章的锤炼。

4. 庸目：平常人的眼力。

5. 妙心：精妙的用心。

6. 酝藉：含蓄。

7. 斫（zhuó）：砍削。卉：草的总称。葩（pā）：花。《列子·说符》说：有个宋国人用玉为宋国君王雕制楮树叶，三年才成功，将其混在楮树叶中和真楮叶没有什么区别。这里暗用这个典故。

8. 叩：问，指阅读。

9. 巨室：富贵之家。《孟子·离娄上》："不得罪于巨室。"

10. 诘：反问。

将欲征隐，聊可指篇：《古诗》之"离别"，《乐府》之《长城》[1]，词怨旨深，而复兼乎比兴；陈思之黄雀[2]，公幹之青松[3]，格刚才劲，而并长于讽谕[4]；叔夜之赠行[5]，嗣宗之咏怀[6]，境玄思澹，而独得乎优闲；士衡[7]之疏放，彭泽[8]之豪逸，心密语澄，而俱适乎壮采。如欲辨秀，亦惟摘句："常恐秋节至，凉飙夺炎热[9]"，意凄而词婉，此匹妇之无聊也；"临河濯长缨，念子怅悠悠[10]"，志高而言壮，此丈夫之不遂[11]也；"东西安所之，徘徊以彷徨[12]"，心孤而情惧，此闺房之悲极也；"朔风动秋草，边马有归心[13]"，气寒而事伤，此羁旅之怨曲也。

注疏：

1. 《古诗》：《古诗十九首》。东汉时期作品。离别：指《古诗十九首》中的《行行重行行》一诗。《长城》：指《古乐府四首》第一首。

2. 陈思：陈思王曹植。黄雀：指曹植的《野田黄雀行》，该诗写少年救雀，用以比喻救人于患难。

3. 公幹之青松：指刘桢《赠从弟三首》之二："亭亭山上松，瑟瑟谷中风。风声一何盛，松枝一何劲。冰霜正惨凄，终岁常端正。岂不罹凝寒，松柏有本性。”

4. 讽谕：借物喻意。曹植的《野田黄雀行》和刘桢的“亭亭山上松”都借黄雀喻意。

5. 叔夜之赠行：指嵇康《赠秀才入军五首》。

6. 嗣宗：阮籍的字。指阮籍《咏怀诗》。

7. 士衡：陆机的字。

8. 彭泽：指陶潜，字渊明，东晋著名诗人，他曾做过彭泽县令。

9. “常恐”二句：班婕妤《怨歌行》中的诗句。班婕妤，东汉时期女作家。此诗中她自比作扇，怕秋风一起，扇便被弃。此诗后人疑为伪作。飙，暴风。

10. “临河”二句：传为西汉李陵《与苏武诗》中的话。李陵，西汉名将李广之孙。苏武，西汉武帝时人，出使匈奴，被扣十九年。《与苏武诗》自刘勰以来，历代学者多认为是后人伪托。濯，洗。缨，衣帽上用为装饰的穗带，这里指冠缨。子，你，指苏武。

11. 不遂：不顺心。

12. “东西”二句：乐府古词《伤歌行》有“东西安所之，徘徊以彷徨。”

13. “朔风”二句：西晋诗人王赞《杂诗》的头两句。此诗写对故乡的思念。朔风，北风、寒风。

凡文集胜篇，不盈十一[1]；篇章秀句，裁可百二；并思合而自逢，非研虑之所求[2]也。或有晦塞为深，虽奥非隐，雕削[3]取巧，虽美非秀矣。故自然会妙，譬卉木之耀英华[4]；润色取[5]美，譬缯帛之染朱绿[6]。朱绿染缯，深而繁鲜；英华曜[7]树，浅而炜烨；隐篇所以照文苑，秀句所以侈翰林[8]，盖以此也。

注疏：

1. 盈：满。十一：十分之一。

2. 求：疑原是“课”字。课：考课。

3. 雕削：雕琢。

4. 英华：花朵。英，草本植物的花瓣；华，木本植物的花。

5. 取：疑当作“致”。

6. 缯（zēng）：丝织品的总称。朱绿：朱红色和绿色，此指各种色彩。

7. 曜：照耀。

8. 文苑、翰林：都是文坛的意思。侈：夸。

赞曰：深文隐蔚，余味曲[1]包。辞生互体，有似变爻。言之秀矣，万虑一交。动心惊耳，逸响笙匏[2]。

注疏：

1. 曲：曲折，指含蓄婉转。

2. 笙匏：即笙和匏，都是吹奏乐器。

养气第四十二

昔王充著述，制养气之篇，验己而作[1]，岂虚造哉！夫耳目鼻口，生之役也[2]；心虑言辞，神[3]之用也。率志委和，则理融而情畅；钻砺[4]过分，则神疲而气[5]衰：此性情之数也。夫三皇辞质，心绝于道华；帝世始文，言贵于敷奏；三代春秋，虽沿世弥缛，并适分胸臆[6]，非牵课[7]才外也。战代权诈[8]，攻奇饰说；汉世迄今，辞务日新，争光鬻采，虑亦竭矣。故淳言以比浇辞，文质悬乎千载；率志以方竭情，劳逸差于万里；古人所以余裕[9]，后进所以莫遑也。

注疏：

1. 验己而作：经过自己的检验的作品。《论衡·自纪》：“历数冉冉，庚辛域际，虽惧终徂，愚犹沛沛，乃作《养性》之书凡十六章。”

2. 生：生命。役：仆役。《吕氏春秋·仲春纪·贵生》："夫耳目鼻口，生之役也。"

3. 神：精神。《论衡·卜筮》："夫人用神思虑。"

4. 钻砺：钻研磨砺。

5. 气：元气，人体维持其生命的功能。

6. 适分：适合于作者的本分、个性。胸臆：心胸。《明诗》："随性透分。"

7. 牵课：牵连，勉强。

8. 权诈：诡诈、权谲。

9. 余裕：从容不迫。裕，宽。《孟子·公孙丑下》："岂不绰绰然有余裕哉！"

凡童少[1]鉴浅而志盛，长艾[2]识坚而气衰，志盛者思锐以胜劳[3]，气衰者虑密以伤神，斯实中人之常资[4]，岁时之大较也[5]。若夫器分[6]有限，智用无涯[7]，或惭凫企鹤，沥辞镌思，于是精气内销，有似尾闾之波；神志外伤，同乎牛山之木：怛惕之盛疾，亦可推[8]矣。至如仲任置砚以综述[9]，叔通怀笔以专业[10]，既暄之以岁序[11]，又煎之以日时[12]；是以曹公[13]惧为文之伤命，陆云叹用思之困神[14]，非虚谈也。

注疏：

1. 少：古代以三十岁以前为少，即青少年。

2. 艾：头发灰白为艾，古人五十岁为艾，即老年人。《礼记·曲礼上》："五十曰艾。"

3. 胜劳：胜任疲劳。

4. 中人：平常人。资：资质、禀赋。《论语·雍也》："子曰：中人之上，可以语上也；中人以下，不可以语上也。"

5. 岁时：年龄。大较：大概情况。

6. 器分：才分，器量。

7. 涯：边。

8. 推：类推、推想。

9. 仲任置砚以综述：仲任，王充字。《后汉书·王充传》："闭门谐思，绝庆吊之礼，户牖墙壁各置刀笔。著《论衡》八十五篇。"

10. 叔通怀笔以专业：叔通，曹褒字。《后汉书·曹褒传》："褒少笃志，有大度，结发传其父充业，博雅疏通，尤好礼事。常感朝廷制度未备，慕叔孙通为汉礼仪，昼夜研精，沉吟专思，寝则怀抱笔札，行则诵习文书，当其念至，忘所之适。"

11. 暄之以岁序：南朝宋王僧达《答颜延年》诗："聿来岁序暄，轻云出东岑。"暄：温，指春天的温暖。刘勰这里用此和下句"煎"字对举，都有煎熬之意。

12. 煎之以日时：喻苦思的折磨。葛洪《抱朴子·内篇·道意》："若乃精灵困于烦扰，荣卫消于役用，煎熬形气，刻削天和。"

13. 曹公：指曹操。《檄移》："敢指曹公之锋。"《章表》："曹公称为表不必三让。"

14. "陆云叹用思"句：《全晋文》卷一百二："兄文章已自行天下，多少无所在，且用思困人，亦不事复及，以此自劳役。"

夫学业在勤，功庸弗怠[1]，故有锥股自厉[2]；和熊以苦之人[3]志于文也，则有申写郁滞：故宜从容率情，优柔适会。若销铄精胆[4]，蹙迫和气，秉牍以驱龄，洒翰以伐性，岂圣贤之素心，会文之直理哉！且夫思有利钝，时有通塞[5]，沐则心覆，且或反常，神之方昏，再三愈黩。是以吐纳文艺，务在节宣，清和[6]其心，调畅其气，烦而即舍，勿使壅滞；意得则舒怀以命笔，理伏则投笔以卷怀，逍遥以针劳，谈笑以药倦。常弄闲于才锋[7]，贾余于文勇[8]，使刃发如新，凑理[9]无滞，虽非胎息[10]之迈术，斯亦卫气之一方也。

注疏：

1. 功庸弗怠：这四字和下面的“和熊以苦之人”是后人的增补。

2. 锥股自厉：《战国策·秦策一》：“（苏秦）……读书欲睡，引锥自刺其股，血流至足。”

3. 和熊以苦之人：用熊胆和丸食之，以其若激励勤学，此乃唐代柳仲郢之事，此为后人增补，非刘勰原文。

4. 销铄精胆：销铄，熔化。枚乘《七发》：“虽有金石之坚，犹将销铄而挺解也，况其在筋骨之间乎哉”

5. 通塞：思路的通畅与阻塞。陆云《与兄平原书》：“方当积思，思有利钝。”陆机《大赋》：“若夫应感之会，通塞之纪，来不可遏，去不可止。”

6. 清和：清静和谐。《汉书·贾谊传》：“大数既得，则天下顺治，海内之气，清和咸理。”

7. 闲于才锋：轻松愉快地暴露才华锋芒。

8. 贾余于文勇：《左传·成公二年》：“欲通者贾余馀勇。”贾：卖。

9. 凑理：同“腠理”，肌肤的文理。《黄帝内经·内篇·释滞》：“寒则腠理闭，气不行，故气收矣。”

10. 胎息：即古代一种修养身心的方法。《抱朴子·内篇·释滞》：“得胎息者，能不以鼻口嘘吸，如在胞胎之中，则道成矣。”迈：王利器校“迈”，作“万”。万术：多种技术，指技术。

赞曰：纷哉万象，劳矣千想。玄神[1]宜宝，素气资养[2]。水停以鉴[3]，火静而朗[4]。无扰文虑，郁此精爽。

注疏：

1. 玄神：精神。扬雄《太玄·中》：“神战于玄，其陈阴阳。”

2. 素：平素。资：靠。

3. 鉴：镜，引申为明。《庄子·德充符》："人莫鉴于流水而鉴于止水。"

4. 朗：明亮。

物色第四十六

春秋代序[1]，阴阳惨舒[2]，物色之动，心亦摇焉。盖阳气萌而玄驹步[3]，阴律凝而丹鸟羞[4]，微虫犹或入感，四时之动物深矣。若夫珪璋挺其惠[5]心，英华[6]秀其清气，物色相召，人谁获安？是以献岁发春，悦豫之情畅；滔滔孟夏，郁陶[7]之心凝；天高气清，阴沉之志远；霰雪无垠，矜[8]肃之虑深。岁有其物，物有其容；情以物迁，辞以情发[9]。一叶且或迎意，虫声有足引心。况清风与明月同夜，白日与春林共朝哉！

注疏：

1. 春秋：这里用春秋来代指四季。代：更替。序：次序。

2. 阴阳惨舒：即阴惨阳舒。秋冬为阴，春夏为阳。惨，戚，不愉快；舒，逸。

3. 阳气萌：冬至后阳气开始萌生。玄驹：蚂蚁。步：走动。《大戴礼记·夏小正》："十有二月，……玄驹贲。"

4. 阴律凝：阴历八月秋天到来阴气开始凝聚。古代乐律分阴阳两种，古人以十二种乐律分配于十二律，阳律六、阴律六。八月属于阴律，这里借指阴冷的季节。丹鸟：螳螂。羞：通"馐"，馐膳。

5. 珪（guī）璋：古代聘问时所用的名贵的玉器，这里泛指美玉。

6. 英华：美丽的花朵。

7. 郁陶：忧闷郁积。

8. 矜：严肃、庄重。

9. "情以物迁"二句：《明诗》所说"应物斯感，感物吟志"和这两句意思相同。

是以诗人感物，联类不穷。流连[1]万象之际，沉吟视听之区；写气图貌，既随物以宛转；属采附声，亦与心而徘徊。故灼灼[2]状桃花之鲜，依依尽杨柳之貌[3]，杲杲为出日之容[4]，瀌瀌拟雨雪之状[5]，喈喈逐黄鸟之声[6]，喓喓学草虫之韵[7]；皎日嘒星[8]，一言穷理；参差沃若[9]，两字穷形：并以少总多，情貌无遗矣。虽复思经千载，将何易夺。及《离骚》代兴，触类而长[10]，物貌难尽，故重沓舒状，于是嵯峨之类聚，葳蕤之群积矣。及长卿之徒，诡势瑰声，模山范水，字必鱼贯，所谓诗人丽则而约言，辞人丽淫而繁句也[11]。至如雅咏棠华，或黄或白；骚述秋兰，绿叶紫茎。凡摛表五色，贵在时见，若青黄屡出，则繁而不珍。自近代[12]以来，文贵形似，窥情风景之上，钻貌草木之中。吟咏所发，志惟深远；体物为妙，功在密附。故巧言切状，如印之印泥，不加雕削，而曲写毫芥[13]；故能瞻言而见貌，印字而知时也。

注疏：

1. 流连：徘徊不忍离去。

2. “灼灼”句：形容桃花的色彩鲜明。《诗经·周南·桃夭》：“桃之夭夭，灼灼其华。”《毛传》：灼灼，华之盛也。

3. “依依”句：《诗·小雅·采薇》：“昔我往矣，杨柳依依。”

4. “杲杲”句：《诗·卫风·伯兮》：“其雨其雨，杲杲出日。”

5. “瀌瀌”句：《诗·小雅·角弓》：“雨雪瀌瀌，见晛曰消。”

6. “喈喈”句：《诗·周南·葛覃》：“黄鸟于飞，集于灌木，其鸣喈喈。”

7. “喓喓”句（yāo）：虫鸣声。《诗经·召南·草虫》：“喓喓草虫，喓喓阜螽。”韵：虫鸣声。

8. 皎日嘒星：《诗·王风·大车》：“有如皎日。”《诗经·召南·小星》：“嘒彼小星。”

9. 参差沃若：《诗·周南·关雎》："参差荇菜，左右流之。"《诗·卫风·氓》："桑之未落，其叶沃若。"两字：两字相连成为双声字和叠韵字。"参差"是双声，"沃若"是叠韵。

10. 长：发展、引申。

11. "诗人丽则"二句：扬雄《法言·吾子》："诗人之赋丽以则，辞人之赋丽以淫。"诗人，指《诗经》作者。则，合乎规则。约，简练。辞人，指辞赋家。淫，过度。

12. 近代：指晋、南朝刘宋时期。

13. 曲：详尽。毫芥：细微。毫，长而尖锐的毛；芥，小草。

然物有恒姿，而思无定检[1]，或率尔造极，或精思愈疏。且诗骚所标[2]，并据要害，故后进锐笔[3]，怯于争锋。莫不因方以借巧，即势以会奇，善于适要[4]，则虽旧弥新矣。是以四序[5]纷回，而入兴贵闲；物色虽繁，而析辞尚简；使味飘飘而轻举，情晔晔[6]而更新。古来辞人，异代接武[7]，莫不参伍以相变，因革[8]以为功，物色尽而情有余者，晓会通也。若乃山林皋壤[9]，实文思之奥府，略语则阙，详说则繁。然屈平所以能洞监风骚之情者，抑亦江山之助乎！

注疏：

1. 检：法式。

2. 标：显出。

3. 锐笔：指精通写作的人。

4. 适要：适应变化抓住要点。

5. 四序：四季。

6. 晔晔（yè yè）：美盛的样子。

7. 接武：继承效法前人。武，足迹。

8. 因革：继承革新。

9. 皋壤：池边地。皋，泽。《庄子·知北游》："山林与，皋壤与，使我欣欣然而乐与。”

赞曰：山沓水匝，树杂云合。目既往还，心亦吐纳[1]。春日迟迟[2]，秋风飒飒[3]。情往似赠，兴来如答。

注疏：

1. 吐纳：指抒发。

2. 春日迟迟：《诗·豳风·七月》：“春日迟迟，采蘩祁祁。”

3. 秋风飒飒：《楚辞·九歌·山鬼》：“风飒飒兮木萧萧。”

知音第四十八

知音其难哉！音实难知，知实难逢，逢其知音[1]，千载其一乎。夫古来知音，多贱同而思古，所谓“日进前而不御，遥闻声而相思”也。昔《储说》始出，《子虚》初成，秦皇汉武，恨不同时[2]；既同时矣，则韩囚而马轻，岂不明鉴同时之贱哉！至于班固傅毅，文在伯仲，而固嗤[3]毅云“下笔不能自休”。及陈思论才，亦深排孔璋，敬礼请润色，叹以为美谈[4]，季绪好诋诃[5]，方之于田巴[6]，意亦见矣。故魏文称“文人相轻”，非虚谈也。至如君卿唇舌[7]，而谬欲论文，乃称“史迁著书，咨东方朔[8]”，于是桓谭之徒，相顾嗤笑。彼实博徒，轻言负诮[9]，况乎文士，可妄谈哉！故鉴照洞明，而贵古贱今者，二主是也；才实鸿懿，而崇己抑[10]人者，班曹是也；学不逮文，而信伪迷真者，楼护是也；酱瓿之议[11]，岂多叹哉！

注疏：

1. 知音：这里泛指文学欣赏者、评论家，不论其正确与否。《礼记·乐记》：“是故知声而不知音者，禽兽是也；知音而不知乐者，众庶是也。”

2. 恨不同时：韩非的著作传到秦国，秦始皇读后感叹自己不能和此人同时，后来他用武力威胁韩国，得到了韩非。又《汉书·司马相如传》载，汉武帝读了司马相如的《子虚赋》感叹不能与此人同时，后来他得知《子虚赋》是当时人司马相如所作，立即召见了司马相如。

3. 嗤：讥笑。

4. “敬礼”二句：敬礼，丁廙字；润色，修改文章。曹植《与杨德祖书》中说，丁廙请他修改文章并说：“后世还有谁能知道我，能够改订我的文章呢！”曹植称赞这是“美谈”。

5. 季绪好诋诃：季绪，刘修字。曹植《与杨德祖书》：“刘季绪才不能逮于作者，而好底诃文章，掂掎利病。”

6. 方之于田巴：田巴，战国时齐国辩士。曹植《与杨德祖》书：“昔田巴毁五帝，罪三王，訾五霸于稷下，一旦而服千人。”

7. 君卿唇舌：君卿，楼护字，西汉医家，能言善辩。

8. 史迁：司马迁。东方朔（约前161—前93年）：西汉文学家，性格诙谐，言辞敏捷，滑稽多智。

9. 诮：责怪，讥讽。

10. 抑：贬低。

11. 酱瓿之议：酱瓿，盛放酱类的陶罐。《汉书·扬雄传》：“雄以病免，复召为大夫。家素贫，嗜酒，人希至其门。时有好事者载酒肴从游学，而钜鹿侯芭常从雄居，受其《太玄》《法言》焉。刘歆亦尝观之，谓雄曰：‘空自苦！今学者有禄利，然尚不能明《易》，又如《玄》何？吾恐后人用覆酱瓿也。’雄笑而不应。”

夫麟凤与麏雉[1]悬绝，珠玉与砾石超殊，白日垂其照，青眸写其形。然鲁臣以麟为麏[2]，楚人以雉为凤[3]，魏民以夜光为怪石[4]，宋客以燕砾为宝珠[5]。形器易征[6]，谬乃若是；文情难鉴，谁曰易分？夫篇章杂沓，质文交加，知多偏好，人莫圆该。慷慨者逆声而击节[7]，酝藉者见密而高蹈；浮慧者观绮而跃心，爱奇者闻诡而惊听。会己则嗟讽[8]，异我则沮弃，各执一隅之解，欲拟万端之变，所谓“东向而望，不见西墙[9]”也。凡操千曲而后晓声，观千剑而后识器。故圆照之象，务先博观。阅乔岳以形培塿[10]，酌沧波以喻畎浍。无私于轻重，不偏于憎爱，然后能平理若衡，照辞如镜矣。

注疏：

1. 麏雉：麏（jūn），同麇，獐子。雉，野鸡。

2. 鲁臣以麟为麏：《孔丛子·记问》载：“叔孙氏之车子曰锄商，樵于野而获兽焉，众莫之识，以为不祥，弃之五父之衢。冉有告夫子曰：‘麕身而肉角，岂天下之妖乎？’夫子曰：‘今何在？吾将观焉。’遂往，谓其御高柴曰：‘若求之言，其必麟乎？’到视之，果信。”《孔子家语·辨物》《公羊传》有相同记载。

3. 楚人以雉为凤：《尹文子·大道上》：“楚人担山雉者，路人问：‘何鸟也？’担雉者欺之曰：‘凤凰也。’路人曰：‘我闻有凤凰，今始见之。汝贩之乎？’曰：‘然。’则十金弗与，请加倍，乃与之。将欲献楚王，经宿而鸟死。”

4. 魏民以夜光为怪石：《尹文子·大道上》：“魏田父有耕于野者，得宝玉径尺，弗知其玉也。以告邻人，邻人阴欲图之，谓之曰：‘怪石也。畜之弗利其家，弗如复之。’田父虽疑，犹录以归，置于庑下。其夜玉明，光照一室。田父称家大怖，……于是遽而弃于远野。”

5. 宋客以燕砾为宝珠：《艺文类聚》卷六引《阚子》：“宋之愚人，得燕石于梧台之东，归而藏之以为大宝。周客闻而观之，……掩口卢胡而笑曰：‘此燕石也，其与瓦甓不殊’。”

6. 征：验证。

7. 逆：迎着。击节：打拍子。

8. 嗟：叹。讽：诵读。

9. “东向”二句：《吕氏春秋·去宥》：“东面望者，不见西墙”。《淮南子·氾论训》：“故东面而望，不见西墙。南面而视，不见北方。”

10. 乔岳：高山。培嵝：小土丘。《诗·周颂·时迈》：“怀柔百神，及河乔岳。”

是以将阅文情，先标六观：一观位体，二观置辞[1]，三观通变，四观奇正，五观事义，六观宫商。斯术[2]既行，则优劣见矣。夫缀文者情动而辞发，观文者披文以入情，沿波讨源，虽幽必显。世远莫见其面，觇文辄见其心。岂成篇之足深，患识照之自浅耳。夫志在山水，琴表其情[3]，况形之笔端，理将焉匿。故心之照理，譬目之照形，目瞭则形无不分，心敏则理无不达[4]。然而俗监之迷者，深废浅售，此庄周所以笑折杨，宋玉所以伤白雪也[5]。昔屈平有言：“文质疏内，众不知余之异采。”[6]见异唯知音耳。扬雄自称“心好沉博绝丽之文”，其事浮浅[7]，亦可知矣。夫唯深识鉴奥，必欢然内怿，譬春台之熙众人，乐饵之止过客。盖闻兰为国香，服媚弥芬；书亦国华，玩泽方美；知音君子，其垂意焉。

注疏：

1. 置辞：安排运用文辞。

2. 术：方法。

3. “志在山水”二句：伯牙弹琴，一时志在高山，一时志在流水。钟子期一听琴音就知道。典出《列子·汤问》。

4. 达：通晓。

5. “宋玉”句：见于宋玉《对楚王问》。

6. “屈平有言”句：屈原《楚辞·九章·怀沙》：“文质疏内兮，众不知余之异采。”

7. “扬雄自称”句：扬雄《答刘歆书》：“雄为郎之岁，自奏少不得学，而心好沉博绝丽之文。”

赞曰：洪钟万钧，夔旷所定[1]。良书盈箧[2]，妙鉴乃订。流郑淫人，无或失听。独有此律，不谬蹊[3]径。

注疏：

1. 夔：舜时的音乐官。旷：师旷，春秋时期晋国的音乐家。

2. 箧：箱。

3. 蹊：路。

序志第五十

夫“文心”者，言为文之用心也。昔涓子《琴心》[1]，王孙《巧心》[2]，心哉美矣，故用之焉。古来文章，以雕缛成体，岂取驺奭之群言雕龙也[3]？夫宇宙绵邈，黎献[4]纷杂，拔萃出类，智术而已。岁月飘忽，性灵不居，腾声飞实，制作而已。夫人肖貌天地，禀性五才[5]，拟耳目于日月，方声气乎风雷，其超出万物，亦已灵矣。形同草木之脆，名逾金石之坚，是以君子处世，树德建言，岂好辩哉？不得已也！

注疏：

1. 涓子《琴心》：李善注引《列仙传》：“涓子作《琴心》三篇。”黄侃《札记》：“涓子，盖即《史记·孟子荀卿列传》之环渊。环渊楚人，为齐稷下先生。”

2. 王孙《巧心》：即王孙子，是儒家，著有《巧心》。《汉书·艺文志》：“《王孙子》一篇。”注：“一曰《巧心》。”

3. 驺奭之群言雕龙：驺奭，即邹奭，稷下学者，阴阳家，因其著述善雕琢修辞，人称“雕龙奭”。

4. 黎献：黎，黎民，百姓；献，贤人。指众人中的贤人。

5. “夫人肖貌天地”二句：《汉书·刑法志》：“夫人肖天地之貌，怀五常之性。”肖，像，相似。这里有象征的意思。五才，即“五常”，指仁、义、礼、智、信。

予生七龄，乃梦彩云若锦，则攀而采之。齿在逾立，则尝夜梦执丹漆之礼器，随仲尼而南行[1]。旦而寤，乃怡然而喜，大哉圣人之难见哉，乃小子[2]之垂梦欤！自生人以来，未有如夫子者也。敷赞圣旨，莫若注经，而马郑诸儒[3]，弘之已精，就有深解，未足立家。唯文章之用，实经典枝条，五礼[4]资之以成，六典[5]因之致用，君臣所以炳焕，军国所以昭明，详其本源，莫非经典。而去圣久远，文体解散[6]，辞人爱奇，言贵浮诡，饰羽尚画，文绣鞶帨[7]，离本弥甚，将遂讹滥。盖《周书》论辞，贵乎体要；尼父陈训，恶乎异端；辞训之异，宜体于要。于是搦笔和墨，乃始论文。

注疏：

1. 礼器：祭祀用的笾豆。笾，竹制的圆器；豆，木制，像高脚的盘子。仲尼：孔子的表字。南行：捧着祭器随着孔子向南走，表示成了孔子的学生，协助老师完成某种典礼。

2. 小子：刘勰谦称。

3. 马郑诸儒：指汉代经学家马融、郑玄。《后汉书·马融传》：“著《三传异同说》，注《孝经》《论语》《诗》《易》《三礼》《尚书》。”又《郑玄传》：“事扶风马融，注《周易》《尚书》《毛诗》《仪礼》《礼记》《论语》《孝经》《尚书大传》。”

4. 五礼：《周礼·地官·保氏》：“养国子以道，乃教之六艺，一曰五礼。”郑注：“五礼，吉、凶、宾、军、嘉也。”

5. 六典：《周礼·天官·太宰》：“太宰之职，掌建邦之六典，以佐王治邦国。一曰治典……二曰教典……三曰礼典……四曰政典……五曰刑典……六曰事典。”

6. 文体解散：指文章体制破坏。

7. 鞶（pán）帨：鞶，皮带，古束衣用。帨，佩巾。扬雄《法言·寡言》：“今之学也，非独为之华藻也，又从而绣其鞶帨。”

详观近代之论文者多矣：至于魏文述典，陈思序书[1]，应玚《文论》[2]，陆机《文赋》，仲洽《流别》[3]，弘范《翰林》[4]，各照隅隙[5]，鲜观衢路；或臧否当时之才，或铨品前修之文，或泛举雅俗之旨，或撮题篇章之意。魏典密而不周[6]，陈书辩而无当，应论华而疏略，陆赋巧而碎乱，流别精而少功[7]，翰林浅而寡要。又君山、公幹之徒[8]，吉甫、士龙之辈[9]，泛议文意，往往间出，并未能振叶以寻根，观澜而索源。不述先哲之诰，无益后生之虑。

注疏：

1. 陈思：陈思王曹植。书：他的《与杨德祖书》，其中除评论了当时一些作家外还表达了他对文章修改的重视等。杨德祖：名修，当时的作家之一，是曹植的好友。

2. 应玚《文论》：《艺文类聚》卷二十二有应玚《文质论》。

3. 仲洽《流别》：仲洽（250—300 年），挚虞字，《全晋文》辑有其《文章流别论》。

4. 弘范《翰林》：指晋代学者李充，字弘度，《隋书·经籍志》记他有《翰林论》54 卷。

5. 隅隙：角落、缝隙，指不全面，或者次要的地方。

6. 密而不周：指《典论·论文》讲才气比较严密，讲文体比较简单，讲才气又只强调先天禀赋。周，全。

7. 功：指功效，功用。精而少功：指《文章流别论》分类讲文章的源流有见地，但没有讲各种文章的写作要点，不切实用。

8. 君山、公幹之徒：指桓谭《新论》，刘桢奏书。

9. 吉甫、士龙之辈：吉甫，应贞（234—269 年）字。应玚弟，应璩之子。《三国志·魏书·王粲传》："玚弟璩，璩子贞，咸以文章显。"士龙：陆云字，与兄陆机均以文章显。时有"二陆入洛，三张减价"之说。

盖《文心》之作也，本乎道，师乎圣，体乎经[1]，酌乎纬，变乎骚，文之枢纽，亦云极矣。若乃论文叙笔[2]，则囿别区分，原始以表末，释名以章义，选文以定篇，敷理以举统，上篇[3]以上，纲领明矣。至于剖情析采，笼圈条贯，摛神性[4]，图风势[5]，苞会通[6]，阅声字[7]，崇替[8]于《时序》，褒贬于《才略》，怊怅于《知音》，耿介于《程器》，长怀《序志》，以驭群篇，下篇以下，毛目显矣。位理定名，彰乎大易之数，其为文用，四十九篇而已[9]。

注疏：

1. 体乎经：文学创作以经书为宗，即“宗经”，指《宗经》。

2. 文：有韵文。笔：无韵文。

3. 上篇：《文心雕龙》全书分上、下篇。上篇二十五篇，前五篇是总论，后二十篇是文体论。下篇二十五篇，包括创作论、文史论、批评论二十四篇和总序一篇。

4. 神性：指《神思》《体性》两篇。

5. 风势：指《风骨》《定势》两篇。

6. 会通：指《附会》《通变》两篇。

7. 声字：指《声律》《练字》两篇。

8. 崇替：兴盛衰废。

9. “大易之数”句：《易·系辞上》：“大衍之数五十，其用四十有九。”

夫铨序一文为易，弥纶群言为难，虽复轻采毛发，深极骨髓[1]，或有曲意密源，似近而远；辞所不载，亦不胜数矣。及其品列成文，有同乎旧谈者，非雷同也，势自不可异也；有异乎前论者，非苟[2]异也，理自不可同也。同之与异，不屑古今，擘肌分理，唯务折衷。按辔文雅之场，环络藻绘之府[3]，亦几乎备矣。但言不尽意，圣人所难；

识在瓶管，何能矩矱[4]。茫茫往代，既沉予闻，眇眇来世，倘尘彼观也。

注疏：

1. 骨髓：指创作上的核心、本质问题。

2. 苟：随便。

3. 环络：环，绕；络，马笼头。与上面“按辔”都指文坛上的活动。藻绘之府：与上句“文雅之场”同义，都指文坛。

4. 矩矱（yuē）：法度。《楚辞·离骚》：“求矩矱之所同。”

赞曰：生也有涯，无涯惟智[1]。逐物实难，凭性良易。傲岸泉石，咀嚼文义[2]。文果载心，余心有寄！

注疏：

1. “生也有涯”句：《庄子·养生主》：“吾生也有涯，而知也无涯。”

2. 傲岸：不随时俗，性格高傲。泉石：隐居的山林。咀嚼：细嚼体味。

（三）精解

1. 道

刘勰写作《文心雕龙》的主要目的，是为了拨正六朝讹滥文风之弊。文章追新逐奇、过分钻研藻饰的风气，势必导致背离文章大道，而堕入浮艳，产生“小言破道”一类的“巧文末作”。因此《文心雕龙》首篇便进以原道，推原文章的道体根本，以抵制华而不实之文风。

对于“原道”之“道”究竟属哪一家，是属儒家的“道”抑或佛家的“道”，甚至还是属道家的“道”或玄学的“道”，“龙学”界长期以来聚讼纷纭，不成定论。据蔡宗阳的《文心雕龙探赜》一著，《文心雕龙》里的“道”字共见十一义，其中普通义有九，特殊义有二，二特殊义分别为“文学艺术源于自然规律的自然”及“体现自然之道的儒家圣人经典之道”。[①] 诚然，刘勰著述《文心雕龙》的基本文论立场明确要求信仰孔子、以儒家圣王及其经书为宗尚，[②] 因此《原道》应当说是以儒家的“道”为主。而且，《原道》全篇祖袭、化用《易经》处极多，篇中引述《周易》的地方，不下二十多处，该篇对“道”的理解相应也祖本儒家《易》经之“道”。刘勰《原道》篇为文章本身确立道论，而其文道观又立足于儒家传统道论为主，因此是基于儒家的传统道论来阐发文章的道论。

不过，刘勰“道”论中在本体方面似乎也交织着佛道玄学的意味，“佛理在《文心雕龙》一书中，虽无显著的迹象可稽，但彦和心目中的佛理与儒道两家的本体论，无甚区别。”[③] 事实上，刘勰在他为佛家进行辩护的《灭惑论》里就阐明过儒佛二家的“道”可相贯通的思想：“至道宗极，理归乎一；妙法真境，本固无二。……但言万象既生，假名遂立，梵言菩提，汉语曰道”。[④] 儒佛二家表面上的区分，终究是殊途而同归，在“至道”上仍然契合共通，故谓“经典由权，故孔释教殊而道契，解同由妙，故梵汉语隔而化通”。

2. 道之文

刘勰推尊文章，认为文章的产生乃依傍于道体，故为至高至大。由道衍生出的文章，便是“道之文”。“道之文”一语在《原道》中出现了两次，两次的语境和含义并不相同。第一次出现在篇首：“玄

---

① 参见蔡宗阳《文心雕龙探赜》，台北：文史哲出版社 2001 年版，第 201—212 页。

② 辨明《文心雕龙》的文论立场为儒家立场，可参见杨明照先生《从〈文心雕龙〉〈原道〉〈序志〉两篇看刘勰的思想》一文的精彩论述，载氏著《杨明照论文心雕龙》，上海科技文献出版社 2008 年版，第 51—66 页。

③ 刘永济：《论刘勰的本体论及文学观》，载氏著《文心雕龙校释》，中华书局 2010 年版，第 183 页。

④ 见刘勰《灭惑论》。

黄色杂，方圆体分；日月叠璧，以垂丽天之象；山川焕绮，以铺理地之形。此盖道之文也。”此处刘勰议论的是天地万物的自然文章，人文尚未涉及，因而此处所说的“道之文”是指天地之道衍出的天地万物之自然文章。第二处则出现在篇末：“辞之所以能鼓天下者，乃道之文也。”这里承接上文所述的圣王文章来说，“辞”指的是圣王人文，因而此处的“道之文”则是指人文，具体说是王道衍出的人文文章。可见“道”在《原道》中不止一个层次，既含天地之道，又含王道——这也是从祖述《周易》而来，《系辞下》说“《易》之为书也，广大悉备，有天道焉，有人道焉，有地道焉”。

3. 道沿圣以垂文，圣因文而明道

这是《原道》的最重要观点，也将《原道》篇与接下来的《征圣》《宗经》二篇连缀起来，表明此三篇密不可分的内在关联，揭示了道、圣、文（经）三位一体的密切联系。圣王的文章来源于“原道心以敷章，研神理而设教”，而其所问数、所取象者，莫不尸乎神理，可知王者文教之业植根于神理大道，而文章所发挥的就是大道的崇高功德：“能经纬区宇，弥纶彝宪，发挥事业，彪炳辞义”。“经纬区宇”是经纬天下四方，“弥纶彝宪”是弥纶万世永恒之伦理法纪。圣人为天下立法诚以天下措之于德，文章发挥以德规范、敦化天下的功用，以此古圣王的文章才得以真正彪炳、显耀人文的严肃义理所在（“明道”）。圣王的文章成就王政，王政政治成就王道，就此而论，文章作为圣王的“道之文”，便应当是“王道之文”，所明之道便是王道。“道”向人文的落实乃是经过圣王之手，是圣王才把“道”转化为人文，“道沿圣以垂文，圣因文以明道”。

4. 人禀七情，应物斯感，感物吟志，莫非自然

“诗缘情”的说法从陆机《文赋》开始，其影响所及，开启了“文学自觉”后诗文抒情、言情的自觉意识。“诗缘情”属于新变文学俗尚的诗学观念，刘勰《明诗》继承了这种诗学趣味，指出“人禀七情，应物斯感，感物吟志，莫非自然”，显然响应了新变文学的审美诉求。

值得注意的是，在“人禀七情，应物斯感，感物吟志，莫非自然”的上文，刘勰对诗的理解则仍然是追随传统的“诗言志”观念：大舜云：“诗言志，歌永言。”圣谟所析，义已明矣。是以“在心为志，发言为诗”；舒文载实，其在兹乎？诗者，持也，持人情性。三百之蔽，义归“无邪”。“诗言志”与“诗缘情”两种诗学观在《明诗》里得到并举。刘勰自己的诗学观念毋宁说是综合了儒家经典中的“诗言志”传统和新变文学兴起的“诗缘情”俗尚两者。从而，《文心雕龙》的诗学观念“在这种意义上所提出的‘情者文之经’的主张和‘文以明道’的主张并不相悖”。[①]“文以明道”的主张就是以文章承载王道关怀的主张，儒家“诗言志”传统中的“志”就是此种心系王政政教的君子之志，因而“情”与经义的结合也进一步意味着“‘为情造文’的说法和‘述志为本’的说法也不矛盾”，意味着“文艺自觉”后的“缘情”观未必不能“止乎礼义”，亦即“诗缘情”与“诗言志”传统得以结合。[②] 为此，刘勰不惜把“缘情”观念也引入到《诗经》里，如说“昔诗人什篇，为情而造文”（《情采》）：“昔诗人什篇”本是传统“诗言志”之诗，而今又是“为情而造文”的“缘情”之作，这是刘勰因应新变后文人时代的“缘情”观而在对经典的解释上做了变通，以此经典也进而能收编“文艺自觉”后的“缘情”风气。[③] 诗人尽管“缘情”而“造文”，但仍不必失却风雅之旨。

---

① 王元化：《文心雕龙创作论》，上海古籍出版社 1979 年版，第 171—173 页；又参见詹锳《文心雕龙义证》，上海古籍出版社 1989 年版，第 1157—1158 页。

② 参见王元化《文心雕龙创作论》，上海古籍出版社 1979 年版，第 171—173 页。

③ 实际汉代经学家为了维护儒家传统“言志”文学观而又不得不消化屈原以降“抒中情”的文学观念时，也已然把“情”融入“志”里，认为《诗经》既是“言志”也是“吟咏情性”。可参见朱自清《诗言志辨·诗言志》，广西师范大学出版社 2004 年版，第 23—25 页。

5. 四言正体，则雅润为本；五言流调，则清丽居宗。华实异用，惟才所安

刘勰宗经意识必然要求其在诗学立场上首以《诗经》为宗尚，因而，刘勰奉四言诗为诗歌之正体，并以《诗经》四言诗的雅正、温柔敦厚的诗学风格为本旨。然而，有正亦会有变。如果以《诗经》四言诗为正，在后世诗歌发展史上涌现的五言诗则为变。刘勰持有综合文学正变的通变观，因此不会以正黜变，而是折中雅俗正变："斟酌乎质文之间，而隐括乎雅俗之际"（《通变》）。所以，不论是四言诗的雅润抑或五言诗的清丽，刘勰都加以并尊，"华实异用，惟才所安"，这可以看作是刘勰通变观在他的诗歌理论上的贯彻。

"四言正体，则雅润为本"，意味着四言诗以质之雅正为主，符合传统雅文学的诗学取向；"五言流调，则清丽居宗"，则意味着五言诗以文之轻绮为主，符合新变俗文学的诗学趣味。刘勰并尊四言诗与五言诗，不强分古今优劣，不拘于新旧门户，正折射出他在整个雅俗新旧文学及其两种不同的诗学审美指向（尚质实与尚文华）之间，也是追求并尊并举，不偏废一方。

相比起刘勰，钟嵘在《诗品序》中对流俗五言诗的推崇力度更加大。他说，"五言居文词之要，是众作之有滋味者也，故云会于流俗。岂不以指事造形，穷情写物，最为详切者耶！"当然刘勰也推崇流俗的五言诗，之所以其力度不如钟嵘，很可能是因为，刘勰诗学主张重心在"隐括雅俗"，而不是"会于流俗"，正是基于救治俗文学的讹滥流弊，刘勰对流俗文学难免会保持一定的批判性距离。

6. 诗有恒裁，思无定位；随性适分，鲜能通圆

"诗有恒裁，思无定位"，颇近《神思》篇的说法；"随性适分，鲜能通圆"，又稍类《体性》篇的观点。这暗示了在文体论中也已隐含有文术论的内容。

（四）参考文献

1. 郭彧译注：《周易》，中华书局 2006 年版。

2. 郭庆藩撰，王孝渔点校：《庄子集释》，中华书局 1961 年版。

3. 严可均辑：《全梁文》，商书印书馆 1999 年版。

4. 刘汝霖：《汉晋学术编年》，华东师范大学出版社 2010 年版。

5. 黄侃撰，吴方点校：《文心雕龙札记》，中国人民大学出版社 2009 年版。

6. 刘永济：《文心雕龙校释》，中华书局 2010 年版。

7. 杨明照：《杨明照论文心雕龙》，上海科技文献出版社 2008 年版。

8. 叶朗主编：《中国历代美学文库》（魏晋南北朝卷），高等教育出版社 2003 年版。

（五）延伸阅读

（梁）萧统《文选序》

式观元始，眇觌玄风，冬穴夏巢之时，茹毛饮血之世，世质民淳，斯文未作。逮乎伏羲氏之王天下也，始画八卦，造书契，以代结绳之政，由是文籍生焉。《易》曰：“观乎天文，以察时变。观乎人文，以化成天下。”文之时义远矣哉！若夫椎轮为大辂之始，大辂宁有椎轮之质？增冰为积水所成，积水曾微增冰之凛，何哉？盖踵其事而增华，变其本而加厉。物既有之，文亦宜然。随时变改，难可详悉。尝试论之曰：《诗序》云：“诗有六义焉，一曰风，二曰赋，三曰比，四曰兴，五曰雅，六曰颂。”至于今之作者，异乎古昔。古诗之体，今则全取赋名。荀、宋表之於前，贾、马继之於末。自兹以降，源流寔繁。述邑居，则有“凭虚”“亡是”之作。戒畋游，则有“长杨”“羽猎”之制。若其纪一事，咏一物，风云草木之兴，鱼虫禽兽之流，推而广之，不可胜载矣。又楚人屈原，含忠履洁，君匪从流，臣进逆耳，深思远虑，遂放湘南。耿介之意既伤，壹郁之怀靡愬。临渊有“怀沙”之志，吟泽有“憔悴”之容。骚人之文，自兹而作。

诗者，盖志之所之也。情动於中，而形於言。《关雎》麟趾，正始之道著。桑间濮上，亡国之音表。故风雅之道，粲然可观。自炎汉中叶，厥涂渐异：退傅有“在邹”之作，降将著“河梁”之篇。四言五言，区以别矣。又少则三字，多则九言，各体互兴，分镳并驱。颂者，所以游扬德业，褒赞成功。吉甫有“穆若”之谈，季子有“至矣”之叹，舒布为诗，既言如彼。总成为颂，又亦若此。次则箴兴於补阙，戒出於弼匡，论则析理精微，铭则序事清润，美终则诔发，图像则赞兴。又诏诰教令之流，表奏笺记之列，书誓符檄之品，吊祭悲哀之作，答客指事之制，三言八字之文，篇辞引序，碑碣志状，众制锋起，源流间出。譬陶匏异器，并为入耳之娱。黼黻不同，俱为悦目之玩。作者之致，盖云备矣！余监抚馀闲，居多暇日。历观文囿，泛览辞林，未尝不心游目想，移晷忘倦。自姬、汉以来，眇焉悠邈，时更七代，数逾千祀。词人才子，则名溢於缥囊。飞文染翰，则卷盈乎缃帙。自非略其芜秽，集其清英，盖欲兼功太半，难矣！若夫姬公之籍，孔父之书，与日月俱悬，鬼神争奥，孝敬之准式，人伦之师友，岂可重以芟夷，加之剪截？老、庄之作，管、孟之流，盖以立意为宗，不以能文为本，今之所撰，又以略诸。若贤人之美辞，忠臣之抗直，谋夫之话，辨士之端，冰释泉涌，金相玉振，所谓坐狙丘，议稷下，仲连之却秦军，食其之下齐国，留侯之发八难，曲逆之吐六奇，盖乃事美一时，语流千载，概见坟籍，旁出子史，若斯之流，又亦繁博。虽传之简牍，而事异篇章，今之所集，亦所不取。至於记事之史，系年之书，所以褒贬是非，纪别异同，方之篇翰，亦已不同。若其赞论之综缉辞采，序述之错比文华，事出於深思，义归乎翰藻，故与夫篇什，杂而集之。远自周室，迄于圣代，都为三十卷，名曰《文选》云耳。

凡次文之体，各以汇聚。诗赋体既不一，又以类分。类分之中，各以时代相次。

四 （南朝）钟嵘《诗品序》

（一）题解

钟嵘（约468—约518年），字仲伟，颍川长社（今河南许昌）人。少为国子生，为齐卫将军王俭所赏识，出为安国县令，梁时官至西中郎将晋安王萧纲（即后之简文帝）记室，专掌文翰。《诗品》作于梁武帝天监十二年（513年）以后，是其晚年的作品。钟嵘仿汉代“九品论人，七略裁士”的著作先例，写成此诗歌评论专著。全书以五言诗为主，将两汉至梁作家122人（均为已逝之人），分为上、中、下三品进行评论，故名为《诗品》。《隋书·经籍志》又称为《诗评》。《诗品》现存最早版本为元延祐七年（1320年）圆沙书院刊宋章如愚《群书考索》所收本，较常见版本是《津逮秘书》本、《学津讨原》本和《历代诗话》本。近人陈延杰有《诗品注》（1927年，1961年年初修订本变动甚大）、古直有《钟记室诗品笺》（刊于1928年，为《隅楼丛书》第四种）、许文雨《钟嵘诗品讲疏》。

《诗品》每品一卷，共三卷，显优劣，叙源流，指出各家利病。这种方法是时代风气的产物。汉末清议，士人常相聚评论人物，至曹魏建立九品中正制，更以品第论人。影响到文学艺术领域，在南朝产生过很多像《棋品》《画品》一类著作，《诗品》也由此而来。在《诗品》中，钟嵘提倡风力，反对玄言；主张音韵自然和谐，反对人为的声病说；主张“直寻”，反对用典；推崇“五言诗”，认为是众诗中最有滋味者，并提出了一套比较系统的诗歌品评的标准。《诗品》讨论的对象比较单纯，作者也无意故作高深，具有显明浅切的特点。对于诗歌，主要重视充沛的感情、华茂的辞采、典雅而明朗的风格。总的来说，和时代风气是一致的，但反对声律和用典，是独特的看法。①

（二）原文

气之动物，物之感人[1]，故摇荡性情，形诸舞咏。照烛[2]三才[3]，晖丽万有[4]，灵祇[5]待之以致飨[6]，幽微[7]藉之以昭告，动天地，感鬼神，莫近于诗。

昔《南风》[8]之词，《卿云》[9]之颂，厥义敻矣[10]。夏歌曰：“郁陶乎予心。”[11]楚谣曰：“名余曰正则。”[12]虽诗体未全，然是五言之滥觞[13]也。逮汉李陵[14]，始著五言之目矣。古诗眇邈[15]，人世难详[16]，推其文体，固是炎汉[17]之制，非衰周[18]之倡也。自王、扬、枚、马[19]之徒，词赋竞爽[20]，而吟咏靡闻[21]。从李都尉[22]迄班婕妤[23]，将百年间，有妇人焉，一人而已。诗人之风，顿已缺丧。东京二百载中，惟有班固《咏史》，质木无文[24]。

降及建安[25]，曹公父子笃好斯文，平原兄弟[26]郁为文栋[27]，刘桢、王粲为其羽翼。次有攀龙托凤，自致于属车[28]者，盖将百计。彬彬之盛，大备于时矣。尔后陵迟[29]衰微，迄于有晋[30]。太康[31]中，三张、二陆、两潘、一左[32]，勃尔[33]复兴，踵武前王[34]，风流未沫[35]，亦文章之中兴也。永嘉[36]时，贵黄、老[37]，稍尚虚谈[38]。于时篇什[39]，理过其辞，淡乎寡味。爰[40]及江左[41]，微波[42]尚传，孙绰、许询、桓、庾诸公[43]诗，

① 参见章培恒、骆玉明主编《中国文学史》（上卷），复旦大学出版社2007年版，第474—478页。

皆平典[44]似《道德论》[45]，建安风力[46]尽矣。先是郭景纯[47]用俊上[48]之才，创变其体。刘越石[49]仗清刚之气，赞成厥美。然彼众我寡，未能动俗。逮义熙[50]中，谢益寿[51]斐然[52]继作。元嘉[53]中，有谢灵运，才高词盛，富艳难踪，固已含跨[54]刘、郭，凌轹潘、左[55]。故知陈思[56]为建安之杰，公幹[57]、仲宣[58]为辅。陆机为太康之英，安仁[59]、景阳[60]为辅。谢客[61]为元嘉之雄，颜延年[62]为辅。斯皆五言之冠冕，文词之命世[63]也。

夫四言，文约意广[64]，取效《风》《骚》[65]，便可多得。每苦文繁而意少[66]，故世罕习焉。五言居文词之要，是众作之有滋味者也，故云会于流俗。岂不以指事造形，穷情写物，最为详切者耶？故诗有三义[67]焉：一曰兴，二曰比，三曰赋。文已尽而意有馀，兴也；因物喻志，比也；直书其事，寓言写物，赋也。宏斯三义，酌而用之，干之以风力[68]，润之以丹彩[69]，使味之者无极，闻之者动心，是诗之至也。若专用比兴，患在意深，意深则词踬[70]。若专用赋体，患在意浮，意浮则文散，嬉成流移[71]，文无止泊[72]，有芜漫之累矣。

若乃春风春鸟，秋月秋蝉，夏云暑雨，冬月祁寒[73]，斯四候之感诸诗者也。嘉会寄诗以亲，离群托诗以怨。至于楚臣去境[74]，汉妾辞宫[75]；或骨横朔野[76]，魂逐飞蓬[77]；或负戈外戍，杀气雄边；塞客衣单，孀闺泪尽；或士有解佩[78]出朝，一去忘返；女有扬蛾[79]入宠，再盼倾国[80]。凡斯种种，感荡心灵，非陈诗何以展其义；非长歌何以骋其情？故曰："《诗》可以群，可以怨。"[81]使穷贱易安，幽居靡闷者，莫尚于诗矣。故词人作者，罔不爱好。今之士俗，斯风炽矣。才能胜衣[82]，甫就小学，必甘心而驰骛焉。于是庸音杂体[83]，人各为容[84]。至使膏腴子弟，耻文不逮[85]，终朝点缀，分夜呻吟。独观谓为警策，众睹终沦平钝。次有轻薄之徒，笑曹、刘为古拙[86]，谓鲍照羲皇上人，谢朓今古独步[87]。而师鲍照，终不及"日中市朝满"，学谢朓，劣得"黄鸟度青枝"。徒自弃于高明，无涉于文流矣。观王公缙绅[88]之士，每博论之馀，何尝不以诗为口实[89]。随其嗜欲，商榷不同，淄渑并泛[90]，朱紫相夺[91]，喧议竞起，准的[92]无依。近彭城刘士章[93]，俊赏[94]之士，疾其淆乱，欲为当世诗品，口陈标榜。其文未遂，感而作焉。昔九品论人[95]，《七略》裁士[96]，校以宾实[97]，诚多未值。至若诗之为技，较尔[98]可知。以类推之，殆[99]均博弈。方今皇帝，资生知之上才[100]，体沈郁之幽思，文丽日月，赏究天人。昔在贵游[101]，已为称首[102]。况八纮[103]既奄[104]，风靡云蒸[105]，抱玉[106]者联肩，握珠者踵武[107]。固以瞰汉、魏而不顾，吞晋、宋于胸中。谅非农歌辕议[108]，敢致流别[109]。嵘之今录，庶周旋于闾里[110]，均[111]之于谈笑耳。

一品之中，略以世代为先后，不以优劣为诠次[112]。又其人既往，其文克定。今所寓言[113]，不录存者。夫属词比事[114]，乃为通谈[115]。若乃经国文符[116]，应资博古[117]，撰德[118]驳奏[119]，宜穷往烈[120]。至乎吟咏情性，亦何贵于用事[121]？“思君如流水”，既是即目[122]。“高台多悲风”，亦惟所见。“清晨登陇首”，羌[123]无故实[124]。“明月照积雪”，讵[125]出经史。观古今胜语[126]，多非补假[127]，皆由直寻[128]。颜延、谢庄，尤为繁密[129]，于时化之。故大明、泰始中，文章殆同书抄[130]。近任昉、王元长[131]等，词不贵奇，竞须新事。尔来作者，浸[132]以成俗。遂乃句无虚语，语无虚字，拘挛补衲[133]，蠹文已甚。但自然英旨，罕值其人。词既失高，则宜加事义。虽谢天才，且表学问，亦一理乎！

陆机《文赋》通而无贬[134]；李充《翰林》，疏而不切[135]；王微《鸿宝》，密而无裁[136]；颜延论文，精而难晓[137]；挚虞《文志》详而博赡，颇曰知言。观斯数家，皆就谈文体，而不显优劣。至于谢客集诗[138]，逢诗辄取；张骘《文士》，逢文即书。诸英志录，并义在文，曾无品第。嵘今所录，止乎五言。虽然，网罗今古，词文殆集。轻欲辨彰清浊[139]，掎摭[140]病利，凡百二十人。预此宗流者，便称才子。至斯三品升降，差非定制[141]，方申变裁[142]，请寄知者尔。

昔曹、刘殆文章之圣，陆、谢为体贰[143]之才，锐精研思，千百年中，而不闻宫商之辨，四声之论[144]。或谓前达偶然不见，岂其然乎？尝试言之，古曰诗颂，皆被之金竹，故非调五音，无以谐会。若“置酒高堂上”、“明月照高楼”，为韵之首。故三祖[145]之词，文或不工，而韵入歌唱，此重音韵之义也，与世之言宫商异矣。今既不被管弦，亦何取于声律耶？齐有王元长者，尝谓余云：“宫商与二仪俱生，自古词人不知之。唯颜宪之乃云‘律吕音调’，而其实大谬。唯见范晔、谢庄颇识之耳。尝欲进《知音论》，未就而卒。”王元长创其首，谢朓、沈约扬其波。三贤或贵公子孙，幼有文辩，于是士流景慕，务为精密。襞积[146]细微，专相凌架。故使文多拘忌，伤其真美。余谓文制，本须讽读，不可蹇碍，但令清浊通流，口吻调利，斯为足矣。至平上去入，则余病未能；蜂腰鹤膝[147]，闾里已具。陈思赠弟，仲宣《七哀》，公幹思友，阮籍《咏怀》，子卿[148]“双凫”，叔夜[149]“双鸾”，茂先[150]寒夕，平叔[151]衣单，安仁[152]倦暑，景阳[153]苦雨，灵运《邺中》，士衡《拟古》，越石[154]感乱，景纯[155]咏仙，王微风月[156]，谢客山泉[157]，叔源[158]离宴，鲍照戍边，太冲[159]《咏史》，颜延[160]入洛，陶公[161]咏贫之制，惠连[162]《捣衣》之作，斯皆五言之警策者也。所以谓篇章之珠泽[163]，文彩之邓林[164]。

（三）注疏

1. 气：节气。刘勰《文心雕龙·物色》：“春秋代序，阴阳惨舒，物色之动，心亦摇焉。”节气指春秋的变化，春气舒畅，秋气悲惨，撼动人的心灵。

2. 照烛：照耀。

3. 三才：指天地人三才。

4. 万有：万物。

5. 灵祇：神灵，灵指天神，祇指地神。

6. 致飨：接受祭祀。

7. 幽微：幽冥，此指鬼神。

8. 《南风》：传说舜时之歌曲。《礼记·乐记》："昔者舜作五弦之琴，以歌《南风》。"孔颖达《正义》曰："《南风》，诗名，是孝子之诗。南风，长养万物，而孝子歌之，言己得父母生长，如万物得南风也。"

9. 《卿云》：传说舜时之歌曲。《尚书大传·虞夏传》："是卿云聚，俊杰集，百工相和而歌《卿云》。"

10. 厥义敻（xiòng）矣：其意义深远。厥，其；敻，久远。

11. 郁陶乎予心：《尚书·夏书·五子之歌》："郁陶乎予心"，郁陶，忧思郁积。

12. 名余曰正则：屈原《离骚》："名余曰正则兮，字余曰灵均"，正，平也；则，法也。

13. 滥觞：指江河发源处水很小，仅可浮起酒杯。代指开头。

14. 李陵（前134—前74年）：西汉人，著名将领、文人。《文选》载汉代李陵《与苏武诗》三首，为五言诗。也有认为是伪托李陵之名。

15. 眇邈：茫然久远。

16. 人世难详：作者和写作年代也难以详细考察。

17. 炎汉：汉人认为汉代五行属火，自称以火德王，故称炎汉。

18. 衰周：周之末，指春秋战国时代。

19. 王、扬、枚、马：王褒、扬雄、枚乘、司马相如，均为西汉著名词赋家。

20. 竞爽：争胜比美。

21. 吟咏靡闻：指五言诗作则未之闻也。

22. 李都尉：李陵。

23. 班婕妤（前48—2年）：汉成帝刘骜之妃，班固、班超的祖姑。西汉女辞赋家，宫中女官。

24. 质木无文：质朴木讷，缺乏文采。

25. 建安：汉献帝年号，已属曹魏政权。

26. 平原兄弟：指曹丕、曹植兄弟。曹植曾作过平原侯。

27. 郁为文栋：郁郁然而为文坛栋梁，郁，盛也。

28. 自致于属车：指自愿依附、跟随曹氏父子。属车，侍从的车子，指部署。

29. 陵迟：渐趋衰微。

30. 有晋：晋代。有，助词。

31. 太康：晋武帝司马炎年号。

32. 三张、二陆、两潘、一左："三张"指诗人张载与其弟张协、张亢；"二陆"指文学家陆机与弟陆云；"两潘"指文学家潘岳与侄潘尼；"一左"指诗人左思。这八人代表了太康文学的最高成就。

33. 勃尔：突然。

34. 踵武前王：继承前代的王者，指继承曹操父子提倡的建安文学。踵武，踏着足迹前进，指继承。

35. 沫：尽。

36. 永嘉：晋怀帝年号。

37. 黄、老：黄帝、老子，道家宗奉黄帝、老子。

38. 虚谈：清谈，不务实际，主要指谈论《周易》《老子》《庄子》所谓"三玄"之理。

39. 篇什：《诗经》的雅、颂十篇为一什，后称诗卷为篇什。

40. 爰：于是。

41. 江左：江东，东晋建都建康，在江东。

42. 微波：指清谈的影响。

43. 孙绰、许询、桓、庾诸公：孙绰、许询、桓温、庾亮等人都用道家学说写诗，称玄言诗。

44. 平典：平淡质朴。

45. 《道德论》：讲道家思想的论文，魏何晏、夏侯玄、阮籍都写过《道德论》。

46. 建安风力：建安文学的风骨，风指气韵生动，骨指文辞有力。

47. 郭景纯：郭璞（276—324 年），字景纯，东晋时人，以《游仙诗》为著名。

48. 俊上：高超突出。

49. 刘越石：刘琨（270—318 年），字越石。东晋诗人。

50. 义熙：晋安帝年号。

51. 谢益寿：谢混，小字益寿。

52. 斐然：文采貌，谢混的山水诗有文采。

53. 元嘉：南朝宋文帝年号。

54. 含跨：包含超过。

55. 凌轹潘、左：压倒潘岳、左思。

56. 陈思：曹植封陈王，卒谥思。

57. 公幹：刘桢字。

58. 仲宣：王粲字。

59. 安仁：潘岳字。

60. 景阳：张协字。

61. 谢客：谢灵运，幼名客儿。

62. 颜延年：颜延之（384—456 年），字延年。南朝宋文学家。

63. 命世：名高一世。

64. 文约意广：文约，文字少，指每句四个字。意广，指一首诗里所包含的情意丰富。

65. 《风》《骚》：《诗经》之《国风》，《楚辞》之《离骚》。

66. 文繁而意少：文辞繁复而所表达的情意少。这指汉代韦孟《讽谏诗》，有 108 句，四百三十二字。

67. 三义：指赋比兴三种写诗手法。

68. 风力：即风骨，生动而有骨力。

69. 丹彩：文采。

70. 踬：不顺利，不流畅。

71. 嬉成流移：嬉戏成为油滑。

72. 止泊：归宿。

73. 夏云暑雨，冬月祁寒：夏天大雨，冬天大寒。祁，大也。《尚书·君牙》："夏暑雨，小民惟日怨咨。冬祁寒，小民亦惟日怨咨。"

74. 楚臣去境：楚臣，指屈原，屈原受谗毁被放逐，离开国都。境，当指国都。

75. 汉妾辞宫：指汉元帝时宫女王嫱（昭君）出塞一事。

76. 骨横朔野：横骨于野，指战死。朔野，北方荒野，指战场。

77. 飞蓬：蓬草，秋枯根拔，风卷而飞，故称飞蓬。

78. 解佩：解下文官所佩印绶，指辞官。

79. 扬蛾：扬眉，指得意。蛾，蛾眉。

80. 再盼倾国：汉李延年《李夫人歌》曰："北方有佳人，绝世而独立。一顾倾人城，再顾倾人国。宁不知倾城与倾国，佳人难再得。"

81. 诗可以群，可以怨：语出《论语·阳货》。群指群居相切磋，怨指怨刺上政。

82. 胜衣：儿童能穿成人衣服，指少年。

83. 杂体：体裁杂乱无章的诗作。

84. 人各为容：指不合规范，各行其是。

85. 耻文不逮：耻于诗之未善。

86. 曹、刘为古拙：以曹植、刘桢诗为古拙，即不懂得建安风骨。

87. 谓鲍照羲皇上人，谢朓今古独步：称美鲍照、谢朓诗，说鲍照诗格调高，像伏羲时的上人，谢朓古今第一。鲍照，南朝宋诗人。谢朓，南朝齐诗人。

88. 缙绅：士大夫。

89. 口实：原意口中之物，引申为谈资、话题。

90. 淄渑并泛：山东的淄水和渑水一起泛滥，二水合流，难以辨别。

91. 朱紫相夺：朱是正色，紫，疵也，非正色，朱紫相夺即破坏正色。

92. 准的：评论的标准。

93. 彭城刘士章：彭城，在今江苏徐州。刘绘（458—502 年），字士章，南齐中庶子。因擅隶书，齐高帝以为录事典笔翰。

94. 俊赏：高明的鉴赏。

95. 九品论人：班固《汉书·古今人表》把古今人物分为九等。

96. 《七略》裁士：刘歆把学者的著作分属于《七略》，有《辑略》是总论，有《六艺略》讲六经的，有《诸子略》，有《诗赋略》，有《兵书略》，有《术数略》，有《方技略》，讲各科著作的。

97. 宾实：名实，《庄子·逍遥游》："名者实之宾也。"

98. 较尔：明白地。

99. 殆：大概。

100. 生知之上才：即生而知之的第一流人才。《论语·季氏》："生而知之者，上也。"

101. 昔在贵游：萧衍称帝前，与贵人交游，有沈约、谢朓、王融、萧琛、范云、任昉、陆倕，称为"竟陵八友"。

102. 称首：为首。萧衍为竟陵（萧子良称竟陵王）八友之首。

103. 八纮（hóng）：八方极远之地，泛指天下。

104. 奄：覆盖，占有。

105. 风靡云蒸：以风之所从、云之蒸腾喻贤才纷涌辅佐君王。

106. 抱玉、握珠：指具有诗才的。《老子》："知我者希，则我者贵，是以圣人被褐怀玉。"

107. 踵武：比肩、继步，指众多。

108. 辕议：赶车人的议论。泛指街谈巷议。

109. 流别：刘歆把学派分为九流，九个流派，把书分属《七略》，这里指品评。指不敢品评梁武帝萧衍。

110. 闾里：乡里。

111. 均：等同。

112. 诠次：排列次序。

113. 寓言：寄托的话，指品评。

114. 属辞比事：组织词句，排列事实。

115. 通谈：老生常谈。

116. 经国文符：经营国事的文书。

117. 博古：广博的古事，用广博的古事来作证。

118. 撰德：叙述德行。

119. 驳奏：辩驳奏章。

120. 往烈：过去的功业。

121. 用事：用典故。

122. 即目：眼前所想。

123. 羌：发语辞。

124. 故实：典故。

125. 讵：岂、难道。

126. 胜语：佳句。

127. 补假：补充借用，指用前人句。

128. 直寻：直接描写。

129. 繁密：指二人诗用典故多。

130. 书抄：把词章典故辑录成的类书。

131. 任昉、王元长：任昉（460—508 年）、王融（466—493 年）诗多用事。

132. 浸：逐渐。

133. 拘挛补衲：拘束于补缀拼合。

134. 通而无贬：不举出具体作品来加以褒贬。

135. 疏而不切：结合文体来评论作品的，比较疏略。

136. 密而无裁：讲得细致却没有裁断。

137. 颜延论文，精而难晓：刘宋时颜延之《庭诰》里有论文章的，持论精辟，不好理解。

138. 谢客集诗：刘宋谢灵运编的诗集。

139. 辨彰清浊：辨明优劣。

140. 掎摭（jǐ zhì）：指摘。

141. 差非定制：大抵不是定论。

142. 变裁：改变论断。

143. 体贰：具体前二人，指与前二人相似。具体，大体具备。

144. 宫商之辨，四声之论：辨别宫羽，指分音调高下抑扬，认为宫高声扬，羽声抑。四声，分平上去入。认为平声扬，上去入声抑。沈约《宋书·谢灵运传论》："欲使宫羽相变，低昂互节，若前有浮声，则后须切响。"宫羽即宫扬羽抑。浮声扬、切响抑。

145. 三祖：指魏太祖武帝曹操，高祖文帝曹丕，烈祖明帝曹叡。

146. 襞积：衣服上的褶。指韵律方面的繁琐花样。

147. 蜂腰鹤膝：指诗歌声律八病（平头、上尾、蜂腰、鹤膝、大韵、小韵、旁纽、正纽）中的两种。泛指诗歌声律上的毛病。具体说，蜂腰。鹤膝，指五言诗第二字与第五字同声，言两头精中间细如同蜂腰，指五言诗第五字不得与第十五字同声，言两头细中间粗如同鹤膝。

148. 子卿：苏武字。苏武《别李陵诗》中有"双凫俱北飞"。

149. 叔夜：嵇康字。嵇康《五言赠秀才诗》有“双鸾匿景曜”。

150. 茂先：张华字。有《杂诗》“繁霜降当夕”句。

151. 平叔：何晏字。“衣单”句诗已佚。

152. 安仁：潘岳字。有《在县作》“时暑忽隆炽”句。

153. 景阳：张协字。有《杂诗》“密雨如散丝”句。

154. 越石：刘琨字。有《扶风歌》，感乱而作。

155. 景纯：郭璞字。有《游仙诗》。

156. 王微风月：“王微”或曰为“王徵”。江淹《杂体诗》中有《王徵君养疾》诗“月华散前墀”，知王徵有咏“风月”诗。

157. 山泉：指山水诗。

158. 叔源：谢混字。有《送二王在领军府集诗》“离端起来日”。

159. 太冲：左思字。有《咏史》诗。

160. 颜延：颜延之。有《北使洛》诗。

161. 陶公：陶渊明。有《咏贫士诗》。

162. 惠连：谢惠连。有《捣衣诗》。

163. 珠泽：产珠的湖。

164. 邓林：神话中的树林，出《山海经·海外北经》，比喻树林、拄杖。

（四）精解

1. 赏究天人

“赏”作为一个美学范畴的确立在晋宋时期，钟嵘也将之作为品评诗歌的一个标准。晋宋之际的文献中对于“赏”有较多的使用，比如《世说新语·文学》注引《郭璞别传》：“（郭璞）才学赏豫，足参上流。”江淹《杂体诗》：“一时排冥筌，泠然空中赏。”“赏”有赞赏、欣赏的含义，是品评人物、议论艺术的较高标准。“赏”接近于

"评"而又比"评"更有审美体验方面的意蕴。如北齐刘昼《刘子·真赏》:"赏者所以辨情也,评者所以绳理也。赏而不正,则情乱于实;评而不均,则理失其真。"可见评偏于理,赏更重情感感受和自身的体会。钟嵘所说的"赏究天人"有以"赏"来"究天人之际"的意思,以此将审美活动、审美体验融合生命、宇宙,以"赏"关照世间万物,从而达到天人相应、天人合一的境界。

2. 诗有三义

钟嵘说诗的三义是"一曰兴,二曰比,三曰赋",这是对诗学理论的另一个重要贡献,是对"赋、比、兴"的重新解释。"风、雅、颂"和"赋、比、兴"本是前人对《诗经》的种类和艺术表现方法的一种归纳和总结,最早见于《周礼·春官·大师》,在当中称为"六诗"。风、雅、颂是《诗经》不同类型的三个部分,而赋、比、兴则是指三种不同的艺术表现方法,《毛诗大序》称其为"六义",其次序是:风、赋、比、兴、雅、颂。钟嵘不依从旧义,而从文学艺术的美学特征方面来认识"赋、比、兴",不仅对它们作了符合文学创作特征的解释,而且看到了"兴"在三者之中有更为突出的重要地位,因此,把这三者的次序也作了更动,按"兴、比、赋"的先后来排列。钟嵘强调"兴",认为诗歌要有言外之意,韵外之旨,其次才是寄托作者自己的情志的"比",再者就是对事物进行直接的陈述的"赋"。若只用比兴则意思隐晦难懂,如果只用赋,诗歌就流于浅薄,不含蓄,三种手法并用方能恰到好处。因而钟嵘认为作诗要"宏斯三义,酌而用之,干之以风力,润之以丹采",才是"诗之至也",才是最有"滋味"的作品。

3. 滋味

钟嵘提出"诗有三义"说,认为要使诗有"滋味",必须具备"三义"。钟嵘《诗品》认为诗歌必须有使人产生美感的滋味,只有"使味之者无极,闻之者动心"的作品,才是"诗之至也"。而且此时五言诗更能表达复杂的情感与事物。钟嵘推崇五言诗，认为“五言居文词之要，是众作之有滋味者也”。滋味，原指味觉上的综合快感。后来引申转化指审美快感，逐渐引入美学领域。首先提及“滋味”一词用于美学论述的是三国魏时嵇康，他说“口不尽味，乐不极音”。钟嵘将“味”引入诗歌的论述中，他所谓的“味”，一是作为动词的品味而引申为鉴赏；二是作为名词的滋味、余味，引申为韵味。因而他也将诗的有“滋味”作为诗歌鉴赏评判标准之一，诗歌的作用在于表达情感，情感外现于诗就变成了“滋味”，供人玩味、体验。

4. 自然英旨

《诗品序》开篇即云“气之动物，物之感人；故摇荡性情，形诸舞咏”，这和《礼记·乐记》以至《毛诗序》以来的儒家诗学的心物感应论一脉相承。然而，钟嵘针对当时诗坛中刻意追求形式美、铺陈辞藻、罗列典故的作风，批评“大明、泰始中，文章殆同书抄”，提出了“自然英旨”，进一步确立了以“自然”和“真”为上的审美思想，将“自然”从哲学、玄学领域引入美学领域。“自然”的特殊内涵，表现在钟嵘诗学的多个方面。如吟咏情性的诗歌本质论、风力丹采结合的创作论、诗歌以直寻为主的创作方法等。钟嵘的“自然英旨”主张诗歌应是诗人个性、情感的自然流露，诗歌创作应以直寻为主，要求音韵自然，实际就是强调抒发个性情感的自然之美、个性之美、自然真美。

（五）参考文献

1. 钟嵘撰，周振甫译注：《诗品译注》，中华书局2004年版。
2. 钟嵘撰，曹旭注：《诗品集注》，上海古籍出版社2011年版。
3. 曹旭：《诗品研究》，上海古籍出版社1998年版。
4. 王叔岷：《钟嵘诗品笺证稿》，中华书局2007年版。

5. 刘勰撰，黄霖集评：《文心雕龙》，上海古籍出版社 2008 年版。

6. 毛亨传，郑玄笺，孔颖达疏，陆德明音释：《毛诗注疏》，上海古籍出版社 2013 年版。

（六）延伸阅读

《毛诗序》

《关雎》，后妃之德也，风之始也，所以风天下而正夫妇也。故用之乡人焉，用之邦国焉。风，风也，教也，风以动之，教以化之。

诗者，志之所之也，在心为志，发言为诗，情动于中而形于言，言之不足，故嗟叹之，嗟叹之不足，故咏歌之，咏歌之不足，不知手之舞之足之蹈之也。

情发于声，声成文谓之音。治世之音安以乐，其政和；乱世之音怨以怒，其政乖；亡国之音哀以思，其民困。故正得失，动天地，感鬼神，莫近于诗。先王以是经夫妇，成孝敬，厚人伦，美教化，移风俗。

故诗有六义焉：一曰风，二曰赋，三曰比，四曰兴，五曰雅，六曰颂，上以风化下，下以风刺上，主文而谲谏，言之者无罪，闻之者足以戒，故曰风。至于王道衰，礼义废，政教失，国异政，家殊俗，而变风变雅作矣。国史明乎得失之迹，伤人伦之废，哀刑政之苛，吟咏情性，以风其上，达于事变而怀其旧俗也。故变风发乎情，止乎礼义。发乎情，民之性也；止乎礼义，先王之泽也。是以一国之事，系一人之本，谓之风；言天下之事，形四方之风，谓之雅。雅者，正也，言王政之所由废兴也。政有大小，故有小雅焉，有大雅焉。颂者，美盛德之形容，以其成功告于神明者也。是谓四始，诗之至也。

然则《关雎》《麟趾》之化，王者之风，故系之周公。南，言化自北而南也。《鹊巢》《驺虞》之德，诸侯之风也，先王之所以教，故系之召公。《周南》《召南》，正始之道，王化之基。是以《关雎》乐得淑女，以配君子，忧在进贤，不淫其色；哀窈窕，思贤才，而无伤善之心焉。是《关雎》之义也。

风、雅、颂者，《诗》篇之异体；赋、比、兴者，《诗》文之异辞耳。大小不同，而得并为六义者。赋、比、兴是《诗》之所用，风、雅、颂是《诗》之成形，用彼三事，成此三事，是故同称为“义”。

大师教六诗：曰风，曰赋，曰比，曰兴，曰雅，曰颂，以六德为之本，以六律为之音。

五　(唐)司空图《二十四诗品》

(一) 题解

司空图（837—908 年）字表圣，河中虞乡（今山西省永济县）人，晚唐诗人、诗论家。咸通末，擢进士第，由宣歙幕历礼部郎中，僖宗行在用为知制诰、中书舍人，归隐中条山王官谷。龙纪、乾宁间，征拜旧官，及以户、兵二部侍郎召，皆不起。迁洛后，被诏入朝，以野耄乞归。朱全忠受禅，召为礼部尚书，不食而卒。图少有俊才，晚年避世栖遁，自号知非子、耐辱居士，有先世别墅，泉石林亭，颇惬幽趣，日与名僧、高士游咏其中。

司空图主要是以诗论著名，他的《诗品》（还有《与李生论诗书》等几封书信）是唐诗艺术高度发展在理论上的一种反映，是当时诗歌艺术理论的一部集大成著作。就诗歌风格，司空图将皎然的《诗式》“辨体有十九字”的十九个字扩大发展到二十四品，从理论上总结了盛唐诗坛众多风格流派百花齐放、绚丽多姿的创作实践。他用象征的手法，充分描绘了二十四种风格的境界，让读者在如同图画般的感性形象中去领略诗歌意境之美。《诗品》把诗歌的艺术表现手法分为雄浑、含蓄、清奇、自然、洗炼等二十四种风格，每格一品，每品用十二句形象化的四言韵语来描绘。但他的诗论缺乏严密的系统性，特别是片面强调所谓“韵外之致”、“味外之旨”，宣扬了一种远离现实生活体验的超脱意境，忽视诗歌的思想内容和社会作用。这些都为宋代严羽的《沧浪诗话》、清代王士祯的《渔洋诗话》等所继承和发挥，对后世的批评和创作产生了不少消极的影响。司空图美学理论的精髓，是他提出的关于审美的“三外”说，所谓“三外”，就是“韵外”、“象外”和“味外”。他的“三外”充分注意到读者的想象力和审美的主动性，让读者从诗歌中领略深一层的“意”“象”“味”，从而得到丰富的艺术享受。

（二）原文与注疏

雄浑

大用外腓，真体内充[1]，反虚入浑，积健为雄。备具万物，横绝太空，荒荒油云，寥寥长风。超以象外，得其环中[2]，持之匪强，来之无穷[3]。

注疏：

1. 大用外腓，真体内充：腓，变。充，满。浩大之用变化于外，真奥之体充盈于内。

2. 超以象外，得其环中：超以象外，超出迹象之外。得其环中，语出《庄子·齐物论》：“枢始得其环中，以应无穷。”环中，即持万物枢纽的虚大之体。

3. 持之匪强，来之无穷：强，矫力、勉力，言雄浑境界的持有非靠强力，如此才能使之来得无穷无尽。

冲澹

素处以默[1]，妙机其微[2]。饮之太和[3]，独鹤与飞。犹之惠风，荏苒在衣，阅音修篁[4]，美日载归。遇之匪深，即之愈稀[5]，脱有形似，握手已违[6]。

注疏：

1. 素处以默：素，淡。处，居。言于玄虚中默然处居。

2. 妙机其微：微，幽微。玄妙精奥，十分精微。

3. 太和：阴阳冲和之境。

4. 阅音修篁：譬喻冲淡之境，犹如风吹修竹，阅其清音，冲和淡宕。

5. 遇之匪深，即之愈稀：无心相遇，不觉得深远难觅；有意相即，却益发稀薄无凭。是说冲澹之境可遇而不可求。

6. 脱有形似，握手已违：脱，或，引申为假设意。违，逆，意为背离。言如若从形迹上追摹冲澹之境，似与之握手相即之际，它便已远去。

纤秾

采采流水，蓬蓬远春，窈窕幽谷[1]，时见美人。碧桃满树，风日水滨，柳阴路曲，流莺比邻。乘之愈往，识之愈真[2]。如将不尽，与古为新[3]。

注疏：

1. 窈窕幽谷：形容幽幽山谷深远幽眇。

2. 乘之愈往，识之愈真：乘，趁。向上述所描写的纤秾之境愈一往而深入，对此境的体会认识便愈发真切。

3. 如将不尽，与古为新：将，使。如要使纤秾者无穷无尽，便要善于与终古常见的景物一道进入新境地。

沉着

绿林野室，落日气清，脱巾独步，时闻鸟声。鸿雁不来，之子远行[1]，所思不远，若为平生[2]。海风碧云，夜渚月明。如有佳语，大河前横[3]。

注疏：

1. 鸿雁不来，之子远行：鸿雁不来传信，而你一往远行。此境之心思沉郁隽永。

2. 所思不远，若为平生：平生，平常。此二句接上二句言之，说思念愈来愈深切，仿佛所思的人并不在远方，而就在身边平常处。思念之沉郁幽眇，可以想见。

3. 海风碧云，夜渚月明。如有佳语，大河前横：四句当联系在一起思量。海风忽忽，碧云邈邈，夜晚的水渚幽静，明朗的月亮恬淡。此二句一从动态写沉着，一从静态写沉着。面对以上景色，如同感到有佳句即将冒出，但却仿佛被一道大河横亘于前一样，无法言说，沉郁于胸。

高古

畸人乘真，手把芙蓉，泛彼浩劫[1]，窅然空踪[2]。月出东斗，好风相从，太华夜碧，人闻清钟。虚伫神素[3]，脱然畦封[4]，黄唐在独[5]，落落元宗[6]。

注疏：

1. 泛彼浩劫：佛家云六十年为一浩劫。言高古之人历经人世浩劫。

2. 窅（yǎo）然空踪：窅然，渺然。渺然而无有踪迹。

3. 虚伫神素：玄虚里伫立在虚淡的高远精神中。

4. 脱然畦封：脱然，脱落貌。畦封，边界、界限。言从万物的分界条框中超脱出来。

5. 黄唐在独：黄唐，黄帝与唐尧。此二圣王抗世独立，高古非凡。

6. 落落元宗：落落，孤寂脱俗貌。高古之圣王独抱大道玄宗，超凡独立。

典雅

玉壶买春，赏雨茆屋，坐中佳士，左右修竹。白云初晴，幽鸟相逐，眠琴绿阴，上有飞瀑。落花无言，人澹如菊[1]，书之岁华，其曰可读[2]。

注疏：

1. 落花无言，人澹如菊：花落无言语，人在花前，亦幽澹如菊。

2. 书之岁华，其曰可读：言面对岁月中上述华景，把典雅之境诉诸笔端，庶几可读。

洗炼

犹矿出金，如铅出银[1]，超心炼冶[2]，绝爱缁磷[3]。空潭泻春，古镜照神，体素储洁[4]，乘月反真。载瞻星辰，载歌幽人，流水今日，明月前身[5]。

注疏：

1. 犹矿出金，如铅出银：洗炼好比从矿石中炼出金子，从重铅中炼出银子。比喻去粗取精。

2. 超心炼冶：将心神从凡俗中超越出来，这是对精神的洗炼。

3. 绝爱缁磷：语本《论语·阳货》："不曰坚乎？磨而不磷。不曰白乎？涅而不缁。"磷，薄。缁，黑。如果能做到上述的洗炼，那么即便缁磷一类比较粗杂的东西，也能得到厚爱。

4. 体素储洁：体含虚灵，内储精洁。

5. 流水今日，明月前身：流水谓洗涤貌。言当下以流水洗炼干净，深藏的皎皎明月之前身便呈现出来。

劲健

行神如空，行气如虹，巫峡千寻，走云连风。饮真茹强[1]，蓄素守中[2]，喻彼行健[3]，是谓存雄[4]。天地与立，神化攸同[5]，期之以实，御之以终[6]。

注疏：

1. 饮真茹强：饮取真强之中气。

2. 蓄素守中：储蓄清虚，持守在内心。清劲刚健之力是从饱满的真虚中发出。

3. 喻彼行健：行健，语本《易·乾卦》："天行健，君子以自强不息。"劲健一品可以此譬喻。

4. 是谓存雄：存雄，语本《庄子·天下》："天地其壮乎？施存雄而无术。"谓惠施存雄无术，是因为他不懂得守雌。劲健是从饱满的清虚之气中来，故存雄先需守雌。

5. 天地与立，神化攸同：攸，所。天地可与之并立，所与之相同者是神明造化。

6. 期之以实，御之以终：期，要。御，驾驭。言以饱满充实的清虚之气追求劲健，就能永久地驾驭它。

绮丽

神存富贵，始轻黄金，浓尽必枯，淡者屡深[1]。雾余水畔，红杏在林，月明华屋，画桥碧阴[2]。金樽酒满，伴客弹琴[3]，取之自足，良殚美襟[4]。

注疏：

1. 浓尽必枯，淡者屡深：浓尽反而枯萎，淡者才愈发深隽。是说绮丽一品不是要极尽浮艳，只有淡丽才味之愈久。

2. 雾余水畔，红杏在林，月明华屋，画桥碧阴：此四句所描写的景状都是淡景中的华丽。

3. 金樽酒满，伴客弹琴：金樽酒满，是华丽满堂。后又以伴客弹琴修饰，又归于淡雅中的华丽。

4. 取之自足，良殚美襟：殚，尽。淡丽深远，故华丽取之不尽，可以餍足，实在可以尽发胸中美意。

自然

俯拾即是，不取诸邻，与道俱往[1]，着手成春。如逢花开，如瞻岁新[2]，真与不夺，强得易贫[3]。幽人空山，过雨采苹，薄言情悟[4]，悠悠天钧[5]。

注疏：

1. 与道俱往：自然者与大道一同来去。

2. 如逢花开，如瞻岁新：如看到花朵开放，如看到新年来临。自然如此。

3. 真与不夺，强得易贫：自然者之真是被给予的，不必夺之。使强力得到的，反而容易贫乏。

4. 薄言情悟：薄言，语助词。指情性所悟。

5. 悠悠天钧：天钧，语本《庄子·齐物论》：“是以圣人和之以是非而休乎天钧。”天钧，谓大道，自然者与道俱往，接通天钧大道。

含蓄

不着一字，尽得风流。语不涉己，若不堪忧[1]。是有真宰[2]，与之沉浮。如漉满酒[3]，花时反秋[4]。悠悠空尘，忽忽海沤，浅深聚散，万取一收[5]。

注疏：

1. 语不涉己，若不堪忧：语虽没有直接说到自己的处境，但其中的忧情却极深。

2. 是有真宰：真宰，即精神。

3. 如漉满酒：漉，渗。如同斟满酒，有一点点渗入，样子是若溢出又不溢出的，如同含蓄的感情。

4. 花时反秋：花期刚届初秋，将开而未开，比喻含蓄。

5. 浅深聚散，万取一收：事物深深浅浅、聚散离合，取其万物，却收以唯一。取一于万，收敛而又蓄广大。

豪放

观化匪禁[1]，吞吐大荒；由道反气，处得易狂[2]。天风浪浪，海风苍苍。真力弥满，万象在旁。前招三辰[3]，后引凤凰；晓策六鳌，濯足扶桑[4]。

注疏：

1. 观化匪禁：观化，观取万物之大化流行。匪禁，无有约束，豪放尽情。

2. 由道反气，处得易狂：豪放气度从大道那里来，以此处身，易为豪放狷狂。

3. 前招三辰：在前可招来三辰。三辰，日月星。

4. 晓策六鳌，濯足扶桑：早晨驾驭六头巨鳌，到扶桑上濯足。豪放如此。六鳌：神话中负载五仙山的六只大龟。

精神

欲反不尽[1]，相期与来[2]，明漪绝底，奇花初胎。青春鹦鹉，杨柳楼台，碧山人来，清酒满杯。生气远出[3]，不着死灰，妙造自然，伊谁与裁[4]。

注疏：

1. 欲反不尽：精神藏于内，欲内反求之，将是不尽的。

2. 相期与来：相期于心，则精神来聚。

3. 生气远出：精神之生气远远蒸出。

4. 妙造自然，伊谁与裁：精神之作如同自然造化之妙，又与谁人相裁制呢？伊，语助词。

缜密

是有真迹，如不可知，意象欲出，造化已奇[1]。水流花开，清露未晞，要路愈远，幽行为迟[2]。语不欲犯[3]，思不欲痴[4]，犹春于绿[5]，明月雪时[6]。

注疏：

1. 意象欲出，造化已奇：心中意象就要呈现，手上书写已然贴合无遗，仿佛造化之自然奇功。

2. 要路愈远，幽行为迟：缜密的运思有时如同要路愈来愈远，必须小心翼翼地缓慢行走。

3. 语不欲犯：犯，抵触。语言但求不相抵牾。

4. 思不欲痴：痴，痴肥。运思但求不臃肿繁冗。

5. 犹春于绿：犹如春天景色，在绿色之中弥合无缝。

6. 明月雪时：犹如明月之下的雪景，景物也是弥合无缝、浑然一片的。

疏野

惟性所宅[1]，直取弗羁。控物自富[2]，与率为期[3]。筑屋松下，脱帽看诗。但知旦暮，不辨何时[4]。倘然自适，岂必有为。若其天放，如是得之[5]。

注疏：

1. 惟性所宅：宅，居处。惟随性居处，随性所安。

2. 控物自富：控引事物，自然富足。

3. 与率为期：谓与率真为伍。

4. 筑屋松下，脱帽看诗。但知旦暮，不辨何时：在屋子的松树下，解放衣物的约束，随性读诗。疏野者，只知旦暮，已忘却时间。

5. 若其天放，如是得之：天放，天然放浪。好像天然放浪一般，如此就能做到疏野。

清奇

娟娟群松，下有漪流。晴雪满竹，隔溪鱼舟。可人如玉，步屧寻幽[1]，载瞻载止，空碧悠悠。神出古异[2]，淡不可收。如月之曙，如气之秋[3]。

注疏：

1. 可人如玉，步屧寻幽：清奇之境就像如玉美人，踩着步屧，寻觅幽境。

2. 神出古异：风神出乎古朴，异乎尘世凡俗，至清至奇。

3. 如月之曙，如气之秋：清奇之境如同清月之色和清秋之气。

委曲

登彼太行，翠绕羊肠。杳霭深玉[1]，悠悠花香。力之于时[2]，声之于羌[3]。似往已回，如幽匪藏[4]。水理漩洑，鹏风翱翔[5]。道不自器，与之圆方[6]。

注疏：

1. 杳霭深玉：杳霭，谓气之深曲。深玉，谓玉脉之杳深。

2. 力之于时：力量随时而运，故有委曲貌，非径直用力。

3. 声之于羌：羌笛的声调曲折回肠，极尽委曲。

4. 似往已回，如幽匪藏：好似一往无前，但又返回；仿佛很幽深，但又没有藏着。

5. 水理漩洑，鹏风翱翔：如水纹漩洑貌，如大鹏乘风扶摇上升，均为曲折委曲貌。

6. 道不自器，与之圆方：道没有形状，随器之圆方而被赋予或圆或方的形状。

实境

取语甚直，计思匪深。忽逢幽人，如见道心[1]。清涧之曲，碧松之阴，一客荷樵，一客听琴。情性所至，妙不自寻[2]，遇之自天[3]，泠然希音[4]。

注疏：

1. 忽逢幽人，如见道心：忽然遇到幽深之人，如同直见其道心一般。

2. 情性所至，妙不自寻：情性所达到的，不必自己寻找，直接呈露出来。

3. 遇之自天：实境的描写纯天然相遇，不可强求。

4. 泠然希音：泠然，清和的样子。希音，语出《老子》“大音希声”。谓实境清和，如大音希声般不着人的痕迹。

悲慨

大风卷水，林木为摧。适苦欲死[1]，招憩不来[2]。百岁如流，富贵冷灰。大道日丧，若为雄才[3]。壮士拂剑，浩然弥哀。萧萧落叶，漏雨苍苔。

注疏：

1. 适苦欲死：适，到。到了苦境中，想死的心都有。

2. 招憩不来：想要招憩过来、向之排解忧肠的人，却终究不来。憩，安慰。

3. 大道日丧，若为雄才：世间大道肢解，谁为大才人可以拨乱反正？

形容

绝伫灵素[1]，少回清真[2]。如觅水影，如写阳春。风云变态，花草精神；海之波澜，山之嶙峋；俱似大道[3]，妙契同尘[4]。离形得似，庶几斯人[5]。

注疏：

1. 绝伫灵素：绝然处立于清虚空灵之中。

2. 少回清真：少，稍微。一点点回到清真之境界中。

3. 俱似大道：形容得真切，仿佛与大道契合。

4. 妙契同尘：语本《老子》“和其光，同其尘”。比喻对事物的形容十分传神写照。

5. 离形得似，庶几斯人：形容事物者能做到摆脱形象的拘泥而实现神似，大概就是以上提到的这个清虚之人了吧。

超诣

匪神之灵，匪机之微[1]，如将白云，清风与归[2]。远引若至，临之已非[3]。少有道契，终与俗违[4]。乱山乔木，碧苔芳晖。诵之思之，其声愈稀[5]。

注疏：

1. 匪神之灵，匪机之微：非神明不能达到灵性，非机事不能达到精微。之，达及。

2. 如将白云，清风与归：将，使。使来白云而与清风俱归。

3. 远引若至，临之已非：从远处招引仿佛就能来到，真的来到之际却又已不复如初。是说超诣之境难以捉摸，不可诉诸强力。

4. 少有道契，终与俗违：少年时能与道相期，最终必与凡俗不相类，而超于其上。

5. 诵之思之，其声愈稀：对超诣之境反复吟思，沉吟的声音愈发希渺，是因为在逐渐理解个中的精微。

飘逸

落落欲往，矫矫不群[1]，缑山之鹤[2]，华顶之云。高人惠中[3]，令色氤氲。御风蓬叶，泛彼无垠。如不可执，如将有闻[4]。识者期之[5]，欲得愈分[6]。

注疏：

1. 落落欲往，矫矫不群：落落，不相类貌。矫矫，高出貌。落落寡合的样子似要到哪里去，但最终高出群俗，无法合群。

2. 缑（gōu）山之鹤：语本《列仙传》："周王子乔好吹笙，作凤鸣，后告其家曰，七月七日待我于缑氏山头，及期，果乘白鹤，谢时人而去。"

3. 高人惠中：高超脱俗之人，内心惠美。

4. 如不可执，如将有闻：如若不可强力执求，如同只能闻之。

5. 识者期之：真正认识飘逸境界的人只会期待与之相遇。

6. 欲得愈分：以人心欲求之，反而离之愈来愈远。

旷达

生者百岁，相去几何，欢乐苦短，忧愁实多。何如尊酒，日往烟萝，花复茆檐，疏雨相过。倒酒即尽，杖藜行歌，孰不有古，南山峨峨[1]。

注疏：

1. 孰不有古，南山峨峨：取意于陶渊明《挽歌诗三首其三》："死去何所道，托体同山阿。"意为谁人不有作古死去之时？但旷达的胸怀将明白，死去不过托体于山阿，故谓南山峨峨。

流动

若纳水輨[1]，如转丸珠[2]，夫其可道，假体如愚[3]。荒荒坤轴，悠悠天枢。载要其端，载闻其符[4]。超超明神，反反冥无[5]。来往千载，是之谓乎[6]！

注疏：

1. 若纳水輨（guǎn）：水輨，水车。流动者如同纳置于水车中转动。

2. 如转丸珠：圆转如丸珠转动。

3. 夫其可道，假体如愚：流动者如可以言语道明，就会假借上述的水车、丸珠作譬喻，但其终究不可道，遂如同愚不可及。

4. 载要其端，载闻其符：要其端，即追寻其本源；闻其符，即闻求其符应、征现。通过追踪其征现而追寻其本源。

5. 超超明神，反反冥无：超超，超然貌。反反，不断返回貌。其本源超然如神明大道，不断返求，仍觉冥然无迹。

6. 来往千载，是之谓乎：流动者来回往复，永恒不息。是之谓乎，说的就是这样吧。

（三）精解

1. 落花无言，人澹如菊

这是《典雅》一品里的两句。司空图诗歌意境理论有尚“清淡”的特点。除了《典雅》一品外，《冲淡》《沉着》《高古》《洗炼》《绮丽》《自然》《含蓄》《疏野》《清奇》《实境》《超诣》《飘逸》《旷达》诸品，均有崇尚清虚、淡宕的审美趣味。意境的生成基于清淡无言的格调，有如禅境。司空图确与一些禅僧过从甚笃，这或许提示我们注意，他的意境论思想中或许多少具有些禅学的渊源背景。《绮丽》一品中“浓尽必枯，淡者屡深”二句，也适用于形容司空图心目中的意境概念。意境清淡虚宁，方涵容深广，味之隽永，方能做到《含蓄》一品中所说的“不着一字，尽得风流”。“落花无言，人澹如菊”的意境，正是汇归到这种清淡灵明的境界内，此种境界与清奇、含蓄等的意境都有相通之处，都能共同体现出司空图推尚淡宁、清平境界的诗学品味。

2. 道

“道”字在《二十四诗品》里有多次出现。司空图的意境论依傍在宽泛的道论意义上，“道”可以涵盖的不仅是道家，也可以涵盖玄学和佛家禅学，涵盖儒家《易经》的大道，诸家在“道”的本体论层面上可以互融共契。除禅学的思想背景外，司空图诗学理论还有儒家易学的思想背景。有论者以为，《二十四诗品》的结构是仿照着《周易》六十四卦的结构原理来编排的。《周易》六十四卦象从大道中生出，“道”是天地万物的本源，也是六十四卦的源始。司空图《诗品》的二十四品亦从大道中生出，道是诸种意境生成的源始所在。那么，在《二十四诗品》里除了多次出现的“道”字外，还有什么地方体现出二十四种诗歌意境品格是从一个大道本源中生出呢？值得留意首品即《雄浑》一品的特殊意义，其“大用外腓，真体内充”“超以象外，得其环中”的境界，就如同大道道体本身，吸纳吞吐天地万象。因此，《雄浑》一品在《二十四诗品》中的位置，就好比“道”本身的地位。紧接《雄浑》一品之后的，是《冲淡》《纤秾》二品，前者为阴性美，后者为阳性美，恰好比是从大道本体中生出阴阳两种。① 事实上，《二十四诗品》中二十四种意境品格，虽然貌似参差驳杂，实则大抵遵循阴性美、阳性美两种风格开展、罗列。

另外，《二十四诗品》的最后一品《流动》，对照回《周易》六

---

① 另有一种说法，不认为《雄浑》一品是意指大道，而是认为大道在《二十四诗品》中是隐没的，并没有一品特指；而《雄浑》一品应与《冲淡》一品合观之，在六十四卦里分别对应于乾卦与坤卦：乾卦主刚健、雄壮，是纯阳卦；坤卦主阴柔、和敛，是纯阴卦——而《雄浑》一品则好比是意境论中阳性美的源始，故为纯阳性美；而《冲淡》一品则是意境论中阴性美的源始，为纯阴性美。

十四卦，就好比是对应于《既济》《未济》末二卦，都有生生不息、流动回环之意。

3. 悲慨

《悲慨》一品在《二十四诗品》中的地位比较特殊，故有必要特意拈出，稍作讲解。《悲慨》一品写尽慷慨悲怆之意，似怀末世悲歌的味道。为何司空图在《二十四诗品》中会特别安排如此一品？此品确实在基调上与其余各品有所不同，其余各品均有某种出世的姿态或情怀泛动，此品却呈现出入世的悲情，其用情之深切，仿佛司空图本人以血书之，悲从中来，不可断绝。联想到司空图本人曾身逢唐末，历经前朝衰灭的运际，以后更作为前唐遗民，遁居方外，这样的人生阅历似乎跟《悲慨》一品包含的情绪可相契合，意味着司空图作为前唐遗民，尝历亡国之恨，故有“大道日丧”的悲叹。

另外，自从有学者提出《二十四诗品》并非司空图真作、而是伪托之作的论点后，关于《二十四诗品》是否为司空图手笔，一直存在争议。通过以上结合作者身世对《悲慨》一品的分析，我们可以进一步认为，《悲慨》一品或许能作为支持《二十四诗品》乃出自司空图之手的一项证据。

（四）参考文献

1. 郭彧译注：《周易》，中华书局 2006 年版。

2. 郭庆藩撰，王孝渔点校：《庄子集释》，中华书局 1961 年版。

3. 遍照金刚：《文镜秘府论》，人民大学出版社 1975 年版

4. 严羽著，郭绍虞校释：《沧浪诗话校释》，人民大学出版社 1961 年版。

5. 王士祯：《渔洋诗话》，《钦定四库全书·集部》。

6. 刘衍文、刘永翔合注：《袁枚续诗品详注》，上海书店出版社

1993 年版。

7. 郭绍虞集解：《诗品集解·续诗品注》，人民文学出版社 2005 年版。

8. 徐复观：《中国艺术精神》，广西师范大学出版社 2007 年版。

9. 张国庆：《〈二十四诗品〉诗歌美学》，中央编译出版社 2008 年版。

（五）延伸阅读

（唐）司空图《与李生论诗书》（节录）

文之难，而诗之难尤难。古今之喻多矣，而愚以为辨于味，而后可以言诗也。江岭之南，凡足资于适口者，若醯，非不酸也，止于酸而已；若鹾，非不咸也，止于咸而已。中华之人以充饥而遽辍者，知其咸酸之外，醇美者有所乏耳。彼江岭之人，习之而不辨也，宜哉。诗贯六义，则讽谕、抑扬、渟蓄、温雅，皆在其间矣。然直致所得，以格自奇。前辈诸集，亦不专工于此，矧其下者耶！王右丞、韦苏州澄澹精致，格在其中，岂妨于遒举哉？贾阆仙诚有警句，视其全篇，意思殊馁，大抵附于蹇涩，方可致才，亦为体之不备也，矧其下者哉！噫！近而不浮，远而不尽，然后可言韵外之致耳。……盖绝句之作，本于诣极，此外千变万状，不知所以神而自神也，岂容易哉？今足下之诗，时辈固有难色，倘复以全美为工，即知味外之旨矣。

（唐）释皎然《辨体有一十九字》

夫诗人之思，初发取境偏高，则一首举体便高；取境偏逸，则一首举体便逸。才性一作情性。等字亦然，故各归功一字。偏高、偏逸之例，直于诗体、篇目、风貌不妨。一字之下，风律外彰，体德内蕴，如车之有毂，众辐归焉。其一十九字，括文章德体，风味尽矣，如《易》之有彖辞焉。今但注于前卷中，后卷不复备举。其比兴等六义，本乎情思，亦蕴乎十九字中，无复别出矣。

高、风韵切畅曰高。逸、体格闲放曰逸。贞、放词正直曰贞。忠、临危不变曰忠。节、持节不改曰节。志、立志不改曰志。气、风情耿耿曰气。情、缘情不尽曰情。思、气多含蓄曰思。德、词温而正曰德。诫、检束防闲曰诫。闲、情性疏野曰闲。达、心迹旷诞曰达。悲、伤甚曰悲。怨、词理凄切曰怨。意、立言曰意。力、体裁劲健曰力。静、非如松风不动，林狖未鸣，乃谓意中之静。远、非谓淼淼望水，杳杳看山，乃谓意中之远。

第二章

书画述情

一 （汉）王延寿《鲁灵光殿赋》

（一）题解

王延寿（约140—165年），生活在东汉桓帝前后。东汉词赋家。字文考，一字子山，南郡宜城人（今湖北襄阳宜城人）。楚辞学家王逸之子，曾周游鲁国。其父王逸，字师叔，曾官侍中，对楚辞、赋、汉诗有精深的研究，使王延寿自幼受到良好教育。《后汉书·文苑传·王逸传》后附有其一篇小传云："子延寿，字文考，有隽才。少游鲁国，作《鲁灵光殿赋》。后蔡邕亦造此赋，未成，及见延寿所为，甚奇之，遂辍翰而已。曾有异梦，意恶之，乃作《梦赋》以自厉。后溺水死，时年二十余。"

王延寿是东汉时代一位特殊的文学天才。《后汉书》本传及李贤注言其生平甚略，大致云：延寿为楚辞学家王逸之子，字文考，一字子山，有隽才。年二十余时渡湘水溺死。这位早熟而早夭的彗星式人物，在辞赋史上留下了《鲁灵光殿赋》《梦赋》和《王孙赋》三篇杰作。其中"延寿《灵光》"与"相如《上林》"，"孟坚《两都》""张衡《二京》"等巨制并称，为他赢得了魏晋以前十家"辞赋之英杰”的殿军地位（《文心雕龙·诠赋》曰：“枚乘《菟园》，举要以会新；相如《上林》，繁类以成艳；贾谊《鹏鸟》，致辨于情理；子渊《洞箫》，穷变于声貌；孟坚《两都》，明绚以雅赡；张衡《二京》，迅拔以宏富；子云《甘泉》，构深玮之风；延寿《灵光》，含飞动之势；凡此十家，并辞赋之英杰也。”）。而《梦赋》《王孙赋》作为赋史上同一题材的开山之作，也是文质兼胜，才情特出的名篇。

王延寿游鲁时，有感于西汉以后宫室皆隳毁，而景帝子恭王刘馀所建鲁灵光殿岿然独存，因而作《鲁灵光殿赋》加以记颂。赋中对宫殿的栋宇结构、彩绘雕刻、雄伟气势，做了细致而生动的描写，反映了当时社会生活的一个侧面。

（二）原文

鲁灵光殿者，盖景帝[1]程姬之子恭王馀[2]之所立也。初，恭王始都下国[3]，好治宫室，遂因鲁僖[4]基兆[5]而营焉。遭汉中微，盗贼奔突[6]，自西京未央、建章[7]之殿，皆见隳[8]坏，而灵光岿然[9]独存。意[10]者岂非神明依凭支持以保汉室者也。然其规矩制度，上应星宿，亦所以永安也。予客自南鄙[11]，观艺[12]于鲁，睹斯而眙[13]曰：嗟乎！诗人之兴，感物而作。故奚斯颂僖[14]，歌其路寝[15]，而功绩存乎辞，德音昭乎声。物以赋显，事以颂宣，匪赋匪颂，将何述焉？遂作赋曰：

粤若[16]稽古[17]帝汉，祖宗濬哲[18]钦明。殷五代之纯熙[19]，绍伊唐之炎精[20]。荷天衢以元亨[21]，廓宇宙而作京[22]。敷皇极[23]以创业，协神道[24]而大宁。于是百姓昭明[25]，九族[26]敦序[27]，乃命孝孙[28]，俾侯于鲁[29]。锡介圭[30]以作瑞[31]，宅[32]附庸[33]而开宇[34]。乃立灵光之秘殿，配紫微[35]而为辅。承明堂[36]于少阳[37]，昭列[38]显于奎[39]之分野[40]。

瞻彼灵光之为状也，则嵯峨𡾰嵬[41]，峞巍𡾊𡼧[42]。吁！可畏乎其骇人也。迢峣倜傥[43]，丰丽博敞[44]，洞轇轕[45]乎其无垠也。邈希世而特出，羌瑰谲而鸿纷[46]。屹山峙[47]以纡郁[48]，隆崛岉[49]乎青云。郁坱圠[50]以嶒嵘[51]，崱[52]缯绫[53]而龙鳞。汩硙硙以璀璨[54]，赫烊烊而烛坤[55]。状若积石[56]之锵锵，又似乎帝室之威神[57]。崇墉[58]冈连以岭属[59]，朱阙岩岩[60]而双立。高门拟于阊阖[61]，方二轨[62]而并入。

于是乎乃历夫太阶[63]，以造[64]其堂。俯仰顾眄[65]，东西周章[66]。彤彩[67]之饰，徒何为乎？小报澔澔涆涆[68]，流离烂漫。皓壁皜曜[69]以月照，丹柱歙赩[70]而电焜[71]。霞驳云蔚[72]，若阴若阳。瀖濩磷乱[73]，炜炜煌煌。隐阴夏[74]以中处，霐寥窲[75]以峥嵘。鸿爌炾[76]以爣阆，飀[77]萧条而清冷。动滴沥以成响，殷雷应[78]其若惊。耳嘈嘈[79]以失听，目瞍瞍[80]而丧精。骈密石与琅玕[81]，齐玉珰与璧英。

遂排金扉[82]而北入，霄[83]霭霭而晻暧。旋室[84]㛹娟以窈窕，洞房[85]叫窱[86]而幽邃。西厢踟蹰[87]以闲宴，东序[88]重深而奥秘。屹铿瞑[89]以勿罔[90]，屑黡翳[91]以懿濞[92]。魂悚悚其惊斯，心猥猥[93]而发悸。

于是详察其栋宇，观其结构。规矩应天，上宪觜陬[94]。倔佹[95]云起，嵚崟[96]离搂[97]。三间[98]四表[99]，八维[100]九隅[101]。万楹丛倚[102]，磊砢[103]相扶。浮柱[104]岧嵽[105]以星悬[106]，漂峣嵲[107]而枝拄[108]。飞梁[109]偃蹇[110]以虹指[111]，揭蘧蘧[112]而腾凑[113]。层栌磥[114]垝以岌峨[115]，曲枅要绍[116]而环句[117]。芝栭欑罗[118]以戢孴[119]，枝掌杈枒[120]而斜据。傍夭蟜[121]以横出，互黝纠[122]而搏负[123]。下岪蔚[124]以璀错[125]，上崎嶬[126]而重注[127]。捷猎[128]鳞集，支离分赴。纵横骆驿[129]，各有所趣。

尔乃悬栋结阿[130]，天窗绮疏[131]。圆渊方井，反植荷蕖[132]。发秀吐荣，菡萏披敷[133]。绿房紫菂[134]，窋咤[135]垂珠。云楶藻棁[136]，龙桷[137]雕镂。飞禽走兽，因木生姿。奔虎攫拿以梁倚，仡[138]奋亹[139]而轩鬐[140]。虬龙腾骧以蜿蟺[141]，颔[142]若动而躨跜[143]。朱鸟舒翼以峙衡[144]，腾蛇[145]蟉虬[146]而绕榱[147]。白鹿孑蜺[148]于欂栌[149]，蟠螭宛转而承楣。狡兔跧伏于柎侧[150]，猿狖[151]攀椽而相追。玄熊舑睒[152]以龂龂[153]，却负载而蹲跠[154]。齐首目以瞪眄[155]，徒脈脈[156]而狋狋[157]。胡人遥集[158]于上楹，俨雅[159]跽[160]而相对。仡欺猥[161]以雕䀮[162]，[illegible]顤顟[163]而睽睢[164]，状若悲愁于危处，憯嚬蹙[165]而含悴[166]。神仙岳岳[167]于栋间，玉女窥窗而下视。忽瞟眇以响像[168]，若鬼神之仿佛。

图画天地，品类群生。杂物奇怪[169]，山神海灵。写载其状，托之丹青[170]。千变万化，事各缪形。随色象类[171]，曲得其情[172]。上纪[173]开辟，遂古[174]之初。五龙比翼[175]，人皇九头[176]。伏羲鳞身，女娲蛇躯[177]。鸿荒[178]朴略[179]，厥状睢盱[180]。焕炳[181]可观，黄帝唐虞[182]。轩冕以庸，衣裳有殊[183]。下及三后[184]，淫妃乱主。忠臣孝子，烈士贞女。贤愚成败，靡不载叙。恶以诫世，善以示后。

于是乎连阁承宫，驰道[185]周环。阳榭[186]外望，高楼飞观。长途升降，轩槛曼延。渐台[187]临池，层曲九成[188]。屹然特立，的尔[189]殊形。高径华盖，仰看天庭。飞陛[190]揭孽[190]，缘云上征。中坐垂景，頫视流星[192]。千门相似，万户如一。岩突[193]洞出，逶迤诘屈[194]。周行数里，仰不见日。何宏丽之靡靡[195]，咨用力之妙勤。非夫通神之俊才，谁能克成[196]乎此勋？

据坤灵[197]之宝势，承苍昊[198]之纯殷[199]。包阴阳之变化，含元气之烟煴。玄醴[200]腾涌于阴沟[201]，甘露被宇而下臻[202]。朱桂黝儵[203]于南北，兰芝阿那于东西。祥风翕习[204]以飒洒[205]，激芳香而常芬。神灵扶其栋宇，历千载而弥坚。永安宁以祉福，长与大汉而久存。实至尊[206]之所御[207]，保延寿而宜子孙。苟可贵其若斯，孰亦有云而不珍？

乱[208]曰：彤彤[209]灵宫，岿嶵穹崇[210]，纷庞鸿兮。岨㠥嵫厘[211]，岑崟崰嶷[212]，骈巃嵸[213]兮。连拳偃蹇[214]，岭菌踡嵯[215]，傍欹倾[216]兮。歇欻幽蔼[217]，云覆霮[218]兮，洞杳冥[219]兮。葱翠紫蔚[220]，礧碨瑰玮[221]，含光晷[222]兮。穷奇极妙，栋宇已来，未之有兮。神之营之，瑞[223]我汉室，永不朽兮。

（三）注疏

1. 景帝：汉景帝刘启，文帝之子。

2. 恭王馀：刘馀，汉景帝之子。封鲁恭王。《汉书·景十三王传》："程姬生鲁共王馀。"颜师古注："共读曰恭。"

3. 始都下国：指初立淮阳王。古以天子为上国，以诸侯为下国。

4. 鲁僖：鲁僖公。姬姓，名申，春秋时期鲁国君主，公元前659—前627年在位。

5. 基兆：原来的基础。

6. 遭汉中微，盗贼奔突：指西汉末年，外戚掌政时，元帝皇后侄王莽代称帝事。中微，中衰。奔突，横冲直撞。

7. 未央、建章：汉宫殿名。未央宫故址在今陕西西安市西北，长安城旧城内西南角。建章宫在未央宫西。

8. 隳（huī）：毁。

9. 岿然：高大独立的样子。

10. 意：疑，猜想。

11. 南鄙：南方边境小城。张载注："南鄙，荆州也"。

12. 艺：指六经，即《诗》《书》《礼》《乐》《易》《春秋》。

13. 眙（chì）：惊视。

14. 奚斯：春秋时鲁国大夫，公子鱼。曾作《鲁颂·閟宫》赞美鲁僖公新修周宗姜嫄庙堂。《诗·鲁颂·閟宫》有："新庙奕奕，奚斯所作。"唐孔颖达《毛诗疏》："此庙是谁为之？乃是奚斯所作。"颂僖：犹颂鲁。僖，指鲁僖公。

15. 路寝：正殿。古代帝王治事的地方。此指"新庙"之正殿路。

16. 粤若：同"曰若"。作语助词用于句首，无义。

17. 稽古：考古。稽，考。

18. 濬哲：深沉而有智慧。钦明：圣明。

19. 殷：殷实、丰盛。五代：指唐、虞、夏、商、周。纯熙：光明。

20. 绍：继。伊唐：即唐尧时代。伊：语助词，无义。炎精：兴盛。指唐尧有火德之运。

21. 荷：赖，靠。天衢：天道。元亨：畅通。

22. 廓：扩大。京，即京室，古指王室。

23. 皇极：指帝王统治的准则，即所谓大中至正之道，可为法式，故称皇极。皇，君。极，标准。

24. 神道：天道。

25. 百姓：百官。《尚书·尧典》："九族既睦，平章百姓。"孔颖达疏："百姓即百官也。"昭明：明礼仪。昭，明。

26. 九族：指本身以上的父、祖、曾祖、高祖和以下的子、孙、曾孙、玄孙。

27. 敦序：分别次序而亲之。亦作"敦叙"。

28. 孝孙：指鲁恭王馀。

29. 俾侯于鲁：指封刘馀为鲁恭王。俾，使。

30. 锡：赐。介：大。珪：守邑的符信。

31. 瑞：符信，凭证。

32. 宅：开辟为居住之处。

33. 附庸：附属于大国的小国。

34. 开宇：扩大土地居处。

35. 紫微：原为紫宫、太微二星宫。高诱《淮南子·天文训》注："太微者，太一之庭也。紫宫者，太一之居也。"此处指帝宫。

36. 明堂：古代天子宣明政教的地方。

37. 少阳：东方。

38. 昭列：闪耀光彩。

39. 奎：星名，二十八星宿之一。西方白虎七宿第一宿。

40. 分野：我国古代的一种天文地理学说的说法，将天空星宿分为十二次，配属于各国，用以占卜吉凶。分野之说当起于春秋以前，今传成文的十二星次配属各国。

41. 嵯峨：高峻的样子。嶵（zuì）嵬：山之高峻之状。

42. 嵬巍：高大雄伟的样子。嵂（lǜ）嵲：高峻奇险。

43. 迢峣：同“岩峣”，高峻的样子。倜傥：卓异。迢，远，长。

44. 丰丽：富丽堂皇。博敞：广博宽阔。

45. 洞：幽深。轇轕（jiāo gé）：深远广大且纵横交错。

46. 瑰谲：奇异。鸿：大。纷：多。

47. 山峙：像山那样耸立。

48. 纡郁：曲折幽深。

49. 隆：弯曲。崛岉：高高的样子。隆崛岉：隆起而成高高的拱形。

50. 郁：繁多。坱扎：高低不齐。

51. 嶒嵘：不平之状。同“峥嵘”。

52. 崱（zè）：通“崱”，山峰高峻的样子。

53. 缯绫：高低不平。

54. 汩：光泽。硙硙：同“皑皑”，洁白光亮。璀璨：光辉灿烂。

55. 赫：红如火烧。烨烨：形容光明。烛坤：照地。坤，地。

56. 积石：山名，位于今甘肃境内，系祁连山延伸部分。

57. 帝室：天帝之室，亦称紫宫。此指皇宫，天子所居之处。威神：惊人。

58. 墉：城墙、高墙。

59. 岭属：形容高大绵长的城墙，如山脊相连，山岭相接。

60. 朱阙：城门两边红色的观楼。阙，古代宫殿、祠庙和陵墓前的高建筑物，通常左右各一，建成高台，台上起楼观。岩岩：高峻的样子。

61. 阊阖：传说中的天宫的南门。此指皇宫的正门。

62. 方：并，合。二轨：指能容二车并行。

63. 太阶：高高的台阶。

64. 造：至。

65. 顾眄：环视。左顾右盼，表示洋洋自得。

66. 周章：周游流览。

67. 彤彩：朱漆。

68. 澔澔涆涆：形容特别光亮。盛貌。

69. 皜曜：洁白光亮。

70. 歙赩（xī xì）：深红色。

71. 电烻：电光，强光。

72. 霞驳云蔚：像云霞那样灿烂，像积云那样繁盛。

73. 濩濩（huò hù）磷乱：形容光色闪动，炫耀不定。

74. 阴夏：坐南朝北的大殿。夏，大殿。

75. 霐寥窲（hóng liáo cháo）：幽深的样子。

76. 爌炾（kuàng huǎng）：亦作“爌熀”。宽敞明亮。

77. 飋（sè）：风声，秋风，风大貌。

78. 殷：雷声。雷应：应声如雷。

79. 嘈嘈：形容声音嘈杂。

80. 矎矎（xuān）：目不正，眼花缭乱。丧精：看物不清。

81. 骈：并列。密石：磨平的石。琅玕：美石。

82. 排：推。扉：门扇。

83. 霄：日将暮。霭霭：聚集的样子。

84. 旋室：曲折华丽饰有璇玉的宫室。

85. 洞房：通房，即连阁。洞，通“通”。

86. 窱（tiǎo）：深远、幽邃的样子。

87. 踟蹰（chí chú）：相连接在一起的样子。李善注：“踟蹰，相连貌。”

88. 东序：泛指东厢房。

89. 铿瞑：形容孤独寂寞。

90. 勿罔：犹惚恍，不清晰。

91. 黡翳（yǎn yì）：昏暗隐蔽貌。

92. 懿濞：深邃的样子。

93. 狠狠（xǐ）：惊恐、害怕状。《广韵》："不安貌。"

94. 宪：效法。觜陬（zī zōu）：十二星次之一，古代传说主管架屋的星宿。见《尔雅·释天》。

95. 偪侻：谲诡，变化多端。

96. 嵚崟（qīn yìn）：高大；险峻。

97. 离搂：亦作"离楼"。众木交加纠缠之貌。

98. 三间：东序、西厢各三间。

99. 四表：四面。

100. 八维：八方。东、南、西、北、东南、西南、东北、西北，合称八维。

101. 九隅：中央加八方合称九隅。

102. 楹：柱子。丛倚：攒聚。

103. 磊砢：参差不齐的样子。

104. 浮柱：梁上的柱子。

105. 岧嵽（tiáo dì）：高远。

106. 星悬：形容多如天上繁星。

107. 峣嵲（yáo niè）：危高貌。

108. 枝拄：撑拄。枝，支持。

109. 飞梁：架空的房梁。

110. 偃蹇：拱曲之状。

111. 虹指：像长虹那样。

112. 蘧蘧：高耸貌。

113. 凑：聚。

114. 栌：斗拱，即柱子顶上承托梁的方木。磥：“垒”，堆砌。

115. 岌峨：高耸的样子。

116. 要绍：屈曲貌。

117. 环句：曲而相连。句，同“勾”，弯曲。

118. 芝栭（ér）：画有灵芝纹彩的梁上短柱。欑（cuán）罗：排列聚集。

119. 戢孴（jí nǐ）：众多的样子。

120. 枝掌：撑拄，支撑。杈枒：高低不齐的祥子。

121. 夭蟜：屈伸的样子。

122. 黝纠（yǒu jiū）：林木连绕的样子。

123. 搏负：互相支持。

124. 茀蔚：突出貌。

125. 璀错：繁盛的样子。

126. 崎巇：高峻陡险。

127. 重注：形容檐宇层层相连。

128. 捷猎：参差相接。

129. 骆驿：同“络绎”，相连不断。

130. 结阿：结彩。

131. 绮疏：镂刻的花纹。刻为绮文，谓之绮疏也。

132. 反植：根朝上。荷蕖：荷花。

133. 披敷：分散布开。

134. 绿房：绿色的莲房。里边分成隔子，包住莲子。紫菂：紫色的莲子。

135. 窋（zhú）咤：物在穴中突出。

136. 云楶（jié）：绘有云朵的柱头斗拱。藻棁：绘有花文的梁上短柱。

137. 龙桷：绘有龙形的方椽。

138. 仡：抬头。

139. 奋衅：跃跃欲斗的样子。

140. 轩鬐（qí）：颈上的长毛高高竖起。轩，高扬。

141. 蜿蟮：屈曲盘旋。

142. 颔：点头。

143. 蘷跜（kuí ní）：形容虬龙动的样子，盘曲蠕动貌。

144. 峙：立。衡：门上木。

145. 腾蛇：传说中一种能飞的蛇。虬龙、虎、朱鸟、腾蛇，一说古代神话中的北方四神。

146. 蟉虬（liú qiú）：屈曲盘绕的样子。

147. 榱（cuī）：椽子。

148. 孑蜺（jié ní）：伸脖。李善注："孑蜺，延首之貌。"

149. 欂栌：即斗拱。柱上的方木。

150. 柎侧：斗拱地上的横木。

151. 猿狖（yoù）：泛指猿猴。狖，古书上一种黑色长尾猴。

152. 晽睒（tān tàn）：吐吞貌。

153. 龂龂（yín）：露齿貌。

154. 蹲跠：蹲踞。

155. 瞪眄：傲视貌。

156. 脈脈（mò）：狡诈貌。

157. 狋狋（yì）：怒视貌。

158. 遥集：李周翰注："以木刻胡人，形在于高处，故云遥集。"

159. 俨雅：端正，庄重。

160. 跽：长跪。

161. 欺猥：大头。

162. 雕眖（xuè）：像雕那样看。

163. 鷓顤顟（āo yáo cáo）：深眼睛，高鼻子，四扣脸，形容丑陋不堪。

164. 睽睢（kuí suī）：多指部分少数民族或外国人眼眶凹陷的样子。

165. 憯：同“惨”，惨痛。嚬蹙：同“颦蹙”，皱眉蹙额。

166. 悴：忧。

167. 岳岳：挺立的样子。

168. 响像：依稀。

169. 杂物奇怪：礼仪、生活中的杂物及其所象征的灾异和祥瑞。

170. 丹青：绘画颜色，指代绘画。

171. 随色象类：用不同的颜色，表现各类事物的形象。

172. 曲得其情：曲折微妙地表现事物的情态。

173. 纪：记。开辟：开天辟地。

174. 遂古：上古。

175. 五龙比翼：远古传说中的五个部落首领。李善注引《春秋命历序》：“皇伯、皇仲、皇叔、皇季、皇少，五姓同期，俱驾龙，号曰五龙。”

176. 人皇九头：人皇，三皇之一。司马贞《补史记·三皇本纪》：“人皇九头，乘云车，驾六羽，出谷口，兄弟九人，分长九州，各立城邑凡一百五十世，合四万五千六百年。”

177. 伏羲鳞身，女娲蛇躯：传说宇宙初开之时，只有伏羲、女娲兄妹二人，便结为夫妻再造人类。兄妹皆人头蛇身。汉代尚有人头蛇身之伏羲女娲交尾像的壁画。近年出土的汉代伏羲女娲石刻画像，正作此状。

178. 鸿荒：混沌蒙昧的状态，借指太古时代。鸿，通“洪”。

179. 朴略：质朴鄙野。

180. 睢盱（huī xū）：浑朴貌；睁眼仰视的样子；亦作聚观、喜悦之貌。

181. 焕炳：明亮，昭彰，词采明丽。

182. 唐虞：唐尧与虞舜的并称，亦指尧与舜的时代，古人以为太平盛世。

183. 轩冕以庸，衣裳有殊：轩冕，古时大夫以上官员的车乘和冕服。古时帝王尧、舜垂衣裳而治天下，辨贵贱，因而说衣裳有殊。

184. 三后：指虞、夏、商三代的君主。

185. 驰道：古代供君王行驶车马的道路，泛指供车马驰行的大道。

186. 阳榭：高台，高大无室的厅堂。阳，高大。

187. 渐台：鲁灵光殿的台名。

188. 层曲九成：高大屈曲。九成，犹九重，言极高。

189. 的尔：分明的样子。

190. 飞陛：通向高处的阶道。

191. 揭孽：亦作“揭业”。极高貌。

192. 中坐垂景，頫视流星：夸张的语言，形容渐台高出云天而能俯视星日。

193. 岩突：石室。

194. 逶迤诘屈：曲折绵延。

195. 靡靡：富丽的样子。

196. 克成：完成。

197. 坤灵：古人对大地的美称。

198. 苍昊：苍天。

199. 纯嘏：大福。

200. 玄醴：醴泉，甘美的泉水。

201. 阴沟：背阳处的沟渠。

202. 臻：至。

203. 黝儵（shū）：疾速。儵，同“倏”。
204. 翕习：风吹拂貌。
205. 飒洒：象声词，状风声。
206. 至尊：指皇上、天子。
207. 御：御用之物的指称。
208. 乱：终篇的结语。
209. 彤彤：通红。
210. 岧嶢穹崇：高大的样子。
211. 崱屴（zè lì）嵫厘：高大峻险。
212. 岑崟：山势险峻貌。嶒嶷：参差不齐。
213. 巃嵸（sǒng）：山势高峻。
214. 连拳偃蹇：屈曲高耸。
215. 岭菌踡（quán）嵼（chǎn）：高大陡险貌。
216. 欹倾：倾斜。
217. 歇欻（chuā）幽蔼：幽深貌。
218. 覆霮（dàn）：云聚集的样子。
219. 杳冥：阴暗幽远。
220. 紫蔚：蔚蓝与青赤相间之色。
221. 礧硍瑰玮：高低不平珍贵奇异。
222. 晷：日影。
223. 瑞：吉祥，降祥瑞的意思。

（四）精解

1. 鲁灵光殿

鲁灵光殿，是汉景帝与程姬所生的儿子、后被封为鲁恭王的刘馀所建。据《汉书·景十三王传》载，汉景帝前元二年（公元前155年），刘馀被立为淮阳王，第二年徙王鲁，“好治宫室，遂因鲁僖基兆而营焉”。灵光殿是他所营造的最主要的宫殿。从《鲁灵光殿赋》的序及描写来看，这座宫殿不是日常起居的宫殿，而应是当时鲁国的宗庙。宗庙是权力的象征，所以，当“遭汉中微，盗贼奔突，自西京未央、建章之殿，皆见隳坏，而灵光岿然独存”时，作者才“感物而作”，曰“岂非神明依凭支持，以保汉室者也”。从其中所描写的“荷天衢”“廓宇宙”“配紫微”“昭列显”等语句中，可知此类庙堂宫殿，乃宇宙的象征。在“祖宗浚哲钦明”的保佑下，“协神道而大宁”。并以“介珪”等物作为祥瑞的表征。此便是灵光殿被称为“秘殿”的原因。三代以上，以神设教，秦汉时代承袭此制。天子有宗庙，郡国立高庙、郡国庙。“各自居陵旁立庙。又园中各有寝、便殿。日祭于寝，月祭于庙，时祭于便殿。”

2. 图画天地，品类群生。杂物奇怪，山神海灵

同其他汉代壁画一样，灵光殿将天地万物各种品类的形象画在宫殿墙壁上，不仅仅是对于墙壁的装饰，也是对汉代人知识世界中的天地万物用图像加以囊括。天地、杂物、山神、海灵，都属于当时的祥瑞和灾异。天地体现的是“圣王法天地”，以天地为准则。杂物指的是当时礼仪、生活的用具，又是祥瑞中器物瑞一项，是汉代灾祥的一个类别。常物的变异称奇怪。灾异的山怪，祥瑞的海瑞统称为山神海灵。由此而达到文中所说的“品类群生”。建筑上的图画，也体现宇宙观、思维方式、认知方式，在“天人感应”的思想下，天、地、人以及交感产生的灾祥所组成的完整的宇宙的“象”便被画到了建筑之中，以建筑的小空间体现大宇宙。同时，“体物写志”也是汉赋题材的重要特点，注重“穷类而举”，拢天地人间万物于笔端，这也是汉代美学的一个特点。

3. 规矩应天

王延寿提到灵光殿不遭到毁坏的原因一是“神明依凭支持，以保汉室也”；二是“其规矩制度，上应星宿”，这告诉我们灵光殿因为其中规矩感应着神明，也象征着汉王朝的长久永安，既是由于得到上天的扶持，也由于王朝的政治典章都符合天道要求。宫殿的四维八表体现着对天象和物象的模拟，整体上既宏伟坚固而又玲珑剔透；殿中壁画内容丰富又寓意深刻，各房内壁上绘有上古神话、历史传说中的人物故事，乃至忠臣孝子、烈士贞女，起到装饰和训诫作用。这些都与董仲舒所强调哲学和美学思想上的“天人合一”相关联。“规矩应天”也正是“以类合之，天人一也”、“天人之际，合而为一”思想的体现。说明汉代建筑美学中“象天法地”的理想，这作为一种设计手法在中国传统建筑创作中常被使用。

（五）参考文献

1. 萧统编，阴法鲁审订：《昭明文选译注》，吉林文史出版社1987年版。

2. 萧统编，李善注：《昭明文选注》，文渊阁四库全书本。

3. 司马迁：《史记》，中华书局1982年版。

4. 程俊英译注：《诗经译注》，上海古籍出版社2004年版。

（六）延伸阅读

（东汉）王延寿《梦赋》

臣弱冠尝夜寝，见鬼物与臣战，遂得东方朔与臣骂鬼之书，臣遂作赋一篇叙梦。后人梦者读之以却鬼，数数有验。臣不敢蔽，其词曰：

余夜寝息，乃有非恒之梦。其为梦也，悉睹鬼神之变怪，则蛇头而四角，鱼首而鸟身，三足而六眼，龙形而似人。群行而奋摇，忽来到吾前。申臂而舞手，意欲相引牵。于是梦中惊怒，腷臆纷纭，曰：“吾含天地之纯和，何妖孽之敢臻！”乃挥手振拳，雷发电舒。戢游光，斩勐跣。批狒豰，斫鬼魑，捎魍魉。拂诸渠，撞纵目，打三头，扑苕荛，扶夔魑，抟睥睨，蹴睢盱，剖列麼，掣羯孽，劓尖鼻，踏赤舌，挚伦氈，挥髯髻。于是手足俱中，捷猎摧拉。澎濞跌抗，揩倒批，笞强梁，捶捋刿，拨撩予，拖摄瞶，抨毅轧。于是群邪众魅，骇扰遑遽，焕衍叛散，乍留乍去，变形瞪眄，顾望犹豫。吾于是更奋奇谲脉，捧获喷，扼挠蚬，挞咿嗳，批掘啧。尔乃三三四四，相随踉蹡而历僻。隆隆磕磕，精气充布。輷輷殷殷，鬼惊魅怖。或盘跚而欲走，或拘挛而不能步，或中创而婉转，或捧痛而号呼。奄雾消而光蔽，寂不知其何故。嗟妖邪之怪物，岂干真人之正度！耳聊嘈而外朗，忽屈申而觉寤。于是鸡知天曙而奋羽，忽嘈然而自鸣。鬼闻之以进失，心慑怖而皆惊。

乱曰：齐桓梦物，而亦以霸。武丁夜感，而得贤佐。周梦九龄克百庆，晋文监脑国以竞。老子役鬼为神将，传祸为福永无恙。

二 （南朝）宗炳《画山水序》（并谢赫《古画品录》）

（一）题解

宗炳（375—443年），字少文，南朝涅阳（今河南邓州）人，南朝宋著名画家、画论家，兼擅书法、古琴。屡次拒绝朝廷征官，隐居山水，信奉佛教，曾入“白莲社”，晚年著有《明佛论》。

《宗说·隐逸》说他“妙善琴书，精于言理，每游山水，往辄忘归”。并记载他“好山水，爱远游，西陟荆、巫，南登衡、岳，因而结宇衡山，欲怀尚平之志”。晚年由于腿病不能遍游，于是将所游山水作画张挂室内，并弹琴“欲令众山皆响”。

宗炳将他的绘画心得与理论凝炼在《画山水序》一文中，提出“以神法道”“以形媚道”“澄怀观道”等重要的绘画美学命题。此

（隋）展子虔《游春图》

外，还提出“竖划三寸，当千仞之高；横墨教尺，体百里之迥”的绘画比例说。最重要的是，他认为绘画的目的在于“畅神”，也就是给人精神的享受与超越，这是对中国古代绘画美学的一大贡献。

（二）原文

圣人含道映物[1]，贤者澄怀味像。至于山水，质有而趣灵，是以轩辕、尧、孔、广成、大隗[2]、许由[3]、孤竹[4]之流，必有崆峒[5]、具茨[6]、藐姑[7]、箕[8]、首、大蒙[9]之游焉。又称仁智之乐焉。夫圣人以神法道[10]，而贤者通；山水以形媚[11]道，而仁者乐。不亦几乎！

余眷恋庐、衡，契阔荆、巫，不知老之将至，愧不能凝气怡身，伤跕[12]石门之流，于是画象布色，构兹云岭。

夫理绝于中古之上者，可意求于千载之下。旨微于言象之外者，可心取于书策之内，况乎身所盘桓[13]，目所绸缪[14]，以形写形，以色貌色也。且夫昆仑山之大，瞳子之小，迫目以寸，则其形莫睹；迥[15]

以数里，则可围于寸眸。诚由去之稍阔，则其见弥小。今张绢素以远映，则昆、阆之形，可围于方寸之内。竖划三寸，当千仞之高；横墨数尺，体百里之迥。是以观画图者，徒患类之不巧，不以制小而累其似，此自然之势。如是，则嵩、华之秀，玄牝[16]之灵，皆可得之于一图矣。

夫以应目会心为理者，类之成巧，则目亦同应，心亦俱会。应会感神，神超理得。虽复虚求幽岩。何以加焉？又神本无端，栖形感类，理入影迹，诚能妙写，亦诚尽矣。

于是闲居理气，拂觞鸣琴，披图幽对，坐究四荒，不违天励之藂[17]，独应无人之野。峰岫峣嶷[18]，云林森渺。

圣贤映于绝代，万趣融其神思。余复何为哉？畅神而已。神之所畅，熟有先焉？

（三）注疏

1. 含道映物：也有版本作“应物”，指心与物的互动。映：照。

2. 大隗（wěi）：大隗氏，古代神名。《庄子·徐尤鬼》：“黄帝将见大隗乎具茨之山。”

3. 许由：一作许繇，上古时代一位高尚清节之隐士。

4. 孤竹：古国名。商朝初期冀东地区之国。

5. 崆峒：崆峒山。在甘肃省平凉县西，属于六盘山脉。

6. 具茨：山名，在今河南省密县。《天中记》：“黄帝登具茨之山，升于洪堤之上，受《神芝图》于黄芦童子。”

7. 藐姑：即藐姑射，神话中的山名。《庄子·逍遥游》：“藐姑射之山有神人居焉，肌肤若冰雪，绰约若处子。”

8. 箕：即箕山，相传隐士许由，住在“颍水之阳，箕山之下”。

9. 大蒙：古谓日落处，指西方极远之地。《尔雅·释地》：“西至日所入为大蒙。”

10. 以神法道：同《明佛论》中“唯佛以神法道”。神：精神。

11. 媚：自然即道，山水体现道。

12. 跕（diǎn）：拖着鞋小步走路。

13. 盘桓：徘徊，逗留。

14. 绸缪：情谊深厚。

15. 迥：远。

16. 玄牝（pìn）：指道生万而不见其所生。道教修真术语。玄，幽远微妙。牝，雌性鸟兽。

17. 天励之藂：“天励”同“天厉”，指威严的上天。藂：聚集，又指草木藂翳茂盛的样子。这里形容自然生命的繁盛之状。

18. 峣嶷：高峻的山峰。

（四）精解

此文是宗炳探讨了关于山水美（自然美）的问题。他认为山水作为“道”的呈现方式，当畅游其中，它的“质有而趣灵”可以让人们感受到愉悦。这其中，也可以看出儒家的“仁者乐山，智者乐水”的思想。同时，山水作为美的形式，是实在的而且带来持久的美的体验。而这与庄子的思想有很大的差距，庄子认为：“山林与，皋壤与，使我欣欣然而乐与！乐未毕也，哀又继之。哀乐之来，吾不能御，其去弗能止。”任何美的体验都是不真实的，都是转瞬即逝的，所以不将不迎。

宗炳此人崇尚隐逸，研究佛理，和当时的高僧慧远、慧坚都有交往。曾做《明佛论》，提出人死神不灭，无形而神存。这样的观点受到当权者的赏识，但是宗炳却不愿意做官，更愿意过“栖丘饮谷”的清高生活。从这篇《序》也可以看出宗炳的思想，他认为只有通过“应目会心”，“万趣融其神思”，才能得到山水画理，才能感受到山水画的精神特征。从通过眼睛对山水的观赏，到用心去体验，再到对山水美的感受，就是宗炳提出的“畅神”思想作为对实在美的体验过程。

宗炳的这篇《序》，糅合儒、释、道三家的思想于一家。作为普遍的观点，此《序》的构成是以佛、道的思想作为精髓，儒家的思想作为躯干。但是，宗炳的“道”并不是一个形而上的“道”，而是融于“万趣”的“道”，更是一个从艺术的眼光中展示了美的“道”。当然文中也有许多争议颇多的问题，如“山水质有而趣灵”，也是佛学中的空有真幻的问题。

另外，宗炳提出了“卧游”说，对后世的影响很大。元倪瓒说：“一畦杞菊为供具，满壁江山作卧游。”在宗炳，因为爱山水，而老病不能亲历，所以画山水以尽山水之思。而后世，正如《林泉高致》所言，尽管渔樵隐逸乃其性之所适，仁人君子岂能高蹈远引，离世而绝俗？“然则林泉之志，烟霞之侣，梦寐在焉，耳目断绝。今得妙手，郁然出之，不下堂筵，坐穷泉壑……此世之所以贵夫山水之本意也。”郭熙所提倡的山水之本意，也正是宗炳“卧游”的精神所在。

（五）参考文献

1. 李泽厚、刘纲纪：《中国美学史》第二卷，中国社会科学出版社 1987 年版。

2. 朱良志：《中国美学名著导读》，北京大学出版社 2004 年版。

3. 王伯敏：《中国绘画通史》上卷，生活·读书·新知三联书店 2008 年版。

4. ［英］迈克尔·苏立文：《中国艺术史》，徐坚译，上海人民出版社 2014 年版。

5. 陈传席：《宗炳画山水序研究》，《六朝画论研究》，江苏美术出版社 1985 年版。

6. 周积寅、陈世宁：《中国古典艺术理论辑注》，东南大学出版社2010年版。

（六）延伸阅读

（南朝）谢赫《古画品录》（选）

谢赫，南朝齐、梁间画家、绘画理论家，善作风俗画、人物画。著有《古画品录》，约成书于532—552年，为我国最古老的绘画论著。该书评价了3世纪至4世纪的重要画家，提出中国绘画上的“六法”，成为后世画家、批评家、鉴赏家们所遵循的原则。

《古画品录》首先提出绘画的目的是：“明劝戒，著升沉，千载寂寥，披图可鉴。”这就是指出了：通过真实的描写收到教育的效果。这一理论认识的出现是进步的现象。

夫画品者，盖众画之优劣也。图绘者，莫不明劝戒、著升沉，千载寂寥，披图可鉴。虽画有六法，罕能尽该。而自古及今，各善一节。六法者何？一，气韵生动是也；二，骨法用笔是也；三，应物象形是也；四，随类赋彩是也；五，经营位置是也；六，传移模写是也。唯陆探微、卫协备该之矣。然迹有巧拙，艺无古今，谨依远近，随其品第，裁成序引。故此所述不广其源，但传出自神仙，莫之闻见也。

三 （唐）孙过庭《书谱》

（一）题解

孙过庭（约646—690年），名虔礼，以字行，吴郡富阳（今浙江省富阳县）人，一作陈留（今河南省开封市）人。中国唐代书法家、书法理论家。出身微寒，早年留心翰墨。曾官右卫胄参军，率府录事参军，后遭谗议丢官。抱病精研书论。陈子昂曾为其撰写墓志铭，言："君讳虔礼，字过庭，有唐之不遇人也。幼尚孝悌，不及学文；长而闻道，不及从事。"孙过庭擅长楷、行、草三种书体，以草书为优，取法二王。传世墨迹《书谱》是他的代表作。

《书谱》一名《运笔论》，作于垂拱三年（687 年），是一篇杰出的书法理论文章。全文 3700 余字，内容广博，涉及书学诸多重要问题。从宋人题签知道，这只是一篇序文，正文已佚，或因病未写完。内容被总结为溯源流、辨书体、评名迹、述笔法、诫学者、伤知音等六个部分。文思缜密、言简意深、文采横溢，是中国书法理论史上的里程碑著述。其中许多论点，如学书三阶段、创作中的五乖五合等，至今为学书者所重视。

（二）原文

夫自古之善书者，汉、魏有锺[1]、张[2]之绝，晋末称二王[3]之妙。王羲之云："顷寻诸名书，锺、张信为绝伦，其余不足观。"可谓锺、张云没，而羲、献继之。又云："吾书比之锺、张，锺当抗行，或谓过之；张草犹当雁行，然张精熟，池水尽墨，假令寡人耽之若此，未必谢之。"此乃推张迈锺之意也。考其专擅，虽未果于前规，摭以兼通，故无惭于即事。

评者云："彼之四贤[4]，古今特绝，而今不逮古，古质而今妍。"夫质以代兴，妍因俗易。虽书契[5]之作，适以记言，而淳醨一迁，质文三变，驰骛沿革，物理常然。贵能古不乖时，今不同弊，所谓"文质彬彬，然后君子"。何必易雕宫于穴处，反玉辂于椎轮者乎！又云："子敬之不及逸少，犹逸少之不及锺、张。"意者以为评得其纲纪，而未详其始卒也。且元常专工于隶书，伯英尤精于草体，彼之二美，而逸少兼之：拟草则余真，比真则长草，虽专工小劣，而博涉多优，揔其终始，匪无乖互。

谢安[6]素善尺牍，而轻子敬之书。子敬尝作佳书与之，谓必存录，安辄题后答之，甚以为恨。安尝问敬："卿书何如右军？"答云："故当胜。"安云："物论殊不尔。"子敬又答："时人那得知！"敬虽权以此辞折安所鉴，自称胜父，不亦过乎！且立身扬名，事资尊显，胜母之里，曾参不入[7]。以子敬之豪翰，绍右军之笔札，虽复粗传楷则，实恐未克箕裘[8]。况乃假托神仙，耻崇家范，以斯成学，孰愈面墙[9]！后羲之往都，临行题壁，子敬密拭除之，辄书易其处，私为不恶。羲之还见，乃叹曰："吾去时真大醉也。"敬乃内惭。是知逸少之比锺、张，则专博斯别；子敬之不及逸少，无或疑焉。

余志学之年[10]，留心翰墨，味锺、张之余烈，挹羲、献之前规，极虑专精，时逾二纪[11]，有乖入木之术[12]，无间临池[13]之志。观夫悬针垂露之异，奔雷坠石之奇，鸿飞兽骇之资，鸾舞蛇惊之态，绝岸颓峰之势，临危据槁之形。或重若崩云，或轻如蝉翼，导之则泉注，顿之则山安。纤纤乎似初月之出天崖，落落乎犹众星之列河汉，同自然之妙有，非力运之能成。信可谓智[14]巧兼优，心手双畅，翰不虚动，下必有由[15]。一画之间，变起伏于峰杪；一点之内，殊衄挫[16]于毫芒。况云积其点画，乃成其字。曾不傍窥尺牍，俯习寸阴，引班超[17]以为辞，援项籍[18]而自满。任笔为体，聚墨成形，心昏拟效之方，手迷挥运之理，求其妍妙，不亦谬哉！

然君子立身，务修其本[19]。扬雄[20]谓诗赋小道，壮夫不为[21]，况复溺思毫厘、沦精翰墨者也！夫潜神对奕，犹标坐隐之名；乐志垂纶，尚体行藏之趣[22]。讵若功宣礼乐，妙拟神仙，犹埏埴[23]之罔穷[24]，与工炉而并运。好异尚奇之士，玩体势之多方；穷微测妙之夫，得推移之奥赜。著述者假其糟粕，藻鉴者挹其菁华，固义理之会归，信贤达之兼善者矣。存精寓赏，岂徒然欤！

而东晋士人，互相陶染。至于王、谢之族，郗、庾之伦，纵不尽其神奇，咸亦挹其风味。去之滋永，斯道愈微。

方复闻疑称疑，得末行末，古今阻绝，无所质问，设有所会，缄秘已深。遂令学者茫然，莫知领要，徒见成功之美，不悟所致之由。或乃就分布于累年，向规矩而犹远，图真不悟，习草将迷。假令薄解草书，粗传隶法[25]，则好溺偏固，自阂通规。讵知心手会归，若同源而异派；转用之术，犹共树而分条者乎！加以趋变适时，行书为要；题勒方畐，真乃居先。草不兼真，殆于专谨；真不通草，殊非翰札。真以点画为形质，使转为情性；草以点画为情性，使转为形质。草乖使转，不能成字；真亏点画，犹可记文。回互虽殊，大体相涉。故亦傍通二篆，俯贯八分；包括篇章，涵泳飞白。若毫厘不察，则胡、越殊风者焉。

至如锺繇隶奇，张芝草圣，此乃专精一体，以致绝伦。伯英不真，而点画狼藉；元常不草，使转纵横。自兹已降，不能兼善者，有所不逮，非专精也。虽篆、隶、草、章，工用多变，济成厥美，各有攸宜。篆尚婉而通，隶欲精而密，草贵流而畅，章务检而便。然后凛之以风神，温之以妍润，鼓之以枯劲，和之以闲雅。故可达其情性，形其哀乐。验燥湿之殊节，千古依然；体老壮之异时，百龄俄顷。嗟乎，不入其门，讵窥其奥者也！

又一时而书，有乖有合，合则流媚，乖则雕疏。略言其由，各有其五：神怡务闲，一合也；感惠徇知，二合也；时和气润，三合也；纸墨相发，四合也；偶然欲书，五合也。心遽体留，一乖也；意违势屈，二乖也；风燥日炎，三乖也；纸墨不称，四乖也；情怠手阑，五乖也。乖合之际，优劣互差。得时不如得器，得器不如得志。若五乖同萃，思遏手蒙；五合交臻，神融笔畅。畅无不适，蒙无所从。当仁者得意忘言[26]，罕陈其要；企学者希风叙妙，虽述犹疏。徒立其工，未敷厥旨。不揆庸昧，辄效所明，庶欲弘既往之风规，导将来之器识，除繁去滥，睹迹明心者焉！

代有《笔阵图[27]》七行，中画执笔三手，图貌乖舛，点画湮讹。顷见南北流传，疑是右军所制。虽则未详真伪，尚可发启童蒙，既常俗所存，不藉编录。至于诸家势评，多涉浮华，莫不外状其形，内迷其理，今之所撰，亦无取焉。若乃师宜官[28]之高名，徒彰史牒，邯郸淳[29]之令范，空著缣缃[30]。暨乎崔[31]、杜[32]以来，萧[33]、羊[34]已往，代祀绵远，名氏滋繁。或籍甚不渝，人亡业显；或凭附增价，身谢道衰。加以糜蠹不传，搜秘将尽。偶逢缄赏，时亦罕窥。优劣纷纭，殆难覼缕[35]。其有显闻当代，遗迹见存，无俟抑扬，自标先后。且六文[36]之作，肇自轩辕；八体[37]之兴，始于嬴政。其来尚矣，厥用斯弘[38]。但今古不同，妍质悬隔，既非所习，又亦略诸。复有龙蛇云露之流、龟鹤花英之类，乍图真于率尔，或写瑞于当年，巧涉丹青，工亏翰墨[39]，异夫楷式，非所详焉。

代传羲之与子敬《笔势论》十章，文鄙理疏，意乖言拙。详其旨趣，殊非右军。且右军位重才高，调清词雅，声尘未泯，翰牍仍存。观夫致一书、陈一事，造次之际，稽古斯在。岂有贻谋令嗣，道叶义方，章则顿亏，一至于此？又云与张伯英同学，斯乃更彰虚诞。若指汉末伯英，时代全不相接，必有晋人同号，史传何其寂寥！非训非经，宜从弃择。

夫心之所达，不易尽于名言；言之所通，尚难形于纸墨。粗可仿佛其状，纲纪其辞，冀酌希夷，取会佳境，阙而未逮，请俟将来。今撰执、使、转、用之由，以祛未悟。执，谓深浅长短之类是也；使，谓纵横牵掣之类是也；转，谓钩镮盘纡之类是也；用，谓点画向背之类是也。方复会其数法，归于一途；编列众工，错综群妙；举前贤之未及，启后学于成规；窥其根源，析其枝派。贵使文约理赡，迹显心通，披卷可明，下笔无滞，诡辞异说，非所详焉。然今之所陈，务裨学者。但右军之书，代多称习，良可据为宗匠，取立指归。岂唯会古通今，亦乃情深调合。致使摹搨日广，研习岁滋，先后著名，多从散落，历代孤绍，非其效欤？试言其由，略陈数意：止如《乐毅论》[40]《黄庭经》[41]《东方朔画赞》[42]《太师箴》[43]《兰亭集序》[44]《告誓文》[45]，斯并代俗所传，真行绝致者也。写《乐毅》则情多怫郁，书《画赞》则意涉瑰奇，《黄庭经》则怡怿虚无，《太师箴》又纵横争折。暨乎兰亭兴集，思逸神超；私门诫誓，情拘志惨。所谓涉乐方笑，言哀已叹。岂惟驻想流波[46]，将贻啴嗳之奏；驰神睢涣[47]，方思藻绘之文。虽其目击道存，尚或心迷义舛，莫不强名为体，共习分区。岂知情动形言，取会风骚[48]之意；阳舒阴惨，本乎天地之心。既失其情，理乖其实，原夫所致，安有体哉！夫运用之方，虽由己出，规模所设，信属目前。差之一毫，失之千里[49]，苟知其术，适可兼通。心不厌精，手不忘熟。若运用尽于精熟，规矩闇于胸襟，自然容與徘徊，意先笔后[50]，潇洒流落，翰逸神飞。亦犹弘羊[51]之心，预乎无际；庖丁之目，不见全牛[52]。

尝有好事，就吾求习。吾乃粗举纲要，随而授之，无不心悟手从，言忘意得，纵未窥于众术，断可极于所诣矣。若思通楷则，少不如老；学成规矩，老不如少。思则老而逾妙，学乃少而可勉。勉之不已，抑有三时；时然一变，极其分矣。至如初学分布，但求平正；既知平正，务追险绝；既能险绝，复归平正。初谓未及，中则过之，后乃通会。通会之际，人书俱老。仲尼云：五十知命，七十从心。故以达夷险之情，体权变之道，亦犹谋而后动，动不失宜；时然后言，言必中理矣[53]。是以右军之书，末年多妙，当缘思虑通审，志气和平，不激不厉，而风规自远。子敬已下，莫不鼓努[54]为力，标置成体，岂独工用不侔，亦乃神情悬隔者也。或有鄙其所作，或乃矜其所运。自矜者将穷性域，绝于诱进之途；自鄙者尚屈情涯，必有可通之理。嗟乎！盖有学而不能，未有不学而能者也。考之即事，断可明焉。

然消息[55]多方，性情不一，乍刚柔以合体，忽劳逸而分躯。或恬淡雍容，内涵筋骨；或折挫槎枿，外曜峰芒。察之者尚精，拟之者贵似。况拟不能似，察不能精，分布犹疏，形骇未检。跃泉[56]之态，未睹其妍；窥井之谈，已闻其丑。纵欲搪突羲、献，诬罔锺、张，安能掩当年之目，杜将来之口！慕习之辈，尤宜慎诸。

至有未悟淹留[57]，偏追劲疾，不能迅速，翻效迟重[58]。夫劲速者，超逸之机；迟留者，赏会之致。将反其速，行臻会美之方；专溺于迟，终爽绝伦之妙。能速不速，所谓淹留，因迟就迟，讵名赏会？非夫心闲手敏，难以兼通者焉。假令众妙攸归，务存骨气；骨既存矣，而遒润加之。亦犹枝干扶疏，凌霜雪而弥劲；花叶鲜茂，与云日而相晖。如其骨力偏多，遒丽盖少，则若枯槎架险，巨石当路，虽妍媚云阙，而体质[59]存焉。若遒丽居优，骨气将劣，譬夫芳林落蕊，空照灼而无依；兰沼漂蓱，徒青翠而奚托[60]？

是知偏工易就，尽善难求。虽学宗一家，而变成多体，莫不随其性欲[61]，便以为姿。质直者则俓侹不遒，刚狠者又掘强无润，矜敛者弊于拘束，脱易者失于规矩，温柔者伤于软缓，躁勇者过于剽迫，狐疑者溺于滞涩，迟重者终于蹇钝，轻琐者染于俗吏。斯皆独行之士，偏玩所乖。《易》曰："观乎天文，以察时变，观乎人文，以化成天下。"[62]况书之为妙，近取诸身。假令运用未周，尚亏工于秘奥；而波澜之际，已浚发于灵台[63]。必能傍通点画之情，博究始终之理，镕铸虫、篆，陶均草、隶。体五材[64]之并用，仪形不极；象八音[65]之迭起，感会无方。至若数画并施，其形各异；众点齐列，为体互乖。一点成一字之规，一字乃终篇之准。违而不犯，和而不同；留不常迟，遣不恒疾；带燥方润，将浓遂枯；泯规矩于方圆，遁钩绳之曲直；乍显乍晦，若行若藏；穷变态于毫端，合情调于纸上；无间心手，忘怀楷则。自可背羲、献而无失，违锺、张而尚工。譬夫绛树、青琴，殊姿共艳；随珠[66]和璧，异质同妍。何必刻鹤图龙，竟惭真体；得鱼获兔，犹恡筌蹄[67]？

闻夫家有南威[68]之容，乃可论于淑媛；有龙泉之利，然后议于断割。语过其分，实累枢机。吾尝尽思作书，谓为甚合，时称识者，辄以引示。其中巧丽，曾不留目；或有误失，翻被嗟赏。既昧所见，尤喻所闻。或以年职自高，轻致凌诮。余乃假之以缃缥，题之以古目，则贤者改观，愚夫继声，竞赏毫末之奇，罕议峰端之失。犹惠侯[69]之好伪，似叶公之惧真。是知伯子之息流波，盖有由矣。夫蔡邕[70]不谬赏，孙阳[71]不妄顾者，以其玄鉴精通，故不滞于耳目也。向使奇音在爨，庸听惊其妙响；逸足伏枥，凡识知其绝群，则伯喈不足称，良乐未可尚也。

至若老姥遇题扇，初怨而后请；门生获书机，父削而子懊，知与不知也。夫士屈于不知己而申于知己，彼不知也，曷足怪乎！故庄子曰："朝菌不知晦朔，蟪蛄不知春秋。"[72]老子云："下士闻道，大笑之。不笑之则不足以为道也。"岂可执冰而咎夏虫哉![73]

自汉、魏以来，论书者多矣，妍蚩杂糅，条目纠纷。或重述旧章，了不殊于既往；或苟兴新说，竟无益于将来。徒使繁者弥繁，阙者仍阙。今撰为六篇，分成两卷，第其工用，名曰《书谱》。庶使一家后进，奉以规模；四海知音，或存观省。缄秘之旨，余无取焉。

垂拱[74]三年写记。

（三）注疏

1. 锺：即锺繇（151—230 年），字元常，颍川长社（今河南长葛）人，曹魏书家，精于楷书（真书、隶书），传世法帖有《宣示表》《荐季直表》《贺捷表》等。

2. 张：即张芝（？—约 192 年），字伯英，敦煌渊泉（今甘肃安西）人，东汉书家，以草书名世，世称"草圣"，有《冠军帖》《终年帖》等传后。

3. 二王：即王羲之、王献之父子。王羲之（303—361 年），字逸少，官至右将军，世称"王右军"，山东琅琊人。精真、行、草诸体书，世尊“书圣”。有行书《兰亭序》《丧乱帖》，草书《二谢帖》《远宦帖》《寒切帖》，小楷《黄庭经》《乐毅论》《曹娥碑》等摹、刻本传世。王献之（344—386 年），字子敬，羲之第七子，自幼聪慧，善行、草、真诸体，有小楷《洛神赋十三行》，行书《二十九日帖》，行草书《中秋帖》《新妇地黄汤帖》《鸭头丸帖》等传世。

4. 四贤：张芝、锺繇、王羲之、王献之。最早将此四人作比较的，见于南朝梁·袁昂《古今书评》：“张芝惊奇，锺繇特绝，逸少鼎能，献之冠世。”

5. 书契：指上古时期用作凭信、纪事的契刻文书。《周易》：“上古结绳而治，后世圣人易之以书契。百官以治，万民以察。”《书经集传》：“书契，刻木而书其侧，以纪事也。”许慎《说文解字·叙》：“……饰伪萌生，黄帝之史仓颉见鸟兽蹄迒之迹，知分理之可相别异也，初造书契。百工以乂，万品以察……仓颉之初作书，盖依类象形，故谓之文；其后形声相益，即谓之字。字者，言孳乳而浸多也；著于竹帛谓之书。书者，如也。”章太炎注《说文》，释“契”曰：“‘契’者，刻画作凭信也。古人造字，本以记姓名，立券契。尔时人事简单，人我所需，惟此而已。”上引描述了文字产生的缘由和基本情况，此亦是书法艺术的渊源。书契指文字，《书序》：“古者伏羲氏之王天下也，始画八卦，造书契，以代结绳之政，由是文籍生焉。”陆德明释文：“书者，文字，契者，刻木而书其侧。”

6. 谢安（320—385 年），字安石，卒谥文靖，赠太傅，世称谢太傅，晋阳夏（今河南太康）人，曾隐居会稽东山。谢安风神洒脱，韵度清雅，雅善书法，工于诗文。

7. 胜母：里名；里：街坊、巷道；曾参（前 505—前 436 年）：即曾子，先秦思想家，为孔门弟子，事亲至孝，曾经因里名不顺而不入。见《史记》卷八十三：“臣闻盛饰入朝者，不以利污义；砥砺名号者，不以欲伤行。故县名胜母而曾子不入。”

8. 箕裘（jī qiú）：以典故指代家学或家传技能。典出《礼记·学记》："良冶之子，必学为裘；良弓之子，必学为箕。"良冶、良弓，指善于冶金、造弓的人。意谓子弟由于耳濡目染，往往继承父兄之业。后因以"箕裘"比喻祖上的事业。

9. 面墙：面墙而立。典出《书·周官》："不学墙面，莅事惟烦。"孔传："人而不学，其犹正墙面而立，临政事必烦。"孔颖达疏："人而不学，如面向墙无所睹见，以此临事，则惟烦乱不能治理。"后因以"面墙"比喻不学而识见浅薄。

10. 志学之年：指十五岁，语出《论语·为政》："子曰：吾十有五而志于学，三十而立，四十而不惑，五十而知天命，六十而耳顺，七十而从心所欲不逾矩。"

11. 二纪：二十四年。一纪为十二年，语见《国语》："蓄力一纪，可以远矣。"韦昭注曰："蓄，养也，十二年岁星，一周为一纪。"

12. 入木之术：极言书法功力精深。相同文意可见唐代张怀瓘《书断》："王羲之书竹板，工人削之，笔入木三分。"宋代《宣和书谱》："献之又尝书南郊祭版，其字画入木七分。"

13. 临池：指代学习书法。典出《晋书·卫恒传》："（张芝）临池学书，池水尽墨。"犹言用功甚勤。

14. 智：才华，在《书谱》文中指艺术天资、艺术才华。天赋才情在古人的艺术观念中具有极高的位置，（传）东晋·卫铄《笔阵图》："自非通灵感物，不可与谈斯道。"（传）东晋·王羲之《书论》："夫书者，玄妙之伎也，若非通人志士，学无及之。"唐·张彦远《历代名画记》："夫画者，成教化，助人伦，穷神变，测幽微，与造化同功，四时并运。发诸天然，非繇述作。"宋·严羽《沧浪诗话》："诗需别裁。"

15. 翰不虚动，下必有由：创作灵感和技术实现之间没有了障碍，下笔的时候没有一笔是盲目写的，每一笔都有独特的艺术匠心。见（传）东晋·王羲之《题卫夫人〈笔阵图〉后》："夫欲书者，先干研墨，凝神静思，预想字形大小、偃仰、平直、振动，令筋脉相连，意在笔前，然后作字。若平直相似，状如算子，上下方整，前后平直，便不是书，但得其点画耳。"南朝梁·萧衍《答陶隐居论书》："若抑扬得所，趣舍无为；值笔连断，触势峰郁；扬波折节，中规合矩；分简下注，浓纤有方；肥瘦相和，骨力相称。婉婉暖暖，视之不足；棱棱凛凛，常有生气，适眼合心，便为甲科。"

16. 衄挫（nǜ cuò）：衄，挫败、摧折之意；挫：挫败、摧折，与"衄"意思相近，但所指乃是两种不同的用笔形态。衄，指运笔中前行又逆势折回，如钩。清《黄自元楷书间架结构九十二法》："勾，衄笔，不应直长。如：句、匀、勿。"挫：运笔过程中的笔锋方向变换，笔毫应铺开。

17. 班超（32—102 年）：字仲升，扶风平陵（今陕西咸阳东北）人，东汉著名军事家、外交家，后投笔从戎。

18. 项籍（前 232—前 202 年）：即项羽，名籍，字羽，秦末下相（今江苏宿迁）人，楚国名将项燕之孙。他是中国军事思想"兵形势"代表人物（兵家四势：兵形势、兵权谋、兵阴阳、兵技巧），堪称中国历史上最强的武将之一。

19. 君子立身，务修其本：此语出自《论语》："君子务本，本立而道生。孝弟也者，其为仁之本欤？"

20. 扬雄（前 53—前 18 年）：字子云，蜀郡成都（今四川成都郫都区）人，西汉哲学家、文学家、语言学家。成帝时为给事黄门郎。王莽时，校书天禄阁，后官为大夫。扬雄长于辞赋，仿《论语》作《法言·吾子》，仿《易经》作《太玄》，此外，还有《扬子云集》。

21. 诗赋小道，壮夫不为：此语出自扬雄《法言·吾子》："或问：'吾子少而好赋？'曰：'然。童子雕虫篆刻。'俄而曰：'壮夫不为也。'"小道，儒家学说中礼乐政教以外的学术或技艺。《论语·子张》："虽小道，必有可观者焉。"何晏集解："小道谓异端。"壮夫，豪壮之士，豪杰。

22. 潜神对奕，犹标坐隐之名，乐志垂纶，尚体行藏之趣：奕，通"弈"，围棋。典出南朝宋·刘义庆《世说新语》："王中郎以围棋是坐隐，支公以围棋为手谈。"又，"行藏"语出《论语·述而》："子谓颜渊曰：用之则行，舍之则藏。惟我与尔有是夫！"行，在外奔忙，可指为入世。藏，当指为隐匿，隐藏，此处指隐逸，此句句意偏指"藏"，即隐逸之趣。

23. 埏埴：用水和黏土，揉成可制器皿的泥坯。唐玄应《一切经音义》卷十三："埏，揉也。"《老子》第十二章："埏埴以为器，当其无，有器之用。"河上公注："埏，和也；埴，土也。和土以为饮食之器。"（墨迹本误作"挺"，今从《四库全书》本改作"埏"。）

24. 罔穷：变化无端之意。罔，没有。

25. 隶法：即楷法，唐称"楷"为"隶"，即通常所谓"唐隶"。

26. 得意忘言：语出《庄子·外物》："言者所以在意，得意而忘言。"此指会意于笔墨表现，而不诉诸言语的描述。得意忘言作为一个美学命题的提出最早见于王弼《周易略例·明象》："夫象者，出意者也。言者，明象者也。尽意莫若象，尽象莫若言。言出于象，故可寻言以观象；象生于意，故可寻象以观意。意以象尽，象以言著。故言者所以明象，得象而忘言；象者所以存意，得意而忘象。"

27. 笔阵图：现有传为东晋·卫夫人（铄）所撰之《笔阵图》，亦有人以为此即是王羲之或六朝人所作。

28. 师宜官：南阳（今属河南）人，东汉灵帝（168—189 年在位）时书家。南朝宋·羊欣《采古来能书人名》曰："不知何许人、何官。能为大字方一丈、小字方寸千言，《耿球碑》是宜官书，甚自矜重。或空至酒家，先书其壁，观者云集，酒因大售，俟其饮足，削书而退。”

29. 邯郸淳（约 132—221 年）：一名竺，字子叔（一作子淑），颍川阳翟（今河南禹州）人，曹魏时书家，博学多能，深为曹氏父子赏识，黄初时为博士、给事中。邯郸淳书法取法曹喜、王次仲，篆、分、真诸体皆工。南朝宋·羊欣《采古来能书人名》载曰：“陈留邯郸淳，为魏临淄侯文学，得次仲法，名在鹄后。”

30. 缣缃（jiān xiāng）：指细绢帛。缣，双丝织成的细绢。缃：浅黄色系帛，古人常用“缃”作书籍的封套。文章多数写于布帛之上，故此处指代典籍著录。

31. 崔：崔瑗（78—143 年），字子玉，涿郡安平（今属河北）人，东汉书家，官济北相。崔瑗师杜度，善草书，又工小篆。其书有《张平子碑》传世，书论有《草书势》《篆书势》传世。南朝宋·羊欣《采古来能书人名》曰：“安平崔瑗，后汉济北相，亦善草书。平苻坚，得摹崔瑗书，王子敬云‘极似张伯英’。瑗子寔，官至尚书，亦能草书。”

32. 杜：杜度，字伯度，本名杜操，因避曹操名讳而更名为“度”，东汉京兆杜陵（今属陕西）人。官玄武司马，章帝时为齐相。杜度善章草，崔瑗、张芝俱师之。南朝宋·羊欣《采古来能书人名》曰：“京兆杜度为魏齐相，始有草名。”西晋·卫恒《四体书势》曰：“汉兴而有草书，不知作者姓名。至章帝时，齐相杜度，号称善作。后有崔瑗、崔寔，亦皆称工。杜氏杀字甚安，而书体微瘦；崔氏甚得笔势，而结字小疏。弘农张伯英，因而转精其巧……”

33. 萧：萧思话（400—455 年），南兰陵（今江苏武进）人，南朝宋尚书左仆射。南齐王僧虔《论书》：“萧思话全法羊欣，风流趣好，殆当不减，而笔力恨弱。”南朝梁袁昂《古今书评》：“萧思话书走墨连绵，字势屈强，若龙跳天门，虎卧凤阙。”

34. 羊：羊欣（370—442 年），字敬元，南朝宋时泰山郡南城

(今山东平邑魏庄乡南武城)人，官至中散大夫、义兴太守。熟读经籍，擅长书法，曾得王献之指授。子敬而后，名重一时，时人有“买王得羊，不失所望”之谓。羊欣撰有《采古来能书人名》《续笔阵图》等著作，传世书迹有《暮春帖》。

35. 覼（luó）缕：详细而有条理地叙述。

36. 六文：即六书。汉字的六种造字法，象形、指事、会意、形声、转注、假借。也指六种古字体：古文、奇字、篆书、隶书、缪篆、鸟书。此处指前者。

37. 八体：即所谓秦书八体“大篆、小篆、刻符、虫书、摹印、署书、殳书、隶书”，是说始见于汉代许慎《说文解字·叙》。观上下文“六书”“八体”之说可见，分别为论造字法和字体。在马国权、马永强和杨泽的注本中皆将之理解为“新莽时的‘六体’”，又引《说文》为证以为是古文、奇字、篆书、佐书、缪篆、鸟虫书六体，此大误。因下文已明确叙说“肇自轩辕”，因此一传说乃指是文字（即造字法）始于轩辕黄帝时期。又，《说文·叙》曰：“古者庖牺氏之王天下也……于是始作《易》八卦，以垂宪象。及神农氏结绳为治而统其事，庶业其繁，饰伪萌生。黄帝之史仓颉，见鸟兽蹄迒之迹，知分理之可以相别异也，初造书契。”文中黄帝即轩辕。因此，“六文（六书）”即指上列六种造字法。

38. 厥用斯弘：它（文字）的功用非常宏大。厥，作代词，相当于“其”；用，功用、用途；斯，像这样；弘，宏大、宽宏。

39. 巧涉丹青，工亏翰墨：巧，巧妙、工巧；涉，关联、相关；工，技能，技巧；亏，亏损、缺乏。杨泽注本将“巧涉丹青，工亏翰墨”译为“其巧可及绘画，但缺少真正书法的功力”，不妥。上文“复有龙蛇云露之流、龟鹤花英之类，乍图真于率尔，或写瑞于当年”，所言者是上古时期的诸多文字样式是对自然事物的描摹，含有图画特征。因此，“巧涉丹青，工亏翰墨”即指这类文字书写具有很强的绘画特点，因而就缺乏了书法所应具备的技巧特点，而非“功力”。

40.《乐毅论》：三国魏夏侯玄撰。王羲之所书小楷法帖，书于东晋永和四年（348 年）十二月，全帖 44 行。世传为石刻拓本，原石已随唐太宗葬于昭陵。唐褚遂良赞曰：“笔势精妙，备尽楷则，为大王正书第一。”今之传拓本，以宋元祐秘阁本和越州石氏本为佳。乐毅：生卒不详，中山灵寿（在今河北）人。战国后期杰出的军事家，曾辅佐燕昭王振兴燕国。后燕惠王听信谗言剥夺乐毅的兵权，致使其投奔赵国，但又惧乐毅效劳赵国，于是派人责难乐毅，乐毅因此写下了著名的《报燕惠王书》，表明自己对先王（燕昭王）的忠心，抒发功败垂成的愤慨，并以伍子胥“善作者不必善成，善始者不必善终”的教训申明自己不为昏主效愚忠，不作冤鬼屈死，故而出走的抗争精神。王羲之虽身居右将军，但对乐毅的遭际感同身受，故而其书写之间，愤懑之情已溢然于胸。

41.《黄庭经》：道教内丹修炼的经典。世传为王羲之所书小楷法书，无款，篇末署“永和十二年五月”，褚遂良《右军书目》列此经为第二。《晋书·卷八十·王羲之传》曰：“山阴有一道士养好鹅，羲之往观焉，意甚悦，固求市之。道士云：‘为写《道德经》当举群相赠耳。’羲之欣然写毕，笼鹅而归，甚以为乐。”是碑为历代书家所宝，隋·智永及唐·欧阳询、虞世南、褚遂良等俱有临本传世。传世石刻拓本以宋元祐秘阁本、越州石氏本和明·馀清斋本为著。

42.《东方朔画赞》：一名《东方先生画像赞》，西晋夏侯湛撰，世传为王羲之所书小楷，33 行。是帖前有序言，后有赞辞，末行署“永和十二年五月十三日书与王敬仁”。褚遂良《右军书目》列为第三。其书颇具晋人风神，惜原石早佚。今所见者，以越州石氏本、宝晋斋本、停云馆本、烟堂本为佳。东方朔：西汉文学家，字曼倩，平原厌次（今山东惠民）人，武帝时为太中大夫，性格诙谐滑稽，爱饮酒。

43.《太师箴》：传为王羲之法书，褚遂良《右军书目》正书五卷，未收录，今无传本存世。《太师箴》一文为嵇康所作，是文意在通过赞美传说中的古代社会，批判当时腐败的社会现状，尤其是司马氏在“名教”掩饰下“竭智谋国”。嵇康认为：社会本来是自然纯朴，人与人之间的关系亦自然相亲，只是由于后来“智慧日用”和“刑、教”的施行，致使道德日下，丧失了“自然之情”。君主也背离了先王仁爱忧时的传统，而“宰割天下，以奉其私”。王羲之所处的东晋时代，社会现状与嵇康文章所述相似，在书写此文时，相同的情感当怨然于心，因此，此作用笔多峻拔争折之致。

44.《兰亭集序》：又名《兰亭叙》《兰亭禊帖》《临河叙》等，王羲之撰并书。现传墨迹本《兰亭序》为唐摹本，行书，计二十八行，三百二十四字。被推为“天下第一行书”。据传真迹已随唐太宗入葬昭陵，世所传者，乃系冯承素、欧阳询、褚遂良、虞世南等人的临摹本。其间，以冯承素双钩填墨本（又称神龙本）和据欧阳询所摹上石的定武兰亭刻本为佳。

45.《告誓文》：王羲之撰并书，小楷刻本，褚遂良《右军书目》卷四：“自誓文，十四行。”原石早佚，今传本为据旧拓本翻刻，亦有人称为智永的临本。

46. 流波：指流水，典出《列子·汤问》，文曰：“伯牙善弹琴，锺子期善听。伯牙鼓琴，志在高山。锺子期曰：‘善哉！巍巍乎泰山。’志在流水，曰：‘善哉！洋洋乎江河。’伯牙所念，锺子期必得之。”

47. 睢（suī）涣：睢水、涣水，睢水由今之河南杞县东流，入江苏萧县，经安徽宿县，复入江苏睢宁。涣水发源于河南，东流安徽，注入淮水。南朝梁·任昉《述异记》载曰：“沮、涣二水，波文皆若五色，彼人多文章，故一名：缋水。”据史载，从春秋战国时代开始，睢水、涣水因印染业繁荣，致使睢、涣二水波纹成五色。梁·萧统《文选》陈琳《为曹洪与魏文帝书》："游睢涣者，学藻缋之彩。间桑蚕业发达，带动了蚕丝加工、印染工艺，这一区域盛产各类色彩鲜艳花纹精美的丝帛，以致人们用"游睢"代称。

48. 风骚：即《诗经·国风》和屈原《离骚》的简称，本指抒情言志一类诗赋，后引申为文采风流和激情洋溢，泛指才情一类。

49. 差之一毫，失之千里：语见《易》："差若毫厘谬以千里。"意思是说，即使只是小有失误，其书写结果的好坏也会相差甚远。

50. 意先笔后：意指书写之前先要构思详尽，然后落笔。语见（传）卫夫人《笔阵图》"意后笔前者败"，"意前笔后者胜"。（传）东晋·王羲之《题卫夫人〈笔阵图〉后》，文曰："夫欲书者，先乾研墨，凝神静思，预想字形大小，偃仰、平直、振动，令筋脉相连，意在笔前，然后作字。"

51. 弘羊：即桑弘羊（前152—前80年），西汉洛阳（今属河南）人，汉武帝时顾命大臣之一，以善于理财而著名。

52. 庖丁之目，不见全牛：语见《庄子·养生主》："庖丁曰：始臣之解牛之时，所见无非全牛者。三年之后，未尝见全牛也。"意思是，了解对象的内在规律后，就不要为事物的外在特征所束缚。此处用庄子"庖丁解牛"典故，说明技术在高度纯熟之后，创作者可以达到自由创作境界。庖丁，厨师。

53. 时然后言，言必中理矣：指要时机到了再说话，这样说出的话才得当。中理，切合事理。语见《论语·先进》："夫人不言，言必有中"，又《论语·宪问》："夫子时然后言，人不厌其言。"

54. 努：本作"弩"，俗作"努"。《正字通·弓部》："弩，努力。即借弩，今别作努。"

55. 消息：消，消退、止息；息，生长繁殖。消息指事物的盛衰消长变化。语见《易·丰卦》："天地盈虚，与时消息。"此处消息指创作风格的此消彼长和变化。

56. 跃泉：即“跃渊”，因唐人避唐高祖李渊名讳，而改“渊”为“泉”。语见《易·乾·九四》：“或跃在渊，无咎。”此处借用《易》爻辞“龙跃于渊”比喻书法点线的矫健之美。

57. 淹留：笔法之一，其特点为：笔毫在运笔过程中逆势行进，节节发力，顿挫有致。《尔雅·释诂》云：“淹留，久也。”

58. 迟重：是与“淹留”形态相近，而笔法相异的笔法形式，其含义偏重于“迟缓”，指刻意控制行笔速度、专求迟缓之意。

59. 体质：形体质地。

60. 奚托：无所依托。奚，如何，怎样。托，承托。

61. 性欲：个性气质、天赋才情和兴趣爱好，此指艺术个性与审美旨趣。

62. 观乎天文，以察时变，观乎人文，以化成天下：语见《易·贲》，文曰：“贲：亨。小利有攸往。《象》曰：贲，亨。柔来而文刚，故亨。分刚上而文柔，故小利有攸往。刚柔交错，天文也；文明以止，人文也。观乎天文，以察时变；观乎人文，以化成天下。”本段意思：贲象征文饰：亨通顺利，柔小的利于前往进发。《象传》说，文饰，亨通顺利。有阴柔来文饰刚健，所以亨通顺利。因刚健居上，有阴柔相文饰，所以柔小者利于前往进发，这是自然天文现象。文明发达形成了行为举止的标准，这是社会人文。考察自然人文，可以看到季候时令的变化；观察社会人文，可以因势利导教化天下，形成美好风尚。孙过庭引《易》此段，意在说明人是可以有所作为的，观天文可知时变，观人文可知如何化成天下。研究书法是大有可为的。

63. 灵台：又为“灵府”，指心灵，引申为心智。语见《庄子·庚桑楚》云：“不可内于灵台。”郭象注曰：“灵台者，心也。”

64. 五材：亦作“五才”，即金、木、水、火、土五行。五材本指五种物质，《左传·襄公二十七年》曰：“天生五材。”杜预注：

“金、木、水、火、土也。”《周礼·冬官·考工记》曰：“以饬五材。”郑玄注：“此五材，金、木、皮、玉、土。”后又指五种德性。《六韬·论将》曰：“所谓五材者，勇、智、仁、信、忠也。”引入书法，即为综合、调动书法表现的各种主、客观要素。“五材”在这里指书法的各种体式。

65. 八音：我国古代对乐器的统称，即“匏、土、革、木、金、石、丝、竹”八种乐器，语见《尚书》：“帝曰：夔，命汝典乐，教胄子，直而温，宽而栗，刚而无虐，简而无傲，诗言志，歌永言，声依永，律和声。八音克谐，无相夺伦，神人以和。夔曰：於。予击石拊石，百兽率舞。”《周礼·春官·大师》：“皆播之以八音：金、石、土、革、丝、木、匏、竹。”郑玄注：“金，钟镈也；石，磬也；土，埙也；革，鼓鼗也；丝，琴瑟也；木，柷敔也；匏，笙也；竹，管箫也。”

66. 随珠：又名明月珠隋、侯珠、灵蛇珠，泛指珍宝或珍宝中的上品。《淮南子·览冥训》曰：“隋侯见大蛇伤断，以药敷之，后蛇于江中衔大珠以报之，因曰隋侯之珠。”

67. 得鱼获兔，犹恡筌蹄：恡，吝惜；筌，又作“荃”，捕鱼的竹篮；蹄，猎兔的工具。语见《庄子·外物》：“筌者所以在鱼，得鱼而忘筌；蹄者所以在兔，得兔而忘蹄。”后以此典比喻达到目的，不计较手段或工具。

68. 南威：美女名，即南之威。典出《战国策·魏策二》：“晋文公得南之威，三日不听朝，遂推南之威而远之。曰：‘后世必有以色亡其国者’。”

69. 惠侯：事见南朝宋·虞龢《论书表》：“中世宗室诸王尚多，素嗤贵游，不甚爱好，朝廷亦不搜求，人间所秘，往往不少。新渝惠侯雅所爱重，悬金招买，不计贵贱。而轻薄之徒锐意摹学，以茅屋漏汁染变纸色，加以劳辱，使类久书，真伪相糅，莫之能别。故惠侯所蓄，多有非真。然招聚既多，时有佳迹，如献之《吴兴》二笺，足为名法。”惠侯，即新渝惠侯，宋武帝刘裕异母弟刘道邻五子刘义宾的长子刘综。

70. 蔡邕（133—192 年）：字伯喈，陈留圉（今河南开封）人，东汉书法家、文学家、音律家，汉献帝时曾拜左中郎将，故后人也称他“蔡中郎”。

71. 孙阳：即伯乐，善相马者，春秋中期郜国（今山东成武）人。

72. 朝菌不知晦朔，蟪蛄不知春秋晦朔：阴历每月初一为朔，最后一日为晦；蟪蛄，一种春生夏死或夏生秋死的昆虫，即寒蝉。此语见《庄子·逍遥游》，原文为：“小知不及大知，小年不及大年，奚以知其然也。朝菌不知晦朔，蟪蛄不知春秋。此小年也。”说明因为自身客观条件限制，人在认识上的局限不可避免。

73. 岂可执冰而咎夏虫哉：语见《庄子·秋水》：“北海若曰：井蛙不可以语于海者，拘于虚也；夏虫不可以语于冰者，笃于时也；曲士不可以语于道者，束于教也；今尔出于涯涘，观于大海，乃知尔丑，尔将可与语大理矣。”“虫”于《四库全书》本作“蟲”，注曰：“改作‘虫’。”夏虫，夏天的虫，比喻识见短浅的人。

74. 垂拱：唐睿宗李旦的年号（685—688 年），但是实际上武则天操纵朝政，睿宗无实权，所以历史上人们把它算作武则天的年号。垂拱三年，即公元 687 年。

（四）精解

1. 质与妍

质：质朴、天然，不加修饰之意；妍：既有文饰之意，亦有妍美流便之意。“质”最早作为道德修养范畴的提出见于《论语·卫灵公第十五》子曰：“君子义以为质，礼以行之，孙以出之，信以成之，君子哉！”意指人内在品质之“义”与外在表现之“礼”的统一，即强调人的外在美和内在美的结合。《论语·雍也第六》：“质胜文则野，文胜质则史，文质彬彬，然后君子。”这里的“质”指内在的率性、本真、天然不假修饰之美；“文”则指表现的修饰、装饰、描绘之美。孙过庭所说的“质”和“妍”，即是对儒家“质”与“文”思想的继承和发扬。

2. 龙蛇云露之流、龟鹤花英之类

指上古文字草创时描摹自然万象所成的字体和先秦时一些装饰性的字体样式。如：龙书、云书、鸟书、虫书等，见唐·韦续《墨薮·卷一》，总结有五十六种书体曰：“龙书”“八穗书”“云书”“鸾凤书”“蝌文书”“仙人形书”“龟书”“虎书”“鸟书”“鱼书”“仙人篆”“麒麟书”“传信鸟迹书”“芝英书”“鹤头书”“蚊脚书”“蛇书”“龙爪书”“鬼书”“花书”等。

3. 怡怿虚无

怡，和悦愉快；怿，喜悦；虚无，空无、空虚、空无一物。怡怿虚无是指王羲之书《黄庭经》时具有超然忘怀的心境。虚：《管子·心术上》曰：“虚者，万物之始也。”又：“天之道，虚其无形。”道家用来形容“道”的无形无象和宇宙的原始状态，亦指万物产生之始。无：《老子》曰：“天下万物生于有，有生于无。”又，三国魏王弼《〈老子〉注》亦曰：“天下之物，皆以有为生，有之所始，以无为本。”虚无，并不是一无所有，而是最高层面的丰富，于艺术创作，指形式上的超然和精神内涵的无限丰富之境。

4. 私门诫誓

是指王羲之永和十一年三月九日所书《告誓文》的因由。其时，王羲之故吏王述为扬州刺史，王羲之为会稽内史，为述之下属。述却忘怀故交，常与右军作难，右军轻其为人，耻为述之下臣，遂称病去郡，于父母墓前自誓，不再出仕，因作是文。此事见于《晋书·王羲之传》，文曰：“时骠骑将军王述少有名誉，与羲之齐名，而羲之甚轻之，由是情好不协。述先为会稽，以母丧居郡境，羲之代述，止一吊，遂不重诣。述每闻角声，谓羲之当候己，辄洒扫而待之。如此者累年，而羲之竟不顾，述深以为恨。及述为扬州刺史，将就征，周行郡界，而不过羲之，临发，一别而去。先是，羲之常谓宾友曰：‘怀祖正当作尚书耳，投老可得仆射。更求会稽，便自邈然。’及述蒙显授，羲之耻为之下，遣使诣朝廷，求分会稽为越州。行人失辞，大为时贤所笑。既而内怀愧叹，谓其诸子曰：‘吾不减怀祖，而位遇悬邈，当由汝等不及坦之故邪！’述后检察会稽郡，辩其刑政，主者疲于简对。羲之深耻之，遂称病去郡，于父母墓前自誓”云云。

5. 阳舒阴惨

阳舒：即阳气舒发，春夏为阳；阴惨：阴气惨淡，秋冬为阴。阴阳：本意指日光的向背。即向日为阳，背日为阴，历来引申为气候的寒暖。古代思想家以此来解释自然界两种对立和相互消长的物质实力。《老子》曰：“万物负阴抱阳”，《易传》曰：“一阴一阳谓之道”，把阴阳交替看作宇宙的根本规律。东汉·董仲舒《春秋繁露》曰：“春之言犹偆也，偆者，喜乐之貌也；秋之言犹湫也，湫者，犹悲之状也。”描述了自然四时生长、发展、变化和消亡的自在秩序。古代书论中很早即引入“阴阳”的概念，如（传）东汉·蔡邕《九势》：“夫书，肇于自然，自然既立，阴阳生焉；阴阳既生，形势出矣。藏头护尾，力在字中，下笔用力，肌肤之丽。故曰：势来不可止，势去不可遏，惟笔软则奇怪生焉。”（传）东晋·王羲之《白云先生书诀》曰：“阳气明则华壁立，阴气泰则风神生。”所言者为书法所内含之阴（阴柔、飘逸、舒缓……）、阳（阳刚、坚实、激越……）二种美在书法中对立统一、相反相成、此消彼长的审美形态。而这一审美状态又是基于自然的阴阳变化之序，经由创作主体的情绪波澜、技巧表达所实现的。

6. 性与情

性：指人的自然质性，通常指人性。《孟子·告子》："生之谓性"；《礼记·中庸》："天命之谓性"，朱熹注曰："性，即理也"；又为佛教名词，意为：事物内在的和不可改变的本质。作为书法美学范畴的术语，其意为：书家本身感性的心理世界，指先天、永恒、虚静无为的精神本性，于书作中体现为性情、气质、个性、性灵、才性、心性、率性等。情，一般指书法审美中表现出的审美感情、审美情绪，指书家因外物而产生的喜怒哀乐之情，是审美心理主体结构的基本范畴，常指后天的、变动的、活跃有为的心理欲求，属于动态的心理；与"性"相对，"情"常与"神""理""意""志""性"等相联系，表示书法创作的不同状态和书家的即时情绪，"神情""性欲"，下文"情涯""性情"等即由此生发。

7. 筋骨

指书写之笔力具有劲健灵活、脉络连贯的生命韵味，体现为笔画线条则为挺拔刚健，神彩焕然。（传）东晋·王羲之《用笔赋》曰："藏骨抱筋，含文保质"；唐·张怀瓘《文字论》曰："以筋骨立形，以神采润色"；宋·米芾《海岳名言》曰："筋骨之说出于柳，世人但以怒张为筋骨，不知不怒张自有筋骨"；清·蒋和《书法正宗》曰："运笔之法，斜正上下，平侧偃仰，八面出锋，始筋骨内含，精神外露，风采焕发，奕奕有神"。

8. 至若老姥遇题扇，初怨而后请；门生获书机，父削而子懊

此二语典出南朝宋·虞龢《论书表》，文曰："旧说羲之罢会稽，住蕺山脚下，一老妪捉十许六角扇出市，王聊问一枚几何？云值二十许。右军取笔书扇，扇为五字，妪大怅惋云：'举家朝餐，惟仰于此，何乃书坏。'王曰：'但言王右军书字，索一百。'入市，市人竞市去。妪复以十数扇来请书，王笑而不答。"又云："（王羲之）尝诣门生家，设佳馔亿甚盛。感之，欲以书相报，见有一新棐床几，至滑净，乃书之，草、正相半。门生送王归郡，还家，其父已刮净，生失书，惊懊累日。”此事又载于《晋书·王羲之传》：“（羲之）尝诣门生家，见棐几滑净，因书之，真、草相半，后为其父误刮去之，门生惊懊者累日；又，尝在蕺山，见一老姥持六角竹扇卖之。羲之书其扇，各为五字，姥初有愠色，因谓姥曰：‘但言是王右军书，以求百钱邪。’姥如其言，人竞买之。他日姥又持扇来，羲之笑而不答。其书为世所重，皆此类也。”

（五）参考文献

1. 孙过庭：《书谱》，台湾故宫博物院藏真迹影印本，上海书画出版社 2001 年版。

2. 张彦远编：《法书要录》，《津逮秘书》本。

3. 《墨薮》，光绪五年归安陆氏十万卷楼刻本。

4. 陈思：《书苑菁华》，光绪十年新会刘氏藏修书屋《藏修堂丛书》本。

5. 姚铉编：《唐文粹》，浙江人民出版社 1986 年版。

6. 潘运告主编：《宣和书谱》，湖南美术出版社 1999 年版。

7. 欧阳修等：《新唐书》，中华书局 1975 年版。

8. 纪昀等：《四库全书总目提要》，台湾商务印书馆影印文渊阁四库全书本。

9. 董诰等：《全唐文》，中华书局 1983 年版。

10. 王原祁等：《佩文斋书画谱》，中国书店 1984 年版。

11. 卢辅圣主编：《中国书画全书》，上海书画出版社 2002 年版。

12. 上海书画出版社编辑：《历代书法论文选》，上海书画出版社 1980 年版。

13. 朱建新：《孙过庭〈书谱〉笺证》，中华书局 1963 年版。

14. 朱关田：《中国书法史隋唐五代卷》，江苏教育出版社 1999 年版。

15. 朱关田：《唐代书法考评》，浙江人民美术出版社 1991 年版。

16. 张天弓：《张天弓先唐书学考辨文集》，荣宝斋出版社 2009 年版。

17. 孙过庭：《书谱》，中华书局 2012 年版。

（六）延伸阅读

（宋）姜夔《续书谱》

总论

真行草书之法，其源出于虫篆、八分、飞白、章草等。圆劲古澹，则出于虫篆；点画波发，则出于八分；转换向背，则出于飞白；简便痛快，则出于章草。然而真草与行，各有体制。欧阳率更、颜平原辈以真为草，李邕、西台辈以行为真，亦以古人有专工正书者，有专工草书者，有专工行书者，信乎其不能兼美也。或云，草书千字，不抵行草十字；行草十字，不如真书一字。意以为草至易而真至难，岂真知书者哉！大抵下笔之际，尽仿古人，则少神气；专务遒劲，则俗病不除。所贵熟习精通，心手相应，斯为美矣。白云先生、欧阳率更书诀亦能言其梗概，孙过庭论之又详，可参稽之。

真书

真书以平正为善，此世俗之论，唐人之失也。古今真书之神妙，无出锺元常，其次则王逸少。今观二家之书，皆潇洒纵横，何拘平正？良由唐人以书判取士，而士大夫字书，类有科举习气。颜鲁公作《干禄字书》，是其证也。矧欧、虞、颜、柳，前后相望，故唐人下笔，应规入矩，无复魏晋飘逸之气。且字之长短、大小、斜正、疏密，天然不齐，孰能一之？谓如“东”字之长，“西”字之短，“口”字之小，“體”字之大，“朋”字之斜，黨字之正，“千”字之疏，

“萬”字之密，画多者宜瘦，少者宜肥，魏晋书法之高，良由各尽字之真态，不以私意参之耳或者专喜方正，极意欧、颜；或者惟务匀圆，专师虞、永。或谓体须稍扁，则自然平正，此又有徐会稽之病。或云欲其萧散，则自不尘俗，此又有王子敬之风。岂足以尽书法之美哉！

真书用笔，自有八法，吾尝采古人之字，列之以为图，今略言其指：点者，字之眉目，全藉顾盼精神，有向有背，随字异形。横直画者，字之骨体，欲其竖正匀静，有起有止，所贵长短合宜，结束坚实。撇捺者，字之手足，伸缩异度，变化多端，要如鱼翼鸟翅，有翩翩自得之状。挑剔者，字之步履，欲其沉实，或长或短，或向上，或向下，或向右，或向左；或轻出而稍斜，或随衂而峻发，各随字之用处。晋人挑剔蕤带斜拂，或横引向外，至颜、柳始正锋为之，正锋则无飘逸之气。转折者，方圆之法，真多用折，草多用转。折欲少驻，驻则有力；转不欲滞，滞则不遒。然而真以转而后遒，草以折而后劲，不可不知也。悬针者，笔欲极正，自上而下，端若引绳。若垂而复缩，谓之垂露。故翟伯寿问于米老曰：“书法当何如？”米老曰：“无垂不缩，无往不收。”此必至精至熟然后能之。古人遗墨，得其一点一画，皆昭然绝异者，以其用笔精妙故也。大令以来，用笔多失，一字之间，长短相补，斜正相拄，肥瘦相混，求妍媚于成体之后，至于今尤甚焉。

用笔

用笔不欲太肥，肥则形浊；又不欲太瘦，瘦则形枯；不欲多露锋芒，露则意不持重；不欲深藏圭角，藏则体不精神；不欲上大下小，不欲左高右低，不欲前多后少。欧阳率更结体太拘，而用笔特备众美，虽小楷而翰墨洒落，追踪锺、王，来者不能及也。颜、柳结体既异古人，用笔复溺于一偏，予评二家为书法之一变。数百年间，人争效之，字画刚劲高明，固不为书法之无助，而晋、魏之风轨，则扫地矣。然柳氏大字，偏旁清劲可喜，更为奇妙。近世亦有仿效之者，则俗浊不除，不足观。故知与其太肥，不若瘦硬也。

草书

草书之体，如人坐卧行立、揖逊忿争、乘舟跃马、歌舞擗踊，一切变态，非苟然者。又一字之体，率有多变，有起有应，如此起者，当如此应，各有义理。右军书"羲之"字、"当"字、"得"字、"慰"字最多，多至数十字，无有同者，而未尝不同也，可谓所欲不逾矩矣。大凡学草书，先当取法张芝、皇象、索靖章草等，则结体平正，下笔有源。然后仿王右军，申之以变化，鼓之以奇崛。若泛学诸家，则字有工拙，笔多失误，当连者反断，当断者反续，不识向背，不知起止，不悟转换，随意用笔，任笔赋形，失误颠错，反为新奇。自大令以未，已如此矣，况今世哉！然而襟韵不高，记忆虽多，莫湔尘俗。若风神萧散，下笔便当过人。自唐以前多是独草，不过两字属连。累数十字而不断，号曰连绵、游丝，此虽出于古人，不足为奇，更成大病。古人作草，如今人作真，何尝苟且。其相连处，特是引带。尝考其字，是点画处皆重，非点画处偶相引带，其笔皆轻。虽复变化多端，而未尝乱其法度。张颠、怀素规矩最号野逸，而不失此法。近代山谷老人，自谓得长沙三昧，草书之法，至是又一变矣。流至于今，不可复观。唐太宗云："行行若萦春蚓，字字如绾秋蛇。"恶无骨也。大抵用笔有缓有急，有有锋，有无锋，有承接上文，有牵引下字，乍徐还疾，忽往复收。缓以效古，急以出奇；有锋以耀其精神，无锋以含其气味；横斜曲直，钩环盘纡，皆以势为主。然不欲相带，带则近俗；横画不欲太长，长则转换迟；直画不欲太多，多则神痴。以捺"㇏"代"乀"，以发代"辵"，"辵"亦以捺代，惟"丿"则间用之。意尽则用悬针，意未尽须再生笔意，不若用垂露耳。

用笔

用笔如折钗股，如屋漏痕，如锥画沙，如壁坼。此皆后人之论，折钗股欲其曲折圆而有力；屋漏痕欲其横直匀而藏锋；锥画沙欲其无起止之迹；壁坼者，欲其无布置之巧。然皆不必若是，笔正则锋藏，笔偃则锋出，一起一倒，一晦一明，而神奇出焉。常欲笔锋在画中，则左右皆无病矣。故一点一画，皆有三转；一波一拂，皆有三折；一丿又有数样。一点者欲与画相应；两点者欲自相应；三点者必有一点起，一点带，一点应；四点者一起、两带、一应。

《笔阵图》云："若平直相似，状如算子，便不是书。"如"口"，音围。当行草时，尤宜泯其棱角，以宽闲圆美为佳。"心正则笔正"，"意在笔前，字居心后"，皆名言也。故不得中行，与其工也宁拙，与其弱也宁劲，与其钝也宁速。然极须淘洗俗姿，则妙处自见矣。大抵要执之欲紧，运之欲活，不可以指运笔，当以腕运笔。执之在手，手不主运；运之在腕，腕不主执。又作字者亦须略考篆文，须知点画来历先后，如"左""右"之不同，"剌""刺"之相异，"王"之与"玉"，"礻"之与"衤"，以至"奉""秦""泰""春"，形同体殊，得其源本，斯不浮矣。孙过庭有执、使、转、用之法：执为长短浅深，使为纵横牵掣，转为钩环盘纡，用为点画向背。岂苟然哉！

用墨

凡作楷，墨欲干，然不可太燥。行草则燥润相杂，以润取妍，以燥取险。墨浓则笔滞，燥则笔枯，亦不可不知也。笔欲锋长劲而圆，长则含墨，可以取运动；劲则刚而有力，圆则妍美。予尝评世有三物，用不同而理相似：良弓引之则缓来，舍之则急往，世俗谓之揭箭；好刀按之则曲，舍之则劲直如初，世俗谓之回性；笔锋亦欲如此，若一引之后，已曲不复挺，又安能如人意邪？故长而不劲，不如弗长；劲而不圆，不如弗劲。纸笔墨，皆书法之助也。

行书

尝夷考魏、晋行书，自有一体，与草书不同。大率变真，以便于挥运而已。草出于章，行出于真，虽曰行书，各有定体。纵复晋代诸贤，亦不相远。《兰亭记》及右军诸帖第一，谢安石、大令诸帖次之，颜、柳、苏、米，亦后世之可观者。大要以笔老为贵，少有失误，亦可辉映。所贵乎秾纤间出，血脉相连，筋骨老健，风神洒落，姿态备具，真有真之态度，行有行之态度，草有草之态度。必须博学，可以兼通。

临摹

摹书最易。唐太宗云："卧王濛于纸中，坐徐偃于笔下"，亦可以嗤萧子云。唯初学书者，不得不摹，亦以节度其手，易于成就。皆须是古人名笔，置之几案，悬之座右，朝夕谛观，思其用笔之理，然后可以摹临。其次双钩蜡本，须精意摹拓，乃不失位置之美耳。临书易失古人位置，而多得古人笔意；摹书易得古人位置，而多失古人笔意。临书易进，摹书易忘，经意与不经意也。夫临摹之际，毫发失真则神情顿异，所贵详谨。世所有《兰亭》，何啻数百本？而《定武》为最佳。然《定武本》有数样，今取诸本参之，其位置、长短、大小，无不一同，而肥瘠、刚柔、工拙要妙之处，如人之面，无有同者。以此知《定武》虽石刻，又未必得真迹之风神矣。字书全以风神超迈为主，刻之金石，其可苟哉！双钩之法，须得墨晕不出字外，或廓填其内，或朱其背，正得肥瘦之本体。虽然，尤贵于瘦，使工人刻之，又从而刮治之，则瘦者亦变而肥矣。或云双钩时须倒置之，则亦无容私意于其间。诚使下本明，上纸薄，倒钩何害？若下本晦，上纸厚，却须能书者为之，发其笔意可也。夫锋芒圭角，字之精神，大抵双钩多失。此又须朱其背时，稍致意焉。

方圆

方圆者，真草之体用。真贵方，草贵圆。方者参之以圆，圆者参之以方，斯为妙矣。然而方圆、曲直，不可显露，直须涵泳一出于自然。如草书尤忌横直分明，横直多则字有积薪、束苇之状，而无萧散之气。时参出之，斯为妙矣。

向背

向背者，如人之顾盼、指画、相揖、相背。发于左者应于右，起于上者伏于下。大要点画之间，施设各有情理，求之古人，右军盖为独步。

位置

假如立人、挑土、“田”、“王”、“衣”、“示”，一切偏旁皆须令狭长，则右有余地矣。在右者亦然。不可太密、太巧。太密、太巧者，是唐人之病也。假如“口”字，在左者皆须与上齐，“鸣”“呼”“喉”“咙”等字是也；在右者皆须与下齐，“和”“扣”等是也。又如“宀”头须令覆其下，“走”“辵”皆须能承其上。审量其轻重，使相负荷，计其大小，使相副称为善。

疏密

书以疏欲风神，密欲老气。如“佳”之四横，“川”之三直，“鱼”之四点，“画”之九画，必须下笔劲净，疏密停匀为佳。当疏不疏，反成寒乞；当密不密，必至凋疏。

风神

风神者，一须人品高，二须师法古，三须笔纸佳，四须险劲，五须高明，六须润泽，七须向背得宜，八须时出新意。自然长者如秀整之士，短者如精悍之徒，瘦者如山泽之癯，肥者如贵游之子，劲者如武夫，媚者如美女，欹斜如醉仙，端楷如贤士。

迟速

迟以取妍，速以取劲。先必能速，然后为迟。若素不能速而专事迟，则无神气；若专务速，又多失势。

笔势

下笔之初，有搭锋者，有折锋者，其一字之体，定于初下笔。凡作字，第一字多是折锋，第二、三字承上笔势，多是搭锋。若一字之间，右边多是折锋，应其左故也。又有平起者，如隶画；藏锋者，如篆画。大要折搭多精神，平藏善含蓄，兼之则妙矣。

情性

艺之至，未始不与精神通，其说见于昌黎《送高闲序》。孙过庭云：一时而书，有乖有合，合则流媚，乖则凋疏。神怡务闲，一合也；感惠徇知，二合也；时和气润，三合也；纸墨相发，四合也；偶然欲书，五合也。心遽体留，一乖也；意违势屈，二乖也；风燥日炎，三乖也；纸墨不称，四乖也；情怠手阑，五乖也。乖合之际，优劣互差。

血脉

字有藏锋出锋之异，粲然盈楮，欲其首尾相应，上下相接为佳。后学之士，随所记忆，图写其形，未能涵容，皆支离而不相贯穿。《黄庭》小楷与《乐毅论》不同，《东方朔画赞》又与《兰亭记》殊旨。一时下笔，各有其势，固应尔也。余尝历观古之名书，无不点画振动，如见其挥运之时。山谷云："字中有笔，如禅句中有眼。"岂欺我哉！

书丹

笔得墨则瘦，得朱则肥。故书丹尤以瘦为奇，而圆熟美润常有余，燥劲老古常不足，朱使然也。欲刻者不失真，未有若书丹者。然书时盘簿，不无少劳。韦仲将升高书凌云台榜，下则须发已白。艺成而下，斯之谓欤！若钟繇、李邕，又自刻之，可谓癖矣。

四　(宋)郭熙《林泉高致》选读

(一) 题解

(宋) 郭熙《早春图》

郭熙（约1023—1085年），字淳夫，河阳温县（今河南孟州市）人，世称“郭河阳”。生有异性，才爽过人。熙宁年间为御画院艺学，官至翰林待制。擅长山水，初年多巧细工致，后学李成，锐意摹写，深入堂奥，融贯既久，自成一家，所画寒林，得渊深旨趣，画巨障高壁，长松巨木，善得云烟出没，峰峦隐现之态，无论是构图、笔法，都被称为独步一时。他是与同时代的关仝、李咸、范宽齐名的“北派”山水画大师，在宋神宗年间极受赏识，当时皇殿四壁都有他的墨迹。苏东坡有诗云：“玉堂对卧郭熙画，发兴已有青林间。”李成、郭熙都能用丹青水墨，合成一体，当时画院众人争学他们的画法。他常论山的画法说：“春山淡冶而如笑，夏山苍翠而如滴，秋山明净而如妆，冬山惨淡而如睡。”常游名山大川，实地写生。他善作鬼面石，乱云皴、鹰爪松针、杂叶相半。他主张绘画要与现实生活相联系。反对“不可居”“不可游”的虚无缥缈的山

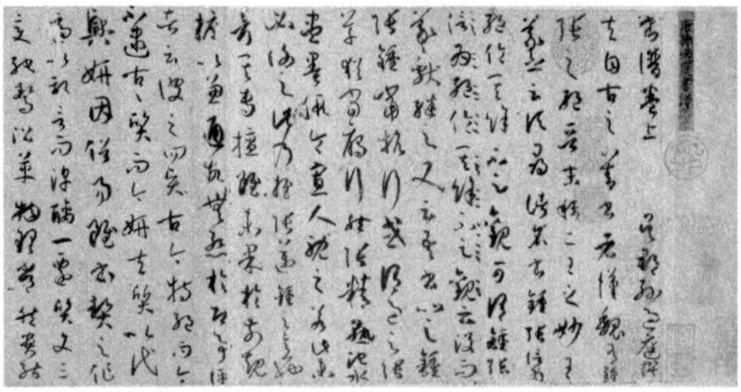

（唐）孙过庭《书谱序》（局部）

水，反对“因袭守旧”，主张在“兼收众览”的同时师法自然。其作品有《早春图》《春山访友图》《江山万里图》《关山春雪图》《幽谷图》《溪山秋霁图》等。这些作品尺幅浩瀚，雄奇壮丽，画树以行、草书笔法，皴法因质而变化，故有“鬼面石、乱云皴、鹰爪树”之称，足见他的创意之新。

郭熙的山水画创作经验，由其子郭思（？—1130 年）整理成《林泉高致》。这是一篇重要的绘画理论著作，总结了传统绘画的经验。创“高远”“平远”“深远”的“三远法”，为我国山水画的散点透视奠定了基础，一直是中国山水画理的经典之一。全书包括《山水训》《画意》《画诀》《画题》《画格拾遗》《画记》6 篇。前四篇为郭熙艺术创作经验的论述，后两篇为郭思记述郭熙生平及创作情况，是研究郭熙创作的重要资料。《林泉高致》强调画家对自然景物的观察与研究，认为画家应选取动人的景色加工提炼，造成富有理想的情趣和意境。提倡画家要有丰富的修养，严肃的创作态度；对山水画的取景与构图、细部与整体之间关系，都有具体论述。其艺术主张至今仍具有指导意义。

（二）原文

山水训

君子之所以爱夫山水者，其旨安在？丘园，养素[1]所常处也；泉石，啸傲所常乐也；渔樵，隐逸所常适也；猿鹤，飞鸣所常亲也。尘嚣缰锁，此人情所常厌也。烟霞仙圣，此人情所常愿而不得见也。直以太平盛日，君亲之心[2]两隆，苟洁一身出处，节义斯系[3]，岂仁人高蹈远引，为离世绝俗之行，而必与箕、颍埒素[4]黄、绮[5]同芳哉！《白驹》[6]之诗，《紫芝》[7]之咏，皆不得已而长往者也。然则林泉之志，烟霞之侣，梦寐在焉，耳目断绝，今得妙手郁然出之，不下堂筵，坐穷泉壑，猿声鸟啼依约在耳，山光水色，滉漾夺目[8]，此岂不快人意，实获我心哉，此世之所以贵夫画山之本意也。不此之主而轻心临之，岂不芜杂神观[9]，溷浊清风也哉！画山水有体，铺舒为宏图而无余，消缩为小景而不少。看山水亦有体，以林泉之心临之则价高，以骄侈之目临之则价低。

山水，大物也。人之看者，须远而观之，方见得一障山川之形势气象。若士女人物，小小之笔，即掌中几上，一展便见，一览便尽，此皆画之法也。

世之笃论，谓山水有可行者，有可望者，有可游者，有可居者。画凡至此，皆入妙品。但可行可望不如可居可游之为得，何者？观今山川，地占数百里，可游可居之处十无三四，而必取可居可游之品。君子之所以渴慕林泉者，正谓此佳处故也。故画者当以此意造，而鉴者又当以此意穷之，此之谓不失其本意。

画亦有相法，李成[10]子孙昌盛，其山脚地面皆浑厚阔大，上秀而下丰，合有后之相也，非特谓相兼，理当如此故也。

人之学画，无异学书，今取钟、王、虞、柳[11]，久必入其仿佛。至于大人达士，不局于一家，必兼收并览，广议博考，以使我自成一家，然后为得。今齐鲁之士惟摹营丘[12]，关陕之士惟摹范宽[13]，一己之学，犹为蹈袭，况齐鲁关陕，幅员数千里，州州县县，人人作之哉！专门之学，自古为病，正谓出于一律，而不肯听者，不可罪不听之人，迨由陈迹，人之耳目喜新厌故，天下之同情也，故予以为大人达士不局于一家者，此也。

柳子厚[14]善论为文，余以为不止于文。万事有诀，尽当如是，况于画乎！何以言之？凡一景之画，不以大小多少，必须注精以一之。

不精则神不专，必神与俱成之。神不与俱成则精不明；必严重以肃之，不严则思不深；必恪勤以周之，不恪则景不完。故积惰气而强之者，其迹软懦而不决，此不注精之病也；积昏气而汩之者，其状黯猥而不爽，此神不与俱成之弊也。以轻心挑之者，其形略而不圆，此不严重之弊也；以慢心忽之者，其体疏率而不齐，此不恪勤[15]之弊也。故不决则失分解法，不爽则失潇洒法，不圆则失体裁法，不齐则失紧慢法，此最作者之大病出，然可与明者道：思平昔见先子作一二图，有一时委下不顾，动经一二十日不向，再三体之，是意不欲。意不欲者，岂非所谓惰气者乎！又每乘兴得意而作，则万事俱忘，及事汩志挠，外物有一则亦委而不顾。委而不顾者，岂非所谓昏气者乎！凡落笔之日，必明窗净几，焚香左右，精笔妙墨，盥手涤砚，如见大宾，必神闲意定，然后为之，岂非所谓不敢以轻心挑[16]之者乎！已营之又彻之，已增之又润之，一之可矣又再之，再之可矣又复之，每一图必重复终始，如戒严敌然后毕，此岂非所谓不敢以慢心忽之者乎！所谓天下之事，不论大小，例须如此，而后有成。先子向思[17]每丁宁委曲，论及于此，岂非教思终身奉之以为进修之道耶！

学画花者，以一株花置深坑中，临其上而瞰之，则花之四面得矣。学画竹者，取一枝竹，因月夜照其影于素壁之上，则竹之真形出矣。学画山水者何以异此？盖身即山川而取之，则山水之意度见矣。真山水之川谷远望之以取其势，近看之以取其质。真山水之云气四时不同：春融冶，夏蓊郁，秋疏薄，冬黯淡。画见其大象而不为斩刻之形，则云气之态度活矣。真山水之烟岚四时不同，春山淡冶而如笑，夏山苍翠而如滴，秋山明净而如妆，冬山惨淡而如睡[18]。画见其大意而不为刻画之迹，则烟岚之景象正矣。真山水之风雨远望可得，而近者玩习不能究错纵起止之势，真山水之阴晴远望可尽，而近者拘狭不能得明晦隐见之迹。

山之人物以标道路，山之楼观以标胜概，山之林木映蔽以分远近，山之溪谷断续以分浅深。水之津渡桥梁以足人事，水之渔艇钓竿以足人意，大山堂堂为众山之主，所以分布以次冈阜林壑为远近大小之宗主也。其象若大君赫然当阳[19]而百辟[20]奔走朝会，无偃蹇背却之势也。长松亭亭为众木之表，所以分布以次藤萝草木为振契依附之师帅也，其势若君子轩然得时，而众小人为之役使。无凭陵愁挫之态也。山近看如此，远数里看又如此，远十数里看又如此，每远每异，所谓“山形步步移”也。山正面如此，侧面又如此，背面又如此，每看每异，所谓“山形面面看”也。如此是一山而兼数十百山之形状，可得不悉乎！山春夏看如此，秋冬看又如此，所谓“四时之景不同”也。山朝看如此，暮看又如此，阴晴看又如此，所谓“朝暮之变态不同”也。如此是一山而兼数十百山之意态，可得不究乎！春山烟云连绵人欣欣，夏山嘉木繁阴人坦坦，秋山明净摇落人肃肃，冬山昏霾翳塞人寂寂。看此画令人生此意，如真在此山中，此画之景外意也。见青烟白道而思行，见平川落照而思望，见幽人山而思居，见岩扃泉石而思游。看此画令人起此心，如将真即其处，此画之意外妙也。

东南之山多奇秀，天地非为东南私也。东南之地极下，水潦之所归，以漱濯开露之所出，故其地薄，其水浅，其山多奇峰峭壁，而斗出霄汉之外，瀑布千丈飞落于霞云之表。如华山垂溜，非不千丈也，如华山者鲜尔，纵有浑厚者，亦多出地上，而非出地中也。

西北之山多浑厚，天地非为西北偏也。西北之地极高，水源之所出，以冈陇拥肿之所埋，故其地厚，其水深，其山多堆阜盘礴而连延不断于千里之外。介丘有顶而迤逦拔萃于四逵之野。如嵩山少室，非不拔也，如嵩少类者鲜尔，纵有峭拔者，亦多出地中而非地上也。

嵩山多好溪，华山多好峰，衡山多好别岫[21]，常山[22]多好列岫，泰山特好主峰，天台、武夷、庐、霍、雁荡、岷峨、巫峡、天坛、王屋、林庐、武当，皆天下名山巨镇，天地宝藏所出，仙圣窟宅所隐，奇崛神秀莫可穷，其要妙欲夺其造化，则莫神于好，莫精于勤，莫大于饱游饫看，历历罗列于胸中，而目不见绢素，手不知笔墨，磊磊落落，杳杳漠漠，莫非吾画，此怀素[23]夜闻嘉陵江水声而草圣益佳，张颠[24]见公孙大娘舞剑器而笔势益俊者也。今执笔者所养之不扩充，所览之不淳熟，所经之不众多，所取之不精粹，而得纸拂壁，水墨遽下，不知何以掇景于烟霞之表，发兴于溪山之颠哉！后主妄语，其病可数。

何谓所养欲扩充？近者画手有《仁者乐山图》，作一叟支颐于峰畔，《智者乐水图》作一叟侧耳于岩前，此不扩充之病也。盖仁者乐山宜如白乐天[25]《草堂图》，山居之意裕足也。智者乐水宜如王摩诘[26]《辋川图》，水中之乐饶给也。仁智所乐岂只一夫之形状可见之哉！

何谓所览欲淳熟？近世画工，画山则峰不过三五峰，画水则波不过三五波，此不淳熟之病也。盖画山，高者、下者、大者、小者，盎碎向背，颠顶朝揖，其体浑然相应，则山之美意足矣。画水，齐者、汩者、卷而飞激者、引而舒长者，其状宛然自足，则水态富赡也。

何谓所经之不众多？近世画手生于吴越者，写东南之耸瘦；居咸秦者，貌关陇之壮；浪学范宽者，乏营丘之秀；媚师王维者，缺关仝[27]之风骨。凡此之类，咎在于所经之不众多也。

何谓所取之不精粹？千里之山不能尽奇，万里之水岂能尽秀。太行枕华夏而面目者，林虑泰山占齐鲁而胜绝者，龙岩一概画之，版图何异？凡此之类，咎在于所取之不精粹也。

故专于坡陀失之粗，专于幽闲失之薄，专于人物失之俗，专于楼观失之冗，专于石则骨露，专于土则肉多。笔迹不混成谓之疏，疏则无真意；墨色不滋润谓之枯，枯则无生意。水潺湲则谓之死水，云不自在则谓之冻云，山无明晦则谓之无日影，山无隐见则谓之无烟霭。今山日到处明，日不到处晦，山因日影之常形也。明晦不分焉，故曰无日影。今山烟霭到意隐，烟霭不到处见，山因烟霭之常态也。隐见不分焉，故日无烟霭。

山，大物也，其形欲耸拔，欲偃蹇，欲轩豁，欲箕踞，欲盘礴，欲浑厚，欲雄豪，欲精神，欲严重，欲顾盼，欲朝揖，欲上有盖，欲下有乘，欲前有据，欲后有倚，欲下瞰而若临观，欲下游而若指麾，此山之大体也。

水，活物也，其形欲深静，欲柔滑，欲汪洋，欲回环，欲肥腻，欲喷薄，欲激射，欲多泉，欲远流，欲瀑布插天，欲溅扑入地，欲渔钓怡怡，欲草木欣欣，欲挟烟云而秀媚，欲照溪谷而光辉，此水之活体也。

山以水为血脉，以草木为毛发，以烟云为神彩，故山得水而活，得草木而华，得烟云而秀媚。水以山为面，以亭榭为眉目，以渔钓为精神，故水得山而媚，得亭榭而明快，得渔钓而旷落，此山水之布置也。

山有高有下，高者血脉在下，其肩股开张，基脚壮厚，峦岫冈势培拥相勾连，映带不绝，此高山也。故如是高山谓之不孤，谓之不什。下者血脉在上，其颠半落，项领相攀，根基庞大，堆阜臃肿，直下深插，莫测其浅深，此浅山也。故如是浅山谓之不薄，谓之不泄。高山而孤，体干有什之理，浅山而薄，神气有泄之理，此山水之体裁也。

石者，天地之骨也，骨贵坚深而不浅露。水者，天地之血也，血贵周流而不凝滞。

山无烟云，如春无花草。山无云则不秀，无水则不媚，无道路则不活，无林木则不生，无深远则浅，无平远则近，无高远则下。

山有三远：自山下而仰山巅，谓之高远；自山前而窥山后，谓之深远；自近山而望远山，谓之平远。高远之色清明，深远之色重晦；平远之色有明有晦；高远之势突兀，深远之意重迭，平远之意冲融而缥缥缈缈。其人物之在三远也，高远者明了，深远者细碎，平远者冲淡。明了者不短，细碎者不长，冲淡者不大，此三远也。

山有三大，山大于木，木大于人。山不数十里如木之大，则山不大；木不数十百如人之大，则木不大。木之所以比夫人者，先自其叶，而人之所以比大木者，先自其头。木叶若干可以敌人之头，人之头自若干叶而成之，则人之大小，木之大小，山之大小，自此而皆中程度，此三大也。

山欲高，尽出之则不高，烟霞锁其腰则高矣。水欲远，尽出之则不远，掩映断其流则远矣。盖山尽出不唯无秀拔之高，兼何异画碓嘴！水尽出不唯无盘折之远，兼何异画蚯蚓！

正面溪山林木盘折，委曲铺设，其景而来不厌其详，所以足人目之近寻也。傍边平远，峤岭重迭，钩连缥缈而去，不厌其远，所以极人目之旷望也。远山无皴，远水无波，远人无目。非无也，如无耳。

画 意

世人止知吾落笔作画，却不知画非易事。庄子说画史“解衣盘礴”[28]，此真得画家之法。人须养得胸中宽快，意思悦适，如所谓易直子谅，油然之心生[29]，则人之笑啼情状，物之尖斜偃侧，自然布列于心中，不觉见之于笔下。晋人顾恺之必构层楼以为画所，此真古之达士！不然，则志意已抑郁沉滞，局在一曲，如何得写貌物情，摅发人思哉！假如工人斫琴得峄阳孤桐，巧手妙意洞然于中，则朴材在地，枝叶未披，而雷氏[30]成琴，晓然已在于目。其意烦悖体，拙鲁闷嘿之人，见铦凿利刀，不知下手之处，焉得焦尾五声扬音于清风流水哉！更如前人言“诗是无形画，画是有形诗”，哲人多谈此言，吾人所师。余因暇日阅晋唐古今诗什，其中佳句有道尽人腹中之事，有装出目前之景，然不因静居燕坐，明窗净几，一炷炉香，万虑消沉，则佳句好意亦看不出，幽情美趣亦想不成，即画之主意亦岂易！及乎境界已熟，心手已应，方始纵横中度，左右逢原。世人将就率意，触情草草便得[31]，思因记先子尝所诵道古人清篇秀句，有发于佳思而可画者，并思亦尝旁搜广引，先子谓为可用者，咸录之于下：

女几山头春雪消，路傍仙杏发柔条。心期欲去知何日，惆望回车下野桥。羊士谔《望女几山》

独访山家歇还涉，茅屋斜连隔松叶。主人闻语未开门，绕篱野菜飞黄蝶。长孙佐辅《寻山家》

南游兄弟几时还，知在三湘五岭间，独立衡门秋水阔，寒鸦飞去日沉山。窦巩

钓罢孤舟系苇梢，酒开新瓮鲊开包。自从江浙为渔父，二十余年手不叉。无名氏

舍南舍北皆春水，但见群鸥日日来。渡水蹇驴只耳直，避风羸仆一肩高。卢雪诗

行到水穷处，坐看云起时。王摩诘

六月杖藜来石路，午阴多处听潺湲。王介甫

数声离岸橹，几点别州山。魏野

远水兼天净，孤城隐雾深。老杜

犬眠花影地，牛牧雨声陂。李后村

密竹滴残雨，高峰留夕阳。夏侯叔简

天遥来雁小，江阔去帆孤。姚合

雪意未成云着地，秋声不断雁连天。钱惟演

春潮带雨晚来急，野渡无人舟自横。韦应物

相看临远水，独自坐孤舟。郑谷

画　诀

凡经营下笔，必合天地。何谓天地？谓如一尺半幅之上，上留天之位，下留地之位，中间方立意定景。见世之初学，据案把笔下去，率尔立意，触情涂抹，满幅看之，填塞人目，已令人意不快，那得取赏于潇洒，见情于高大哉！

山水先理会大山，名为主峰。主峰已定，方作以次，近者、远者、小者、大者，以其一境主之于此，故曰主峰，如君臣上下也。

林石先理会大松，名为宗老。宗老意定，方作以次，杂窠、小卉、女萝、碎石，以其一山表之于此，故曰宗老，如君子小人也。

山有戴土，山有戴石。土山戴石，林木瘦耸；石山戴土，林木肥茂。木有在山，木有在水。在山者，土厚之处有千尺之松；在水者，土薄处有数尺之檗。水有流水，石有盘石；水有瀑布，石有怪石。瀑布练飞于林木表，怪石虎蹲于路隅。雨有欲雨，雪有欲雪；雨有大雨，雪有大雪；雨有雨霁，雪有雪霁；风有急风，云有归云；风有大风，云有轻云。大风有吹沙走石之势，轻云有薄罗引素之容。店舍依溪不依水冲，依溪以近水，不依水冲以为害。或有依水冲者，水虽冲之，必无水害处也。村落依陆不依山，依陆以便耕，不依山以为耕远。或有依山者，山之间必有可耕处也。

大松大石必画于大岸大波之上，不可作于浅滩平渚之边。

一种使笔不可反为笔使，一种用墨不可反为墨用。笔与墨，人之浅近事，二物且不知所以操纵，又焉得成绝妙也哉！此亦非难，近取诸书法，正与此类也。故说者谓王右军[32]喜鹅，意在取其转项。如人之执笔转腕以结字，此正与论画用笔同。故世之人多谓善书者往往善画，盖由其转腕用笔之不滞也。或曰墨之用何如？答曰：用焦墨，用宿墨，用退墨，用埃墨，不一而足，不一而得。

砚用石，用瓦，用盆，用瓮，片墨用精墨而已，不必用东川与西山，笔用尖者、圆者、粗者、细者、如针者、如刷者。运墨有时而用淡墨，有时而用浓墨，有时而用焦墨，有时而用宿墨，有时而用退墨，有时而用厨中埃墨，有时而取青黛杂墨水而用之。用淡墨六七加而成深，即墨色滋润而不枯燥。用浓墨、焦墨欲特然取其限界，非浓与焦则松林石角不了然，故尔了然，然后用青墨水重迭过之，即墨色分明，常如雾露中出也。淡墨重迭旋旋而取之谓之干，淡以锐笔横卧惹惹而取之谓之皴，擦以水墨再三而淋之谓之渲，以水墨滚同而泽之谓之刷，以笔头直往而指之谓之捽，以笔头特下而指之谓之擢。以笔端而注之谓之点，点施于人物，亦施于木叶，以笔引而去之谓之画，画施于楼屋，亦施于松针。雪色用淡浓墨作浓淡，但墨之色不一而染就烟色就缣素本色萦拂，以淡水而痕之，不可见笔墨迹。风色用黄土或埃墨而得之，土色用淡墨、埃墨而得之。石色用青黛和墨而浅深取之，瀑布用缣素本色，但焦墨作其旁以得之。

水色春绿、夏碧、秋青、冬黑，天色春晃、夏苍、秋净、冬黯。画之处所须冬燠夏凉，宏堂邃宇，画之志思须百虑，不干神盘意豁。老杜诗所谓“五日画一水，十日画一石”，“能事不受相蹙逼，王宰[33]始肯留真迹”，斯言得之矣！

画　题

《世说》[34]所载戴安道一事，安道就陈留范宣学，宣之读书抄书，安道皆学，至于安道学画，宣乃以为无用而不喜。安道于是取《南都赋》，为宣画其所赋内前代衣冠宫室，人物鸟兽，草木山川，莫不毕具，而一一有所证据，有所征考，宣跃然从之曰：“画之有益。”如是然后重画。然则自帝王、名公、臣儒相袭，而画者皆有所为述作也。如今成都周公礼殿，有西晋益州刺史张牧[35]画三皇五帝，三代至汉以来，君臣圣贤人物，灿然满殿，令人识万世礼乐，故王右军恨不克见。而今士大夫之室，则世之俗工下吏，务眩细巧，又岂知古人于画事别有意旨哉！

一种画春夏秋冬各有始终晓暮之类，品意物色便当分解，况其间各有趣哉！其他不消拘四时，而经史诸子中故事又各须临时所宜者为可，谓如春有早春云景，早春雨景，残雪早春，雪霁早春，雨霁早春，烟雨早春，寒云欲雨春，春雨春霭，早春晚景，晓日春山，春云欲雨，早春烟霭，春云出谷，满溪春溜，春雨春风作斜风细雨，春山明丽，春云如白鹤，皆春题也。

夏有夏山晴霁，夏山雨霁，夏山风雨，夏山早行，夏山林馆，夏雨山行，夏山林木怪石，夏山松石平远，夏山雨过，浓云欲雨，骤风急雨，又曰飘风急雨，夏山雨罢云归，夏雨溪谷溅瀑，夏山烟晓，夏山烟晚，夏日山居，夏云多奇峰，皆夏题也。

秋有初秋雨过，平远秋霁，亦曰秋山雨霁，秋风雨霁，秋云下陇，秋烟出谷，秋风欲雨，又曰西风欲雨，秋风细雨，亦曰西风骤雨，秋晚烟岚，秋山晚意，秋山晚照，秋晚平远，远水澄清，疏林秋晚，秋景林石，秋景松石，平远秋景，皆秋题也。

冬有寒云欲雪，冬阴密雪，冬阴霰雪，朔风飘雪，山涧小雪，回溪远雪，雪后山家，雪中渔舍，舣舟沽酒，踏雪远沽，雪溪平远，又曰风雪平远，绝涧松雪，松轩醉雪，水榭吟风，皆冬题也。

晓有春晓，秋晓，雨晓，雪晓，烟风晓色，秋烟晓色，春霭晓色，皆晓题也。

晚有春山晚照，雨过晚照，雪残晚照，疏林晚照，平川返照，远水晚照，暮山烟霭，僧归溪寺，客到晚扉，皆晚题也。

松有双松、三松、五松、六松，怪木、古木、老木，垂岸怪木，垂崖古木，乔松至一望松，皆视寿用青松、长松。

思尝见先子作连山一望松，带一望不断之意，于一幅上为之一老人以一手抚面，前大松作极引望之意，其老人若为寿星所献之人云。

石有怪石、坡石、松石，兼云松者也。林石兼之林木，秋江怪石，怪石之在秋江也，江上蓼花，蒹葭之致，可以映带远近，作一二也。

云有云横谷口，云出岩间，白云出岫，轻云下岭。

烟有烟横谷口，烟出溪上，暮霭平林，轻烟引素，春山烟岚，秋山烟霭。

水有回溪濺瀑，松石濺瀑，云岭飞泉，雨中瀑布，雪中瀑布，烟溪瀑布，远水鸣榔，云溪钓艇。

杂有水村渔舍，凭高观耨，平沙落雁，溪桥酒家，桥梁樵子，皆杂题也。

（三）注疏

1. 养素：涵养素性。语出嵇康《幽愤诗》："志在守朴，养素全真。"

2. 君亲之心：忠君孝亲之心。隆：盛，兴。

3. 出处：出于朝而处于野，指做官与不做官。节义，节操礼仪。

4. 箕、颍埒素：箕山、颍水。尧时贤者巢父、许由隐遁于箕山之下，颍水之阳，以躲避尧禅让天下。埒（liè），等同。素，素材，辞官隐居。

5. 黄、绮：指秦末商山四隐士（商山四皓）中的夏黄公，本名崔广，因隐居夏里修道而得名。与绮里季，原名吴实，曾帮刘盈保住太子位，所隐居商山。

6.《白驹》：《诗经·小雅》篇名，小序谓大夫刺宣王不能用贤而作。白驹：白马。有贤人不被重用乘白驹远去之意。

7.《紫芝》：古歌名。相传秦末"商山四皓"以世乱退隐而作。《乐府诗集》作《采芝操》。其辞有"晔晔紫芝，可以疗饥"。紫芝，木耳的一种。表达追求自在，遁世隐逸的志向。

8. 不下堂筵六句：写观画者的感受，这种怡情悦目的感受，正是人们珍视山水画的原因所在。滉漾：浮动闪烁的样子。

9. 神观：神异的目力，犹言慧眼。又指作画者的情志。

10. 李成（919—967 年）：五代宋初画家，字咸熙。系唐宗室。师从荆浩、关仝，擅画山水。

11. 钟、王、虞、柳：指钟繇、王羲之、虞世南、柳公权。

12. 营丘：即李成。其祖于五代时避乱迁家营丘（今山东青州），故称李营丘。

13. 范宽（950—1032年）：北宋画家，又名中正，字中立，陕西华原（今铜川）人。初学李成，后悟画之道，师法自然，自成一家，与关仝、李成并称“三家山水”。

14. 柳子厚：即柳宗元（773—819年），字子厚，因徙柳州刺史，又称柳柳州。唐著名散文家、诗人。

15. 恪勤：恭谨勤恳。

16. 挑：指涂抹。

17. 思：郭思。先子：祖先，亦称自己的祖先或父亲。此指郭思之父郭熙。以下一段郭思的附注。

18. 春山淡治而如笑四句：清邵梅臣评曰：“余尝谓画山以此四语为诀，能领悟四‘如’字，则墨落情生，斯为无声之诗。”

19. 赫然当阳：（像皇帝那样）很煊赫地朝南而坐。当阳：面向阳，即朝南。

20. 百辟：本指诸侯，后统称臣僚。朝会：诸侯或臣僚朝见君主。春见曰朝，时见曰会。

21. 别岫：突出的山峰。

22. 常山：即恒山，在山西浑源县东，因避汉文帝刘恒讳更名常山。

23. 怀素（737—799年）：唐代书法家，字藏真，以狂草名世。自谓得草圣（东汉张芝）三昧。

24. 张颠：即张旭（约685—759年），字伯高，唐代书法家，擅草书，见公孙大娘舞剑器而得其神。

25. 白乐天：即白居易（772—846年），字乐天，古代著名诗人。

26. 王摩诘：即王维（约701—761年）。唐代著名诗人、画家。

27. 关仝（约907—960年）：五代后梁画家，又作“同”，擅画山水，师荆浩，有出蓝之誉，时谓“关家山水”。为山水画北方画派的杰出代表。

28. 解衣盘礴：语出《庄子·田子方》，即脱衣箕踞。

29. 易直子谅，油然之心生：语出《礼记·乐记》。郑注：“善心生，则寡于利欲；寡于利欲，则乐矣。”《正义》：“易谓和易；直谓正值；子谓子爱；谅谓诚信。”郭熙在这里是要说明精神得到净化而产生的一种纯洁之中的生机、生意。

30. 雷氏：指雷威，宋人，善作琴独往峨眉，著衰人深松中，听其声连延悠扬者，伐以为琴，妙过于桐。

31. 世人将就，率意触情，草草便得：《唐六如画谱》作：“世人将率意触情，岂草草便得？”

32. 王右军：即王羲之。羲之官至右军将军，因称王右军。世传有山阴道士养鹅，羲之往观甚悦，为写《道德经》毕，笼鹅而归。

33. 王宰：唐大历至贞元年间蜀中画家，擅画山水树石。贞元中为韦令公上客。工于山水树石。多画蜀山，玲珑嵌空巧峭，杜甫称其丹青绝伦。清方薰《山静居画论》称：“笔墨之妙，画者意中之妙也，故古人作画，意在笔先。杜陵谓十日一石，五日一水者，非用笔十日五日而成一石一水也。在画时意象经营，先具胸中丘壑，落墨自然神速。”

34. 《世说》：即《世说新语》，南朝宋刘义庆撰，主要记述东汉末年至东晋间名人文士的言行风貌。

35. 张牧：《四库全书》本作“张收”，晋太康中为益州刺史，能画人物。西晋文学家张载、张协、张亢之父。

（四）精解

1. 以林泉之心临之

身为御用画家的郭熙对创作深有心得，“以林泉之心临之”是其最为重要的画论之一。“看山水亦有体，以林泉之心临之则价高，以骄侈之目临之则价低。”林泉与骄侈相对，所谓林泉之心是一种没有尘俗观念，虚静清澈的心境，是人的一种精神上的从容不迫、平和淡泊地寄托高情雅致的审美态度。“价高”与“价低”主要是指山水审美价值的高低。郭熙在这里实际上提出了这样一种观点：以审美的目光而不是以骄侈功利的目光来看山水，才是欣赏山水的最好的态度。山水之美并非功利世俗的，它需要超然脱俗的发现美的心灵。山水之美的审美发现在于人的内心，在于与审美对象的心心相印。然而，世俗的人往往忽视了内心深处对山水的呼应，而以山水画为炫耀显摆、附庸风雅的资本，绘画总是在权贵富豪中流转。郭熙的“以林泉之心临之”，既点出了艺术创造、欣赏者所必须具备的最基本审美心胸，同时也是对回归山水“林泉之心”的振臂高呼。

从主体精神来讲，“林泉之心”是一种意念集中、超越欲望功利的精神状态。它使画家的精神沉浸下来，使画家的一切审美心理功能都处于最敏锐的状态，这样，画家就易于深入客体，从而迅速把握客体的审美属性。

2. “四可”说：有可行者，有可望者，有可游者，有可居者

郭熙提出山水“四可”说：世之笃论，谓山水有可行者，有可望者，有可游者，有可居者。画凡至此，皆入佳品。但可行可望不如可行可游之为得，何者？现今山川，地占数百里，可游可居之处十无三四，而必取可居可游之品。君子之所以渴慕林泉者，正谓此佳处故也。

3. 身即山川而取之

与“林泉之心”相呼应，郭熙提出“身即山川而取之”的创作论。不挟带任何个人成见，不以我的喜怒哀乐之情强加给山，我将自身拟于山川，于是我的心便可体悟山水的形神意趣。画家要对自然山水作直接的审美观照，只有直接的观照，才能发现自然山水的审美形象。与宗炳《画山水序》中“神思”与“澄怀”相类。先虚其怀抱，去其俗念，使个人的内在心灵进入“虚静”的状态后，方可如“空潭泻春”“古镜照神”那样映现出山水“质有趣灵”的形质，使自己的神思畅达、心与天地万物同游，尔后进入物我同化的艺术境界。正如宗白华所说：“中国绘画里所表现的最深心灵究竟是什么？它所表形的精神是一种‘深沉静默地与这无限的自然、无限的太空浑然融化，体合为一’。”

4. “注精以一之”

所谓“注精以一”，就是画家在创作时，精神要处于高度积聚、积极活跃的状态。如明代的徐渭说：“气不精则杂，杂则驰，而不杂不驰则精，常精为熟，斯则神矣。”故郭熙提出创作时有四要：一要“注精”，二要“神俱”，三要“严肃”，四要“恪勤”。“注精”“神俱”是指作画时精神专注，将心力倾注于笔墨；“严肃”是指态度要严谨认真，对对象作深切而完整的把握；“恪勤”指创作后，须再三对作品加以反省，进行修饰。只有做到这四要，“人须养得胸中宽快，意思悦适，如所谓易直子谅，油然之心生，则人之笑啼情状，物之尖斜偃侧，自然布列于心中，不觉见之于笔下”。唐张彦远在《历代名画记》中也谈到这种作画的境界：“夫运思挥毫，自以为画，则愈失于画矣；运思挥毫，意不在于画，故得于画矣。不滞于手，不凝于心，不知然而然。”只有“注精”才能“解衣盘礴，得画家之法”，达到“境界已熟，心手相应；方始纵横中度，左右逢源”的美学境界。

5. “神好”“精勤”

郭熙十分重视从生活中汲取营养，认清生活的本质，热爱自然，作为自己创作的源泉。因此郭熙指出，“妙欲夺其造化，则莫神于好，莫精于勤，莫大于饱游饫看，历历罗列于胸中”。并提出创作四法：“所养欲扩充、所经欲众多、所览欲淳熟、所取欲精粹”。

6.“三远”法

在郭熙之前，对山水画的透视问题已经开始探讨。如宗炳的《画山水序》说“竖画三寸，当千仞之高；横墨数尺，体百里之迥”。王维在《山水论》也提出“远人无目，远树无枝，远山无石”。而郭熙的“三远”论，将中国画的空间层次意识阐述得更为透彻和精辟。郭熙长于构图，经营位置，他通过“高远”“深远”和“平远”，概括了空间审美关系的建构，体现了其独特的空间审美意识。

高远之势突兀，“高远”应该是“远”而“高”，郭熙在谈到“高远”的意境时说：“山欲高，尽出之则不高，烟霞锁其腰则高也。水欲远，尽出之则不远，掩映断其流则远矣。盖山尽出，不惟无秀拔之高，兼何异画碓嘴。水尽出，不惟无攀折之远，兼何异画蚯蚓”。显然，画面上的山如果全部画出来，则不足以突显高山之“清明突兀”之势。如果用“烟霞锁其腰”，则山之高深莫测。

深远之意重叠，从其作品《幽谷图》中，我们可以感受到“深远”应当理解为山水重叠曲折的纵深变化感觉和表现。画面表现雪后山谷景色，两边崖壁陡立，峡谷幽深，谷后远峰隐现，表现出深远的空间感。丘壑用淡墨勾廓，柔和灵动的乱云皴勾山石，崖壁几枝老树，枝杈劲健，墨色浓重，突出古木顽强之生命力。全图笔墨无多，取局部景致而表达出深旷的意境。

平远之意冲融，“冲”即平缓淡泊。“平远”若只是“平视”，视线会在远距离处产生一个灭点，形成“近大远小”视觉效果，视线范围相对狭小或受前景所阻，这显然不符合平缓空阔、缥缥缈缈之意。

在郭熙看来，平远的山水当亦如此：“一障乱山，几数百里，烟嶂连绵，矮林小宇，依稀相映，看之令人意兴无穷”，这是“平远”的所产生的“意境”。

无论是“高远”“深远”还是“平远”，落脚点都在于一个“远”字。“远”的空寂，使人的思绪跟随着山水的“远”而无限地延伸，从山水画的“远”扩展到人的精神内涵的“远”。“三远”将人带到无际、美妙的境界，使人被凡俗尘嚣所污渎的心灵和情感，得以暂时的解脱及澄清。

（五）参考文献

1. 宗炳：《画山水序》，《历代画论名著汇编》，文物出版社 1982 年版。

2. 张彦远：《历代名画记》，《历代名画论著汇编》，文物出版社 1982 年版。

3. 王维：《山水论》，《历代名画论著汇编》，文物出版社 1982 年版。

4. 饶尚宽译注：《老子》，中华书局 2006 年版。

5. 郭庆藩撰，王孝渔点校：《庄子集释》，中华书局 1961 年版。

6. 徐复观：《中国艺术精神》，商务印书馆 2010 年版。

7. 朱光潜：《文艺心理学》，复旦大学出版社 2009 年版。

8. 宗白华：《艺境》，商务印书馆 2011 年版。

9. ［美］苏珊·朗格：《艺术问题》，滕守尧译，南京出版社 2006 年版。

10. ［美］鲁道夫·阿恩海姆：《艺术与视知觉》，滕守尧译，四川人民出版社 1998 年版。

（六）延伸阅读

（五代）荆浩《笔法记》

太行山有洪谷，其间数亩之田，吾常耕而食之。有日登神镇山四望，回迹入大岩扉，苔径露水，怪石祥烟，疾进其处，皆古松也。中独围大者，皮老苍藓，翔鳞乘空，蟠虬之势，欲附云汉。成林者，爽气重荣；不能者，抱节自屈。或回根出土，或偃截巨流，挂岸盘溪，披苔裂石。因惊其异，遍而赏之。明日携笔复就写之，凡数万本，方如其真。明年春，来于石鼓岩间，遇一叟。因问，具以其来所由而答之。叟曰："子知笔法乎?"曰："叟，仪形野人也，岂知笔法邪?"叟曰："子岂知吾所怀耶?"闻而惭骇。叟曰："少年好学，终可成也。夫画有六要：一曰气，二曰韵，三曰思，四曰景，五曰笔，六曰墨。"曰："画者，华也。但贵似得真，岂此挠矣。"叟曰："不然。画者，画也。度物象而取其真。物之华，取其华；物之实，取其实。不可执华为实。若不知术，苟似，可也；图真，不可及也。"曰："何以为似?何以为真?"叟曰："似者，得其形，遗其气。真者，气质俱盛，凡气传于华，遗于象，象之死也。"谢曰："故知书画者，名贤之所学也。耕生知其非本，玩笔取与，终无所成。惭惠受要，定画不能。"叟曰："嗜欲者，生之贼也。名贤纵乐琴书图画，代去杂欲。子既亲善，但期终始所学，勿为进退。图画之要，与子备言：气者，心随笔运，取象不惑。韵者，隐迹立形，备仪不俗。思者，删拔大要，凝想形物。景者，制度时因，搜妙创真。笔者，虽依法则，运转变通，不质不形，如飞如动。墨者，高低晕淡，品物浅深，文采自然，似非因笔。"复曰："神、妙、奇、巧。神者，亡有所为，任运成象。妙者，思经天地，万类性情，文理合仪，品物流笔。奇者，荡迹不测，与真景或乖异，致其理偏，得此者亦为有笔无思。巧者，雕缀小媚，假合大经，强写文章，增邈气象，此谓实不足而华有余。"

凡笔有四势，谓筋、肉、骨、气。笔绝而不断，谓之筋。起伏成实，谓之肉。生死刚正，谓之骨。迹画不败，谓之气。故知墨大质者，失其体；色微者，败正气；筋死者，无肉；迹断者，无筋；苟媚者，无骨。夫病有二：一曰无形，二曰有形。有形病者，花木不时，屋小人大，或树高于山，桥不登于岸，可度形之类也。是如此之病，尚可改图。无形之病，气韵俱泯，物象全乖，笔墨虽行，类同死物，以斯格拙，不可删修。

子既好写云林山水，须明物象之源。夫木之为生，为受其性。松之生也，枉而不曲遇，加密如疏，非青非翠，从微自直，萌心不低。势既独高，枝低复偃，倒挂未坠于地下，分层似叠于林间，如君子之德风也。有画如飞龙蟠虬，狂生枝叶者，非松之气韵也。柏之生也，动而多屈，繁而不华，捧节有章，文转随日，叶如结线，枝似衣麻。有画如蛇如素，心虚逆转，亦非也。其有楸、桐、椿、栎、榆、柳、桑、槐，形质皆异，其如远思即合，一一分明也。山水之象，气势相生。故尖曰峰，平曰顶，圆曰峦，相连曰岭，有穴曰岫，峻壁曰崖，崖间崖下曰岩，路通山中曰谷，不通曰峪，峪中有水曰溪，山夹水曰涧。其上峰峦虽异，其下岗岭相连，掩映林泉，依稀远近。

夫画山水，无此象亦非也。有画流水，下笔多狂，文如断线，无片浪高低者，亦非也。夫雾云烟霭，轻重有时，势或因风，象皆不定，须去其繁章，采其大要。先能知此是非，然后受其笔法。曰：“自古学人，孰为备矣?”叟曰：“得之者少。谢赫品陆之为胜，今已难遇亲踪。张僧繇所遗之图，甚亏其理。夫随类赋彩，自古有能；如水晕墨章，兴我唐代。故张璪员外树石，气韵俱盛，笔墨积微；真思卓然，不贵五彩；旷古绝今，未之有也。麹庭与白云尊师，气象幽妙，俱得其元，动用逸常，深不可测。王右丞笔墨宛丽，气韵高清，巧写象成，亦动真思。李将军理深思远，笔迹甚精，虽巧而华，大亏墨彩。项容山人树石顽涩，棱角无踪，用墨独得玄门，用笔全无其骨，然于放逸，不失真元气象，无大创巧媚。吴道子笔胜于象，骨气自高，树不言图，亦恨无墨。陈员外及僧道芬以下，粗升凡俗，作用无奇，笔墨之行，甚有行迹。今示子之径，不能备词。”遂取前写者异松图呈之。叟曰：“肉笔无法，筋骨皆不相转，异松何之能用？我既教子笔法。”乃资素数幅，命对而写之。叟曰：“尔之手，我之心。吾闻察其言而知其行。子能与吾言咏之乎？”谢曰：“乃知教化，圣贤之职也。禄与不禄，而不能去。善恶之迹，感而应之。诱进若此，敢不恭命。”因成古松，赞曰：“不凋不荣，惟彼贞松。势高而险，屈节以恭。叶张翠盖，枝盘赤龙。下有蔓草，幽阴蒙茸。如何得生，势近云峰。仰其擢干，偃举千重。巍巍溪中，翠晕烟笼。奇枝倒挂，徘徊变通。下接凡木，和而不同。以贵诗赋，君子之风。风清非歇，幽音凝空。”叟嗟异久之，曰：“愿子勤之，可忘笔墨而有真景。吾之所居，即石鼓岩间，所字即石鼓岩子也。”曰：“愿从传之。”叟曰：“不必然也。”遂亟辞而去。别日访之而无踪。后习其笔术，尝重所传。今进修集，以为图画之轨辙耳。

五 （清）石涛《画语录》选读

（一）题解

石涛（约 1641—1708 年），原名朱若极，号石涛，明靖江王朱亨嘉之子。明亡后出家为僧，法号原济，别号大涤子、清湘老人、苦瓜和尚。与弘仁、髡残、朱耷合称“清初四僧”。不仅是清初重要画家，也是颇有见地的画论家。《苦瓜和尚语录》是石涛绘画理论思想的总结。全书分 18 章，依次为：一画章、了法章、变法章、尊受章、笔

（清）石涛《搜尽奇峰打草稿图卷》

墨章、运腕章、絪缊章、山川章、皴法章、境界章、蹊径章、林木章、海涛章、四时章、远尘章、脱俗章、兼字章、资任章。前 4 章围绕“一画”论，就画法原理发挥见解，高屋建瓴，多有精义。第 5 章至第 17 章，就山水形象、意境、笔墨、格调、书画关系等，展开讨论，以基本原理贯穿其中。末一章揭示出对发挥创造性的认识。全书 18 章，先讲原理，次述运腕，最终引申出理论主张，构成一个完整有机的山水画理论体系。

石涛在思想方法上受到禅宗和玄学的局限性，在语言表述上也受到禅宗语录体的影响，此书在理论范畴、理论概念上独具特色，尤其“搜尽奇峰打草稿”的主张，对中国古代绘画美学影响极大。

本选本据知不足斋本为底本，参《昭代丛书》《清瘦阁读画十八种本》等以校。此书另一版本名《画谱》，据石涛手写本刻印，前有康熙四十九年（1710 年）胡琪序。两本字句略有不同，后者较简。

（二）原文

一画章第一

太古无法，太朴不散。太朴一散，而法立矣[1]。法于何立？立于一画[2]。一画者，众有之本，万象之根[3]。见用于神，藏用于人，而世人不知，所以一画之法，乃自我立[4]。立一画之法者，盖以无法生有法，以有法贯众法也。夫画者，从于心者也。山川人物之秀错，鸟兽草木之性情，池榭楼台之矩度，未能深入其理，曲尽其态，终未得一画之洪规也[5]。行远登高，悉起肤寸，此一画收尽鸿蒙[6]之外，即亿万万笔墨，未有不始于此而终于此，惟听人之握取之耳。人能以一画具体而微[7]，意明笔透。腕不虚，则画非是；画非是，则腕不灵。动之以旋，润之以转，居之以旷，出如截，入如揭[8]。能圆能方，能直能曲，能上能下，左右均齐，凸凹突兀，断截横斜，如水之就深，如火之炎上，自然而不容毫发强也[9]。用无不神而法无不贯也，理无不入而态无不尽也。信手一挥，山川人物，鸟兽草木，池榭楼台，取形用势[10]，写生揣意，运情摹景，显露隐含。人不见其画之成，画不违其心之用。盖自太朴散而一画之法立矣，一画之法立而万物著矣。我故曰："吾道一以贯之。[11]"

了法章第二

规矩者，方圆之极则也；天地者，规矩之运行也[12]。世知有规矩，而不知夫乾旋坤转之义[13]。此天地之缚人于法，人之役法于蒙[14]。虽攘[15]先天后天之法，终不得其理之所存。所以有是法不能了者，反为法障之也[16]。古今法障不了，由一画之理不明。一画明，则障不在目，而画可从心。画从心，而障自远矣。夫画者，形天地万物者也[17]。舍笔墨，其何以形之哉！墨受于天，浓淡枯润随之；笔操于人，勾皴烘染随之。古之人，未尝不以法为也。无法则于世无限焉[18]。是一画者，非无限而限之也。非有法而限之也。法无障，障无法。法自画生，障自画退。法障不参[19]，而乾旋坤转之义得矣，画道彰矣，一画了矣。

变化章第三

古者，识之具也[20]。化者，识其具[21]而弗为也。具古以化，未见夫人也。尝憾其泥古不化者，是识拘之也。识拘于似则不广，故君子惟借古以开今也[22]。又曰："至人无法。[23]"非无法也，无法而法，乃为至法。凡事有经必有权，有法必有化[24]。一知其经，即变其权；一知其法，即功于化[25]。夫画，天下变通之大法也，山川形势之精英也，古今造物之陶冶也，阴阳气度之流行也，借笔墨以写天地万物，而陶泳乎我也[26]。今人不明乎此，动[27]则曰：“某家皴点，可以立脚；非似某家山水，不能传久。某家清澹，可以立品；非似某家工巧，只足娱人。”是我为某役，非某家为我用也。纵逼似某家，亦食某家残羹耳，于我何有哉！或有谓余曰：“某家博我也，某家约我也[28]。我将于何门户，于何阶级，于何比拟，于何效验，于何点染，于何鞹皴[29]，于何形势，能使我即古，而古即我？”如是者，知有古而不知有我者也。我之为我，自有我在。古之须眉，不能生在我之面目；古之肺腑，不能安入我之腹肠。我自发我之肺腑，揭我之须眉。纵有时触着某家，是某家就我也，非我故为某家也，天然授之也。我于古何师而不化之有？

尊受章第四

受与识，先受而后识也。识然后受，非受也[30]。古今至明之士，籍其识而发其所受[31]，知其受而发其所识。不过一事之能，其小受小识也。未能识一画之权，扩而大之也。夫一画，含万物于中。画受墨，墨受笔，笔受腕，腕受心。如天之造生，地之造成，此其所以受也。然贵乎人能尊，得其受而不尊，自弃也。得其画而不化，自缚也。夫受，画者必尊而守之，强而用之，无间于外，无息于内[32]。《易》曰：“天行健，君子以自强不息。”此乃所以尊受之也。

笔墨章第五

古之人，有有笔有墨者，亦有有笔无墨者，亦有有墨无笔者[33]。非山川之限于一偏，而人之赋受不齐也[34]。墨之溅笔也以灵，笔之运墨也以神。墨非蒙养不灵，笔非生活不神[35]。能受蒙养之灵，而不解生活之神，是有墨无笔也。能受生活之神，而不变蒙养之灵，是有笔无墨也。山川万物之具体，有反有正，有偏有侧，有聚有散，有近有远，有内有外，有虚有实，有断有连，有层次，有剥落，有丰致，有缥缈，此生活之大端也[36]。故山川万物之荐灵于人，因人操此蒙养生活之权。苟非其然，焉能使笔墨之下，有胎有骨，有开有合，有体有用，有形有势，有拱有立，有蹲跳，有潜伏，有冲霄，有崱屴，有磅礴，有嵯峨，有巑岏，有奇峭，有险峻，一一尽其灵而足其神[37]！

运腕章第六

或曰："绘谱画训，章章发明，用笔用墨，处处精细。自古以来，从未有山海之形势，驾诸空言，托之同好。想大涤子性分太高，世外立法，不屑从浅近处下手耶！[38]"异哉斯言也！受之于远，得之最近；识之于近，役之于远。一画者，字画下手之浅近功夫也；变画者，用笔用墨之浅近法度也；山海者，一丘一壑之浅近张本也[39]；形势者，鞹皴之浅近纲领也。苟徒知方隅之识，则有方隅之张本[40]。譬如方隅中有山焉，有峰焉，斯人也，得之一山，始终图之，得之一峰，始终不变。是山也，是峰也，转使脱瓿雕凿于斯人之手，可乎不可乎[41]？且也形势不变，徒知鞹皴之皮毛；画法不变，徒知形势之拘泥；蒙养不齐，徒知山川之结列；山林不备，徒知张本之空虚。欲化此四者，必先从运腕入手也。腕若虚灵，则画能折变。笔如截揭，则形不痴蒙。腕受实，则沉著透澈；腕受虚，则飞舞悠扬；腕受正，则中直藏锋；腕受仄，则攲斜尽致；腕受疾，则操纵得势；腕受迟，则拱揖有情；腕受化，则浑合自然；腕受变，则陆离谲怪；腕受奇，则神工鬼斧；腕受神，则川岳荐灵[42]。

絪缊章第七

笔与墨会，是为絪缊[43]；絪缊不分，是为混沌[44]。辟混沌者，舍一画而谁耶？画于山则灵之，画于水则动之，画于林则生之，画于人则逸之。得笔墨之会，解氤氲之分，作辟浑沌手，传诸古今，自成一家，是皆智得之也。不可雕凿，不可板腐，不可沉泥[45]，不可牵连，不可脱节，不可无理。在于墨海中立定精神，笔锋下决出生活，尺幅上换去毛骨，混沌里放出光明。纵使笔不笔，墨不墨，画不画，自有我在。盖以运夫墨，非墨运也；操夫笔，非笔操也；脱夫胎，非胎脱也。自一以分万，自万以治一。化一而成氤氲，天下之能事毕矣。

山川章第八

得乾坤之理者，山川之质也；得笔墨之法者，山川之饰也[46]。知其饰而非理，其理危矣；知其质而非法，其法微矣[47]。是故古人知其微、危，必获于一。一有不明，则万物障。一无不明，则万物齐。画之理，笔之法，不过天地之质与饰也。山川，天地之形势也。风雨晦明，山川之气象也；疏密深远，山川之约径也[48]；纵横吞吐，山川之节奏也；阴阳浓淡，山川之凝神也；水云聚散，山川之联属也[49]；蹲跳向背，山川之行藏也。高明者，天之权也[50]；博厚者，地之衡[51]。风云者，天之束缚山川也；水石者，地之激跃山川也。非天地之权衡，不能变化山川之不测；虽风云之束缚，不能等九区之山川于同模[52]；虽水石之激跃，不能别山川之形势于笔端。且山水之大，广土千里，结云万里，罗峰列嶂。以一管窥之，即飞仙恐不能周旋也；以一画测之，即可参天地之化育也[53]。测山川之形势，度地土之广远，审峰嶂之疏密，识云烟之蒙昧。正踞千里，邪睨万重，统归于天之权、地之衡也[54]。天有是权，能变山川之精灵；地有是衡，能运山川之气脉；我有是一画，能贯山川之形神。此予五十年前，未脱胎于山川也，亦非糟粕其山川，而使山川自私也。山川使予代山川而言也，山川脱胎于予也，予脱胎于山川也。搜尽奇峰打草稿也。山川与予神遇而迹化也，所以终归之于大涤也。

皴法章第九

笔之于皴也，开生面也[55]。山之为形万状，则其开面非一端。世人知其皴，失却生面。纵使皴也，于山乎何有！或石或土，徒写其石与土，此方隅之皴也，非山川自具之皴也。如山川自具之皴，则有峰名各异，体奇面生，具状不等，故皴法自别。有卷云皴、劈斧皴、披麻皴、解索皴、鬼面皴、骷髅皴、乱柴皴、芝麻皴、金碧皴、玉屑皴、弹窝皴、矾头皴、没骨皴，皆是皴也[56]。必因峰之体异，峰之面生。峰与皴合，皴自峰生。峰不能变皴之体用，皴却能资峰之形势。不得其峰，何以变？不得其皴，何以现？峰之变与不变，在于皴之现与不现。皴有是名，峰亦有是形。如天柱峰、明星峰、莲花峰、仙人峰、五老峰、七贤峰、云台峰、天马峰、狮子峰、峨眉峰、琅琊峰、金轮峰、香炉峰、小华峰、匹练峰、回雁峰。是峰也居其形，是皴也开其面。然于运墨操笔之时，又何待有峰皴之见？一画落纸，众画随之；一理才具，众理附之。审一画之来去，达众理之范围；山川之形势得定，古今之皴法不殊。山川之形势在画，画之蒙养在墨，墨之生活在操，操之作用在持。善操运者，内实而外空。因受一画之理，而应诸万方，所以毫无悖谬。亦有内空而外实者，因法之化，不假思索，外形已具，而内不载也。是故古之人，虚实中度，内外合操，画法变备，无疵无病。得蒙养之灵，运用之神，正则正，仄则仄，偏侧则偏侧。若夫面墙尘蔽而物障，有不生憎于造化者乎？

境界章第十

分疆三叠两段，似乎山水之失，然有不失之者，如自然分疆者，“到江吴地尽，隔岸越山多”是也[57]。每每写山水，如开辟分破，毫无生活，见之即知。分疆三叠者，一层山，二层树，三层山，望之何分远近？写此三叠，奚啻印刻[58]？两段者，景在下，山在上，俗以云在中，分明隔做两段。为此三者，先要贯通一气，不可拘泥。分疆三叠两段，偏要空手作用，才见笔力。即入千峰万壑，俱无俗迹。为此三者入神，则于细碎有失，亦不碍矣。

蹊径章第十一

写画有蹊径六则：对景不对山，对山不对景，倒景，借景，截断，险峻[59]。此六则者，须辩明之。对景不对山者，山之古貌如冬，景界如春，此对景不对山也。树木古朴如冬，其山如春，此对山不对景也。如树木正，山石倒；山石正，树木倒，皆倒景也。如空山杳冥，无物生态，借以疏柳嫩竹，桥梁草阁，此借景也。截断者，无尘俗之境，山水树木，剪头去尾，笔笔处处，皆以截断。而截断之法，非至松之笔[60]，莫能入也。险峻者，人迹不能到，无路可入也，如岛山、渤海、蓬莱、方壶[61]，非仙人莫居，非世人可测，此山海之险峻也。若以画图险峻，只在峭峰悬崖，栈道崎岖之险耳。须见笔力是妙。

林木章第十二

古人写树，或三株、五株、九株、十株，令其反正阴阳，各自面目，参差高下，生动有致。吾写松柏、古槐、古桧之法，如三五株，其势似英雄起舞，俯仰蹲立，蹁跹排宕[62]，或硬或软。运笔运腕，大都多以写石之法写之。五指、四指、三指，皆随其腕转，与肘伸去缩来，齐并一力。其运笔极重处，却须飞提纸上，消去猛气。所以或浓或淡，虚而灵，空而妙。大山亦如此法，馀者不足用。生辣中求破碎之相，此不说之说矣[63]。

海涛章第十三

海有洪流，山有潜伏；海有吞吐，山有拱揖；海能荐灵，山能脉运[64]。山有层峦叠嶂，邃谷深崖，巑岏突兀，岚气雾露，烟云毕至，犹如海之洪流，海之吞吐。此非海之荐灵，亦山之自居于海也。海亦能自居于山也。海之汪洋，海之含泓，海之激笑，海之蜃楼雉气，海之鲸跃龙腾，海潮如峰，海汐如岭[65]。此海之自居于山也，非山之自居于海也。山海之自居若是，而人亦有目视之者。如瀛洲、阆苑、弱水、蓬莱、元圃、方壶，纵使棋布星分，亦可以水源龙脉，推而知之[66]。若得之于海，失之于山，得之于山，失之于海，是人妄受之也[67]。我之受也，山即海也，海即山也。山海而知我受也。皆在人一笔一墨之风流也。

四时章第十四

凡写四时之景，风味不同，阴晴各异，审时度候为之。古人寄景于诗，其春曰："每同沙草发，长共水云连。[68]"其夏曰："树下地常荫，水边风最凉。[69]"其秋曰："寒城一以眺，平楚正苍然。[70]"其冬曰："路渺笔先到，池寒墨更圆。[71]"亦有冬不正令者，其诗曰："雪悭天欠冷，年近日添长。[72]"虽值冬似无寒意，亦有诗曰："残年日易晓，夹雪雨天晴。[73]"以二诗论画，"欠冷""添长""易晓""夹雪"，摹之不独于冬，推于三时，各随其令。亦有半晴半阴者，如："片云明月暗，斜日雨边晴。[74]"亦有似晴似阴者："未须愁日暮，天际是轻阴。[75]"予拈诗意以为画意，未有景不随时者。满目云山，随时而变。以此哦之，可知画即诗中意，诗非画里禅乎！

远尘章第十五

人为物蔽，则与尘交[76]；人为物使，则心受劳。劳心于刻画而自毁，蔽尘于笔墨而自拘，此局隘人也，但损无益，终不快其心也。我则物随物蔽，尘随尘交，则心不劳，心不劳则有画矣。画乃人之所有，一画人所未有。夫画贵乎思，思其一，则心有所著而快，所以画则精微之入，不可测矣。想古人未必言此，特深发之[77]。

脱俗章第十六

愚者与俗同识。愚不蒙则智，俗不溅则清。俗因愚受，愚因蒙昧。故至人不能不达，不能不明。达则变，明则化。受事则无形，治形则无迹。运墨如已成，操笔如无为。尺幅管天地山川万物而心淡若无[78]者，愚去智生，俗除清至也。

兼字章第十七

墨能栽培山川之形，笔能倾覆[79]山川之势，未可以一丘一壑而限量之也。古今人物无不细悉，必使墨海抱负，笔山驾驭，然后广其用。所以八极之表，九土之变，五岳之尊，四海之广，放之无外，收之无内[80]。世不执法，天不执能，不但其显于画，而又显于字。字与画者，其具两端，其功一体。一画者，字画先有之根本也；字画者，一画后天之经权也。能知经权而忘一画之本者，是由子孙而失其宗支也[81]；能知古今不泯而忘其功之不在人者，亦由百物而失其天之授也。天能授人以法，不能授人以功；天能授人以画，不能授人以变。人或弃法以伐功[82]，人或离画以务变。是天之不在于人，虽有字画，亦不传焉。天之授人也，因其可授而授之，亦有大知而大授，小知而小授也。所以古今字画，本之天而全之人也。自天之有所授而人之大知小知者，皆莫不有字画之法存焉，而又得偏广者也。我故兼字之论也。

资任章第十八

古之人寄兴与于笔墨，假道于山川，不化而应化[83]，无为而有为，身不炫而名立，因有蒙养之功，生活之操，载之寰宇，已受山川之质也。以墨运观之，则受蒙养之任；以笔操观之，则受生活之任；以山川观之，则受胎骨之任；以鞹皴观之，则受画变之任；以沧海观之，则受天地之任；以坳堂[84]观之，则受须臾之任；以无为观之，则受有为之任；以一画观之，则受万画之任；以虚腕观之，则受颖脱之任。

有是任者，必先资其任之所任，然后可以施之于笔。如不资之，则局隘浅陋，有不任其任之所为。且天之任于山无穷：山之得体也以位，山之荐灵也以神，山之变幻也以化，山之蒙养也以仁，山之纵横也以动，山之潜伏也以静，山之拱揖也以礼，山之纡徐也以和，山之环聚也以谨，山之虚灵也以智，山之纯秀也以文，山之蹲跳也以武，山之峻历也以险，山之逼汉[85]也以高，山之浑厚也以洪，山之浅近也以小。此山天之任而任，非山受任以任天也，人能受天之任而任，非山之任而任人也。由此推之，此山自任而任也，不能迁山之任而任也。是以仁者不迁于仁而乐山也。

山有是任，水岂无任耶？水非无为而无任也。夫水，汪洋广泽也以德，卑下循礼也以义，潮汐不息也以道，决行激跃也以勇，潆洄平一也以法，盈远通达也以察，沁泓鲜洁也以善，折旋朝东也以志。其水见任于瀛潮溟渤之间者，非此素行其任，则又何能周天下之山川，通天下之血脉乎？人之所任于山不任于水者，是犹沉于沧海而不知其岸也，亦犹岸之不知有沧海也。是故知者知其畔岸，逝于川上，听于源泉而乐水也。

非山之任，不足以见天下之广；非水之任，不足以见天下之大。非山之任水，不足以见乎周流；非水之任山，不足以见乎环抱。山水之任不著，则周流环抱无由；周流环抱不著，则蒙养生活无方。蒙养生活有操，则周流环抱有由；周流环抱有由，则山水之任息矣。吾人之任山水也，任不在广，则任其可制；任不在多，则任其可易。非易不能任多，非制不能任广。任不在笔，则任其可传；任不在墨，则任其可受；任不在山，则任其可静；任不在水，则任其可动；任不在古，则任其无荒；任不在今，则任其无障。是以古今不乱，笔墨常存，因其浃洽[86]斯任而已矣。然则此任者，诚蒙养生活之理。以一治万，以万治一。不任于山，不任于水，不任于笔墨，不任于古今，不任于圣人，是任也，是有其资也。

（三）注疏

1. 太古：远古、上古。太朴：浑然未分之世界。法：为通于一切之语。

2. 一画：天地之间一切存在中所蕴含的生命创造精神。《老子》："道生一，一生二，二生三，三生万物。"《说文解字》："惟初太始，道立于一，造分天地，化成万物。"

3. 众有：一切事物，一切存在。万象：一切事物或景象。

4. 神：《易传·系辞上》："阴阳不测之谓神。"世人不知：《易传·系辞上》："百姓日用而不知。"

5. 秀错：山川秀丽复杂交错。矩度：规矩法度。洪规：规则法度。

6. 肤寸：形容极短的长度。鸿蒙：中国古代哲学中形容天地的原始状态的术语之一，表示天地未开辟以前的混沌状态。《庄子·在宥》："云将东游，过扶摇之枝而适遭鸿蒙。"

7. 具体而微：微小而具体。《孟子·公孙丑上》："子夏、子游、子张皆有圣人之一体，冉牛、闵子、颜渊则具体而微。"

8. 出如截：出笔果断有力。入如揭：收笔干净利落。

9. 强：勉强。

10. 形：物的形状。势：物的姿态。

11. 吾道一以贯之：《论语·里仁》："子曰：'参乎，吾道一以贯之。'"石涛借用孔子之语道出"一画"在其画论中的纲领地位。

12. 规：圆规。矩：画方的尺。极则：最高标准。

13. 乾旋坤转：乾、坤是《周易》中的主卦，分别代表天、地。这里指天地之间的变化。

14. 役：使用。蒙：蒙昧。

15. 攘：取得。

16. 是法：乾旋坤转的变化之法。不能了者：了，明了。障：障碍、隔阂。

17. 形天地万物：形象地呈现天地万物。

18. 世：存在。

19. 参：参入。

20. 具：具备，引申为积累。

21. 化：了解传统知识法度，而不为其所拘束。

22. 广：拓展自己的心胸。

23. 至人无法：见《补注东坡编年诗》卷二十六《次东坡韵》："至人无心亦无法，一物不见谁为敌。"《庄子·逍遥游》："至人无己。"至人：最高境界的人。

24. 经：准则。权：变通。经权的概念取自佛学。

25. 功于化：通过变化创造来显示其功能。

26. 陶泳：陶铸融汇。《虬峰文集》卷十五《唐诗援序》："其所以卓荦自命者，皆淘泳于经史中。"淘，同"陶"。

27. 动：往往。

28. 博我：使我广博。约我：使我简要。

29. 效验：验证。鞹（kuò）：去毛的兽皮。《说文解字》："鞹，去毛皮也。"这里是勾勒的意思，中国画技法之一。

30. 受与识：感受和认识。

31. 藉：借助。发：引发。

32. 间：间离。息：消歇。

33. 有笔有墨、有笔无墨、有墨无笔是唐代水墨画出现之后在笔墨方面的不同创作面貌。《图画见闻志》卷二："吴道子画山水有笔而无墨，项容有墨而无笔，吾当采二子所长，成一家之体。"

34. 赋受：禀赋。

35. 蒙养：《周易》的蒙卦，该卦辞为："蒙以养正，圣功也。"

36. 剥落：凋零。丰致：丰满的情致。

37. 荐灵：显露灵气。崱屴：（zè lè）山峰高耸险峻的样子。巑岏：（cuán wán）山高锐貌。

38. 大涤子：石涛于康熙丁丑年在扬州建大涤堂，入住之后，离开佛门，成为在家修行的道教徒，自号大涤子。性分：灵性天分。

39. 张本：布置，计划。

40. 方隅：一定范围的区域。

41. 脱瓿（bù）：照模型翻制。

42. 截揭：快捷而不疑。《一画章》："出如截，入如揭。"痴蒙：模糊不清。仄：倾斜。陆离：变化多端的样子。

43. 氤氲：中国哲学术语，指阴阳二气互相作用的状态。《周易·系辞下传》："天地氤氲，万物化醇。"

44. 混沌：中国哲学用语，指天地未分时浑然一体的状态。《列子·天瑞》："混沌为朴。"

45. 板腐：板滞。郭若虚《图画见闻志》："板者腕若笔痴，全亏取与，物状平褊，不能圆浑也。"沉泥：笔墨拘泥。

46. 饰：外在形式。

47. 危：危亡。微：衰微。

48. 约径：幽深曲折的路。

49. 联属：连接。

50. 权：衡量。

51. 博厚：广博深厚。《中庸》第二十六章："博厚所以载物也，高明所以覆物也。"

52. 九区：古代中国人分天下为九州，又称九区，表示天下。《淮南子·地形训》："九州之大，纯方千里。九州之处，乃有八殥，亦方千里。……西方曰九区，曰泉译。"

53. 参天地之化育：《礼记·中庸》："唯天下至诚，为能尽其性；

能尽其性，则能尽人之性；能尽人之性，则能尽物之性；能尽物之性，则可以赞天地之化育；可以赞天地之化育，则可以与天地参矣。”

54. 邪睨：斜着眼睛看。

55. 开生面：画面呈现出生动的面貌。

56. 卷云皴：笔多屈曲迂回，向中心环抱，像云彩一样。劈斧皴：笔法刚硬，用来描绘坚硬的岩石，像被斧劈开。披麻皴：以线条为主，表现较松软的土质结构。解索皴：由披麻皴变化而来，形似解开的绳索。鬼面皴：皴如鬼脸。骷髅皴：皴入骷髅。乱柴皴：笔法枯而乱，犹如乱堆放的柴火。芝麻皴：小点汇聚而成，又叫雨点皴。金碧皴：金碧山水画采用，用金色勾勒。玉屑皴：由细点构成。弹窝皴：表现石头的孔隙所用。没骨皴：不用墨，用颜色直接画的皴。

57. 分疆：布局，安排构图。叠：层。到江吴地尽，隔岸越山多：来源于唐朝僧人处默《题圣果寺》：“路自中峰上，盘回出薜萝。到江吴地尽，隔岸越山多。古木丛青霭，遥天浸白波。下方城郭近，钟磬杂笙歌。”

58. 奚啻（chì）：何止。

59. 蹊径：这里指方法。

60. 至松之笔：大手笔。

61. 蓬莱、方壶：古人认为位于东海的两座神山名。

62. 蹁跹：旋转的舞姿。排宕：豪迈奔放。

63. 生辣：古时绘画的境界之一。清戴熙《习苦斋画絮》卷四：“董尚书临北苑巨幛，笔势奋迅，墨气飞动，真不愧‘生辣’二子。”

64. 脉运：山脉绵延的气韵。

65. 含泓：汪洋浩瀚的样子。笑：通“啸”。汐：晚潮。

66. 瀛洲：传说中的海上神山。阆苑：传说中神仙住所。弱水：遥远的河流。元圃：昆仑山顶，神仙居所。

67. 妄受：认识片面。

68. 每同沙草发，长共水云连：唐皇甫冉《赋得海边树》：“历历缘荒岸，溟溟入远天。每同沙草发，长共水云连。摇落潮风早，离披海雨偏。故伤游子意，多在客舟前。”（《全唐诗》卷二百五十）

69. 树下地常荫，水边风最凉：宋葛天民《夏日》：“晓荷承坠露，晚岫障斜阳。树下地常荫，水边风最凉。蝉移惊鹊近，鹭起得鱼忙。独坐观群动，闲消夏日长。”（宋陈起《江湖小集》卷六十七）

70. 寒城一以眺，平楚正苍然：南齐谢朓《宣城郡内登望》：“借问下车日，匪直望舒圆。寒城一以眺，平楚正苍然。山积陵阳阻，溪流春谷泉。威纡距遥甸，巉岩带远天。切切阴风暮，桑柘起寒烟。怅望心已极，惝怳魂屡迁。结发倦为旅，平生早事边。谁规鼎食盛，宁要狐白鲜。方弃汝南诺，言税辽东田。”（《谢宣城诗集》卷三）

71. 路渺笔先到，池寒墨更圆：出处不详。

72. 雪悭天欠冷，年近日添长：宋葛天民《湖堤散步》：“照影怜寒水，关情奈夕阳。雪悭天欠冷，年近日添长。好句谁相寄，浮生各自忙。有心聊顿放，无事可思量。”（元方回《瀛奎律髓》卷十三）

73. 残年日易晓，夹雪雨天晴：宋宋自逊《一室》：“一室冷如冰，梅花相对清。残年日易晓，夹雪雨难晴。身计茧千绪，世纷棋一枰。曲生差解事，谈笑破愁城。”（清张豫章《四朝诗》宋诗卷四十三）

74. 片云明月暗，斜日雨边晴：宋唐庚《杂诗》：“水过渔村湿，沙宽牧地平。片云明外暗，斜日雨边晴。山转秋光曲，川长暝色横。瘴乡人自乐，耕钓各浮生。”（元方回《瀛奎律髓》卷十二）

75. 未须愁日暮，天际是轻阴：宋程颢《陈公廙园修禊事席上赋》：“盛集兰亭旧，风流洛社今。坐中无俗客，水曲有清音。香篆来还去，花枝泛复沉。未须愁日暮，天际是轻阴。”（《二程文集》卷一）

76. 尘：尘俗。

77. 特：特地。发：阐发。

78. 心淡若无：《庄子·天道》："圣人之心静乎！天地之监也，万物之镜也。夫虚静恬淡寂漠无为者，天地之平而道德之至，故帝王圣人休焉。"

79. 倾覆：全部圆满呈现。

80. 八极：八方，分别是东、南、西、北、西南、西北、东南、东北，指代天地之间。九土：九州，传说中国古代地理是以九州划分，代指中国。四海：传说古代中国九州大地被四海包围，代指天下。

81. 宗支：同族支派。

82. 伐功：自矜其功。《老子》二十二章："不自伐，故有功；不自矜，故长。"伐，自夸。

83. 不化：不为万物而化，超然于物上。应化：随运而化。《淮南子·精神训》："不化应化，千变万化，而未始有极。"炫：夸耀。寰：宇宙。

84. 坳堂：形容极小或低洼的地方。《庄子·逍遥游》："覆杯水于坳堂之上，则芥为之舟；置杯焉则胶，水浅而舟大也。"

85. 纡（yū）徐：又作"纡余"，迂回曲折。逼汉：逼近云霄。

86. 浃：通达，理解。

（四）精解

1. 一画

石涛喜欢创造概念，"一画"是他所有创造的概念中最重要也最难理解的。"一画"这一概念贯穿了整部画语录，是石涛画论体系中的核心部分，虽然这个术语以前也有人使用，但是石涛的"一画"所注入的概念也是崭新的。关于石涛"一画"之解，学界有多种解释，其中，最重要的是以下两点：

（1）画道说。这种观点认为“一画”和传统画道的观点是一样的。一画就相当于老子哲学中所谈到的“道”。

（2）线条说。这种说法认为“一画”强调的是作画不能故弄玄虚，要一笔一画实实在在地做。

事实上，还有更加合理的说法，就是认为“一画”所讲的理论重点是释放艺术家的创造力，是建立一种无拘无束，从容自在的绘画真法。他将“一画”的根本定位为生命创造，强调个体在当下直接的生命体验，倡导归复真性。

2. 法

“法”的概念是石涛从佛学中借来的。“法”在佛学中本身就具有非常丰富的含义，一切外在存在的具体物象都可以称为“法”。佛学中，法大体可以分为三个含义：（1）作为具体的物存在，是有形的法。（2）作为概念存在，是名相的法。（3）作为性的存在，是法性的法。佛学中，“法”的概念是中性的，并无褒贬之意，佛学中谈到的破法执我执，不是法引起的，是凡夫情识计度产生的执着见解，所造成对真性的遮蔽，所以要破之。这和石涛在绘画中讨论的“法”有密切的关系。

石涛在“了法”一章中谈到，一般来说，可以学习古人，师承古法，也可以观察自然，模拟山川，还可以在生活习惯中找到法。但是这都不是他所表达的法，石涛要表达的“法”不是自古人起的，不是来自对自然的机械摹写，而是随个体的心产生，在绘画史，就是个体在体验当下，所以是在创造中产生。所以他说：“法无障，障无法。”他强调在艺术创作时是对自我的表达，是独立的、当下的，并非对别人的重复。

3. 尊受

“尊受”这一概念也以佛学为基础，但是石涛同时融合了《周易》的观点，这也是他创造的一个重要概念。

受，属于色、受、想、行、识五蕴之一。五蕴实际上是佛教关于人体和其身心现象是由哪些要素构成的理论。五蕴的“蕴”是梵文的音译，意义是积聚或者和合。佛教认为世间一切事物都是由五蕴和合而成，一人的生命个体也是由五蕴和合而成的。在小乘佛教中，受的意思是感受，主要有乐、苦和不苦不乐三种。大乘佛学中，受可以表示感受，也可以表示人自性的归复，是一种无喜无乐的超越心理状态。但是佛教认为，受是虚妄的，因为会引起欲望，打破内心平静，产生烦恼。

石涛的“尊受”一说恰恰是要提倡感受。他认为在绘画创作中，感受、情感是不可缺少的。感受、情感和理性恰当地结合才能创作出优秀的作品。

4. 蒙养

“蒙养”这一概念来自于《周易》蒙卦。蒙卦卦辞云：“蒙以养正，圣功也。”蒙养主要有三个意思：（1）含养德行。（2）教育启蒙。（3）官职名称。但是，蒙养对于石涛来说有着更深层的意思。朱熹释蒙卦：“蒙，昧也，物生之初，蒙昧未明也。”《序卦》曰：“物生必蒙，故受之以蒙，蒙者蒙也，物之稚也，物稚不可不养也。”这里，“蒙”有表达生命最初状态的意思，强调生命之源。石涛采用了这个意思，他认为，山水画创造不是对表象的复制，而是要关注山水物象之原，要原其本然。他的蒙养的概念包括了天蒙、鸿蒙、童蒙等多重含义，总体强调回归天道，以浑然不分之真性来拒斥法之束缚，以贞一不杂之礼来持养性情，达到圆融之境。

5. 生活

“生活”在石涛的画论语境中也是不同于我们平时所说的生活。生活在日常的语境中表达的是人的生存过程中各项活动的总合。

据《说文解字》卷六记载：“生，进也。象草木生出土上，凡生之属皆从生。”意思是说，“生”代表着发育进展，好像是草木从泥土上长出来，凡是与“生”相关的都可以采用“生”作边旁。在词义的发展过程中，“生”的含义发生了巨大变化，“生”首先从“草木破土”之萌发递进为“从无到有”的发生，后又包含了生育、存活的含义。当“生”作为名词使用时，它又代表了一种存在状态，即所谓“生存”。而对于石涛来说，“生活”包含了多个层面：一是指物生机勃勃的状态，一是指自然中的生命的张力，同时也表示生命的勃发，是一种无所不在的创造力。“生活”是画家所必修的功课，是绘画的崇高的审美理想。

（五）参考文献

1. （清）石涛：《画谱》，大涤堂刻本。
2. （清）石涛：《苦瓜和尚画语录》，汪绎辰精抄本。
3. （清）石涛：《画语录》，《昭代丛书》本。
4. （清）石涛：《画语录》，《清瘦阁读画十八种》本。
5. 俞剑华：《石涛画语录》，人民美术出版社 1963 年版。
6. 叶朗：《中国美学史大纲》，上海人民出版社 1985 年版。
7. 周元斌：《苦瓜和尚画语录》，山东画报出版社 2007 年版。
8. 朱良志：《石涛诗文集》，北京大学出版社 2017 年版。

（六）延伸阅读

（清）黄钺《二十四画品》

昔者画缋之事，备于百工。两汉以还，精于学士。谢赫姚最，并有书传。俱称画品。于时山水，犹未分宗，止及像人肖物。钺涂抹余间，乃仿司空表圣之例，著画品廿有四篇，专言林壑理趣。管蠡之曾见，未得其二三。后有作者，为其前驱可耳。

气韵

六法之难，气韵为最。意居笔先，妙在画外。如音栖弦，如烟成霭，天风泠泠，水波濊濊。体物周流，无小无大。读万卷书，庶几心会。

神妙

云蒸龙变，春交树花，造化在我，心耶手耶。驱役象美，不名一家，工似工意，尔象无哗。偶然得之，夫何可加。学徒皓首，茫无津涯。

高古

即之不得，思之不至，寓目得心，旋取旋弃，翻金仙书，拓石鼓字，古雪四山，光塞无地。羲皇上人，或知其意。既无能名，谁泄其秘。

苍润

妙法既臻，菁华日振。气厚则苍，神和乃润。不丰而腴，不刻而俊。山雨洒衣，空翠黏鬓。介乎迹象，尚非精进。如松之阴，匠心斯印。

沉雄

目极万里，心游大荒，魄力破地，天为之昂，括之无遗，恢之弥张。名将临敌，骏马勒缰，诗曰魏武，书曰真卿，虽不能至，夫亦可方。

冲和

暮春晚霁，赪霞日消，风雨虚铎，籁过洞箫。三爵油油，毋餔其糟。举之可见，求之已遥。得非力致，失因意骄。如彼五味，其法维调。

澹起

白云在空，好风不收。瑶琴罢挥，寒漪细流。偶尔坐对，啸歌悠悠。遇简以静，若疾乍瘳。望之心移，即之销忧。于诗为陶，于时为秋。

朴拙

大巧若拙，归朴返真。草衣卉服，如三代人，相遇殊野，相言弥亲，寓显于晦，寄心于身。譬彼冬严，乃和于春，知雄守雌，聚精会神。

超脱

胧有古人，机无留停，意趣高妙，纵其性灵。峨峨天宫，严严仙扃，置身空虚，谁为户庭。遇物自肖，设象自形。如意恣肆，如尘冥冥。

奇辟

造境无难，驱毫维艰，犹之理经，繁无用删。苦思内敛，幽况外颁。极其神妙，天为破悭，洞天清閟，蓬壶幽闲。以手扣扉，砉然启关。

纵横

积法成弊，舍法大好，匪夷所思，势不可了。曰一笔耕，况一笔埽，天地古今，出之怀抱。游戏拾得，终不可保。是自真宰，而敢草草。

淋漓

风驰雨骤，不可求思，苍苍茫茫，我摄得之，兴尽而返，贪则神疲。毋使墨饱，而令笔饥，酒香勃郁，书味华滋。此时一乐，真不可支。

荒寒

边幅不修，精采无既，粗服乱头，有名士气，野水纵横，乱山荒蔚，蒹葭苍苍，白露晞未。洗其铅华，卓尔名贵，佳茗留甘，谏果回味。

清旷

皓月高台，清光大来，眠琴在膝，飞香满怀，冲霄之鹤，映水之梅，意所未设，笔为之开。可以药俗，可以增才。局促瑟缩，胡为也哉。

性灵

耳目既饫，心手有喜，天倪所动，妙不能已。自本自根，亦经亦史，浅窥若成，深探匪止。听其自然，法为之死。譬之诗歌，沧浪孺子。

圆浑

椠以喻地，笠以写天，万象远视，遇方成圆，画亦造化，理无二焉。圆斯气裕，浑则神全，和光熙融，物华娟妍。欲造苍润，斯途其先。

幽邃

山不在高，惟深则幽，林不在茂，惟健乃修。毋理不足，而境是求。毋貌有余，而笔不遒。息之深深，体之休休。脱有未得，扩之以游。

明净

虚亭枕流，荷花当秋，紫蘼的的，碧潭悠悠。美人明装，载桡兰舟，目送心艳，神留于幽。净与花竞，明净水浮，施朱傅粉，徒招众羞。

健拔

剑拔弩张，书家所诮，纵笔快意，画亦不妙。体足用充，神警骨峭，轩然而来，凭虚长啸。大往同难，细入尤要。颊上三毫，裴楷乃笑。

简洁

厚不因多，薄不因少，旨哉斯言，朗若天晓。务简先繁，欲洁去小，人方辞费，我一笔了。喻妙于微，游物之表，夫谁则之，不鸣之鸟。

精谨

石建奏事，书马误四，谨则有余，精则未至。了然于胸，殚神竭智。富于千篇，贫于一字，慎之思之，然后位置，使寸管中，有千古寄。

俊爽

如见真人，云中依稀。如相骏马，毛骨权奇，未尽谛视，先生光辉，气偕韵出，理将妙归。名花午放，彩鸾朝飞。一涉想像，皆成滞机。

空灵

栩栩欲动，落落不群，空兮灵兮，元气细缊。骨疏神密，外合中分，自饶韵致，非关烟云，香销炉中，不火而薰。鸡鸣桑巅，清远扬闻。

韶秀

间架是立，韶秀始基，如济墨海，此为之涯。媚因韶误，嫩为秀歧，但抱骨妍，休憎面媸。有如艳女，有如佳儿，非不可爱，大雅其嗤。

第三章

乐舞畅情

一　（汉）《礼记·乐记》

（一）题解

《乐记》，中国儒家音乐理论专著。西汉成帝时戴圣所辑《礼记》第十九篇的篇名。现存《乐记》较完整地保存在《礼记》卷十九和《史记》卷二十四《乐书》中。

《礼记》中题作《乐记第十九》，约5000余字，包括11子篇：《乐本篇》《乐论篇》《乐礼篇》《乐施篇》《乐言篇》《乐象篇》《乐情篇》《魏文侯篇》《宾牟贾篇》《乐化篇》《师乙篇》等。据西汉刘向言，古代《乐记》共23篇，篇名都记载于他的《别录》一书中。《别录》虽已佚，但唐孔颖达作《礼记注疏》时说，《别录》所载《乐记》的全部篇目，当时还“总存焉”，从孔颖达记载看，这23篇除上述11篇之外，还包括《奏乐篇》《乐器篇》《乐作篇》《意始篇》《乐穆篇》《说律篇》《季札篇》《乐道篇》《乐义篇》《昭本篇》《招颂篇》《窦公篇》等12篇，这12篇已佚。

《乐记》共采《周官》及诸子言乐事者，所本的原书是《周官》及先秦诸子言乐事者。里面包含孔、孟的言论，也有荀况的《乐论》，

《易·系辞传》《左传》《吕览》，以至《礼记》中其他各篇有关的文章。正因为如此，故《乐记》有许多与它们相同，甚至重复。因此，《乐记》不是一人一时之作，而是汉初儒者搜集和整理了先秦谈乐的言论、特别是儒家谈乐的言论综合编辑成的一部著作。它的原作者，应当是先秦儒者，它的编辑者则是汉初儒者，目前学界多认为由西汉河间献王刘德（约前169—前130年）组织人编写。

（二）原文与注疏

乐本篇

凡音之起，由人心生也。人心之动，物使之然也。感于物而动，故形于声[1]。声相应，故生变。变成方，谓之音。比音而乐之[2]，及干、戚、羽、旄[3]，谓之乐。乐者，音之所由生也，其本在人心之感于物也[4]。是故其哀心感者，其声噍以杀[5]；其乐心感者，其声啴[6]以缓；其喜心感者，其声发以散；其怒心感者，其声粗以厉；其敬心感者，其声直以廉[7]；其爱心感者，其声和以柔。六者非性也，感于物而后动。是故先王慎所以感之者，故礼以道其志，乐以和其声，政以一其行，刑以防其奸。礼乐刑政，其极一也，所以同民心而出治道也。

凡音者，生人心者也。情动于中，故形于声。声成文，谓之音。是故治世之音安以乐，其政和。乱世之音怨以怒，其政乖。亡国之音哀以思，其民困。声音之道与政通矣！宫为君，商为臣，角为民，徵为事，羽为物。五者不乱，则无怗懘[8]之音矣。宫乱则荒，其君骄；商乱则陂[9]，其官坏；角乱则忧，其民怨；徵乱则哀，其事勤；羽乱则危，其财匮。五者皆乱，迭相陵[10]，谓之慢[11]。如此则国之灭亡无日矣！郑卫之音[12]，乱世之音也，比于慢矣！桑间濮上之音[13]，亡国之音也，其政散，其民流，诬上行私而不可止也。

凡音者，生于人心者也；乐者，通于伦理者也[14]。是故知声而不知音者，禽兽是也；知音而不知乐者，众庶是也[15]。唯君子为能知乐[16]。是故审声以知音，审音以知乐，审乐以知政，而治道备矣[17]。是故不知声者不可与言音，不知音者不可与言乐，知乐则几于礼矣[18]。礼乐皆得，谓之有德。德者得也。是故乐之隆，非极音也；食飨之礼[19]，非致味也。清庙之瑟[20]，朱弦而疏越[21]，一倡而三叹，有遗音者矣。大飨之礼[22]，尚玄酒[23]而俎腥鱼[24]，大羹不和[25]，有遗味者矣。是故先王之制礼乐也，非以极口腹耳目之欲也，将以教民平好恶而反人道之正也[26]。

人生而静，天之性也。感于物而动，性之欲也[27]。物至知知[28]，然后好恶形焉。好恶无节于内，知诱于外，不能反躬，天理[29]灭矣。夫物之感人无穷，而人之好恶无节，则是物至而人化物也。人化物也者，灭天理而穷人欲者也。于是有悖逆诈伪之心，有淫佚[30]作乱之事，是故强者胁弱，众者暴寡，知者诈愚，勇者苦怯，疾病不养，老幼孤独不得其所，此大乱之道也。是故先王之制礼乐，人为之节：衰麻[31]哭泣，所以节丧纪[32]也；钟鼓干戚，所以和安乐也；昏姻冠笄[33]，所以别男女也；射乡食飨，所以正交接也。礼节民心，乐和民声，政以行之，刑以防之。礼乐刑政，四达而不悖，则王道备矣[34]。

注疏：

1. 以下为《礼记·乐记》文。《正义》引皇侃的话说：此章“备言音声所起，故名《乐本》。夫乐之起，其事有二：一是人心感乐（lè），乐（yuè）声从心而生；一是乐（yuè）感人心，心随乐（yuè）声而变也”。声：未经和律的音声。郑玄注：“宫、商、角、徵、羽，杂比曰音，单出曰声。”

2. 比：比照、对应。《易经·比卦》彖辞说：“比，辅也。下顺从也。”乐之：乐读如 yuè，作动词用，全句的意思是，对比音调的变化，而将它变成乐。《乐记》孔颖达疏说是“言以乐器次比音之歌曲而乐器播之”。用白话说就是随音调的变化，用乐器演奏之。

3. 干、戚、羽、旄：按《乐记》郑玄的解释，干就是盾牌，戚指斧（兵器）。这两种是周武王所制《武》舞中，舞人手执的器具；羽指雄性山鸡尾，旄指旄牛尾。干、戚为武舞，羽、旄为文舞。

4. 由：因缘、缘故。由于乐的缘故，音才发生变化，产生新的东西。

5. 噍杀：读作“焦晒”，声音急促貌。《史记·乐书》作“焦衰”。孔颖达《礼记正义》曰：“蹴急而速杀也。”

6. 啴：舒缓的样子。啴缓，宽绰舒缓。孔颖达《礼记正义》曰：“随而宽缓也。”

7. 廉：清白高洁，俭约正直。《礼记正义》：“正有而有廉隅，不邪曲也。”

8. 怗懘（zhān zhì）：读作“沾滞”，《史记·乐书》作“沾懘”，不和谐。《礼记正义》：“怗，敝也；懘，败也。敝败，谓不和之貌也。”

9. 陂（bì）：倾也，倾斜。

10. 迭：互相。陵：越。此处谓五声不和，君臣民事物，上下皆乱，互相逾越，故谓之“慢”。

11. 慢：没有礼貌。《易传·系辞传》有“上慢下暴”之谓，混乱到无以复加。《礼记正义》曰：“君臣上下互相陵越所以为‘慢’也。”

12. 郑、卫之音：春秋战国时郑、卫两国的民间音乐。由于不同于正统的雅乐，所以被斥为乱世之音。

13. 桑间濮上之音：桑间是地名，在濮水之旁，是当时青年男女幽会唱情歌之地。传说殷纣王令师延制了一套靡靡之乐，不久国亡，师延也在桑间的濮水上投河自杀。后来卫灵公和师涓经过桑间，深夜里听到濮水上飘着的音乐，就把它默记于心。到了晋国，师涓为晋平公演奏这一套曲子，师旷不等他奏完，就说：“这是亡国之音呀！你一定是从桑间濮上听来的吧。”今多用为靡靡之音的代称。事见《韩非子·十过》。

14. 伦理：关于人与人之间道德关系的准则。又称伦常、人伦、纲常等。

15. 众庶：众庶犹言众民。按《说文》及《尔雅》等，庶的本意为众，不可作民字解。六经中有庶人、庶民、民、百姓等语，用法是有区别的：庶人与民的区别是在官为庶人，在野为民。百姓范围更广，可以包括士甚至大夫，只有把众庶中的庶字当作是庶民二字的省称时，众庶才能释为众民。

16. 君子：有道德、有知识的人。《礼记正义》孔颖达解释为“大德圣人”，即有大道德的圣人。具体含意当视文义而定。《乐记》这句话中的君子是指有知识深明乐理的人。

17. 治道：治理国家的方法。备：完备。

18. 几：近。《尔雅·释诂》：“几，近也。”如《礼记·聘义》说：“日几中而后礼成。”

19. 食飨（sìxiǎng）：食通饲，飨通享。《礼记正义》说：“食飨谓宗庙祭也。”宗庙之祭有大祭、小祭，小祭只飨神，无食义。大祭祀祭毕还要把飨神之物（牲肉酒醴之类）飨宾客，合称为飨祭。单言后者则称大飨，才有食义。而“食飨之礼”中的食飨二字含意广泛得多，凡以酒食待客均称为食飨，规模小的为食，大的为飨。包括丧祭中的飨食以及如乡饮酒、射、加冠、婚、朝聘等礼中以酒食飨客的部分，都称为食飨之礼。

20. 清庙之瑟：演奏《清庙》之歌所用的瑟。清庙：周天子祭祀七庙之一。郑玄注曰：“清庙，谓作乐歌《清庙》也。”孔颖达疏曰：“清庙之瑟，谓歌《清庙》之诗所弹之瑟。”

21. 朱弦而疏越：形容质朴有余意。《乐记》郑玄注说：“朱弦，练弦，练则声浊。越，瑟底孔也，画疏之使声迟也。”按：练就是捣练，丝经捣练，除去丝胶，生丝变为熟丝，柔韧性更强，同时，固有频率变小（音低而浊）。所以朱弦就是红色熟丝的意思。画疏二字不可解，孔颖达疏说是指疏通。瑟底加孔，疏通瑟底气流使与弦共振，声音变得迟缓，于义可通，然而画疏何以能释为疏通，终不可解。因此，可直接以孔疏解释：疏越为疏通气流之孔，或释为通气孔。

22. 大飨之礼：天子或诸侯合祭祖先的祭礼。比如五年一次的禘祭，与祫祭同称殷（盛的意思）祭，也是大飨。《礼记正义》曰："大享（按，同飨）即食飨也。变食言大，崇其名故也。"这也是错误的。食享不极味，大享尚玄酒，这是两码事，不可混淆。若食享就是大享，两句话完全合在一起说，不必要分为两层了。大飨指郊天与宗庙之祭等大祭祀中的飨食宾客，其中有玄酒之设，而一般食飨是重礼不极味，但不一定设玄酒，所以于食享只言其不极味，于大飨才说尚玄酒。

23. 玄酒：名为玄酒，实则是古时祭祀时用于代替酒的清水。

24. 俎：盛肉食的木盘（切肉木板亦谓之俎，此文指盛肉具）。腥：肉未熟为腥。如《论语·乡党》说："君赐腥，必熟而荐之。"全句的意思是：大飨中要有盛生鱼的俎。

25. 大羹不和：羹，肉汁。不和：不加调料调和五味。

26. 好恶：喜好与厌恶。人道：《礼记正义》释为人之正道，《礼记·丧服小记》说："亲亲、尊尊、长长、男女之有别，人道之大者也。"

27. 欲：《史记·乐书》作"颂"。俞樾说"颂"是"容"的借字。

28. 知知：第一个"知"同"智"，作心智讲。下"知"作交接讲。《礼记集解》曰："事至，能以智知之。"

29. 天理：天性。

30. 淫佚（yì）：纵欲放荡。

31. 衰麻：麻布制作的丧服。

32. 丧纪：丧葬的纲纪制度。

33. 冠笄（jī）：《礼记·曲礼》："男子二十冠而字，女子许嫁，笄而字。"古代的成人之礼。

34. 则王道备矣：从"凡音之起"至此句是《乐本》篇。孔颖达说："此章备论音声起于人心，故名《乐本》。"

乐论篇

乐者为同[1]，礼者为异。同则相亲，异则相敬。乐胜则流[2]，礼胜则离[3]。合情饰貌者[4]，礼乐之事也。礼义立，则贵贱等矣；乐文同[5]，则上下和矣；好恶著，则贤不肖别矣[6]；刑禁暴，爵举贤，则政均[7]矣。仁以爱之，义以正之[8]，如此则民治行矣[9]。

乐由中出，礼自外作。乐由中出，故静；礼自外作，故文[10]。大乐必易[11]，大礼必简[12]。乐至则无怨，礼至则不争。揖让而治天下者[13]，礼乐之谓也。暴民不作[14]，诸侯宾服[15]，兵革不试[16]，五刑不用[17]，百姓无患，天子不怒，如此则乐达矣[18]。合父子之亲，明长幼之序，以敬四海之内。天子如此，则礼行矣。

大乐与天地同和，大礼与天地同节。和，故百物不失；节，故祀天祭地。明则有礼乐，幽则有鬼神。如此，则四海之内合敬同爱矣。礼者，殊事、合敬者也；乐者，异文、合爱者也。礼乐之情同，故明王以相沿也。故事与时并[19]，名与功偕[20]。故钟鼓管磬[21]，羽籥干戚[22]，乐之器也；屈伸俯仰，缀兆舒疾[23]，乐之文也。簠簋俎，制度文章，礼之器也；升降上下，周旋裼袭[24]，礼之文也。故知礼乐之情者能作，识礼乐之文者能述。作者之谓圣，述者之谓明。明圣者，述作之谓也。

乐者，天地之和也。礼者，天地之序也。和，故百物皆化。序，故群物皆别。乐由天作[25]，礼以地制[26]。过制则乱，过作则暴。明于天地，然后能兴礼乐也。论伦无患[27]，乐之情也。欣喜欢爱，乐之官也。中正无邪，礼之质也。庄敬恭顺，礼之制也。若夫礼乐之施于金石，越于声音[28]，用于宗庙社稷，事乎山川鬼神，则此所与民同也。

注疏：

1. 以下四段为《乐论》章，论礼乐同异。《礼记正义》解释头两句的意思说："夫乐使率土合和，是为同也；礼使父子殊别，是为异也。"

2. 乐胜则流：对音乐过分放纵，就会使人们沉溺于音乐享受，混淆尊卑界线。胜，过分。流，放纵，没节制。

3. 礼胜则离：过分讲究礼义，反而会使人感情疏远。离，疏远，《集解》释为"离析而不亲"。

4. 合情饰貌者：和合人情。饰貌：整饰端正人的行为、外貌，使保持等级界限，不相混淆。

5. 乐文同：乐文，音乐的形式。《正义》解释说："文谓声成文也。若作乐文采谐同，则上下并和，是乐和民声也。"乐文释为乐的文采，同释为谐同，误。乐文与上句礼义对言：礼义指礼的精义，乐文指乐的外部形式。"礼义立""乐文同"是指统一礼乐制度的意思。同释为相同。乐不相同，则人情不通，上下不和。

6. 不肖：《礼记正义》释为愚，不妥。肖，似也。不肖谓不似。贤不肖谓贤与不肖贤，即贤与不贤。所以不肖即不贤。如《礼记·中庸》说："贤者过之，不肖者不及也。"孔颖达疏说："变知（智）称贤，变愚称不肖，是贤胜于知（智），不肖胜于愚也。"

7. 政均：有条理。是对前文礼义立、乐文同、好恶著、刑禁暴、爵举贤等政治措施的评价。

8. 义：《说文》中徐铉说，义“与善同意”。《墨子·经上》说：“义，利也。”孙诒让引《孝经》唐明皇注说：“利物为义。”

9. 民治：就是天下之治。民治行矣：就是达到（实现）天下大治了。

10. 文：装饰，这里指表现礼节的仪容。

11. 易：平易。指乐器简单，曲调变化少。

12. 简：通俭。《论语·八佾》：林放问礼之本，孔子答：“礼与其奢也宁俭。”大礼保留着原始的质朴性，所以礼尚俭。

13. 揖让治天下：言其无所事事而天下得到治理。君主不施刑罚、威仪，无所为而天下治。但作揖、礼让而已，而天下治。

14. 暴民不作：强暴之民，即富于反抗精神的老百姓。不作：不能发作，无以施其强暴。

15. 诸侯宾服：《乐记》郑玄释“宾”为“协”，《说文》解释：“协，众之同和也”。《尚书·尧典》有“协和万邦”，是其典型用法，宾服释为协和而且服从，《尔雅·释诂》：“宾，服也。”宾、服都是服从的意思。

16. 兵革不试：兵指兵器，戈矛之属；革为去毛加工过的鲁皮，甲胄之属。兵革泛指军用器械或兵事。试：《乐记》郑玄注说：“试，用也。”没有战事。

17. 五刑：墨、劓、宫、刖、杀。按照《周礼·秋官·司刑》的解释：墨刑是黥面，“先刻其面，以墨窒之”；劓刑是“截其鼻也”；“宫者，丈夫则割其势，女子闭于宫中”；刖刑是“断足也”；杀就是死刑。又《尚书·吕刑》记载的五刑是墨、劓、剕、宫、大辟。剕就是刖，大辟即杀刑。郑玄说周朝时，刖刑改为膑（bìn，去膝盖骨），司马迁《报任安书》说：“孙子膑脚，兵法修列”，可知战国仍是这种刑法。《吕刑》中说五刑三千，包括刑法的所有条目，所以《乐书》中五刑是泛指所有刑法。

18. 乐达：乐读月，达谓发达，完美、隆盛貌。前段说："礼乐刑政四达而不悖"，以上均为乐达的表现。

19. 事与时并：事，制礼。意为礼数要与时代合拍。例如，尧舜之时，行禅让之礼；而武王伐纣，乃行革命之礼。

20. 名与功偕：乐要与所建功业相偕。名：指乐的名称。如，舜的乐叫《大韶》、周武王的乐叫《大武》。

21. 钟鼓管磬：泛指各种乐器。

22. 羽籥干戚：指舞具。这说明下文的"乐"是音乐加上舞蹈。

23. 缀兆：据郑玄注，缀是舞位的标志，兆是舞者活动的范围。缀兆就是一开一合。这里指舞蹈表演过程中队列的各种变化。

24. 裼（xī）袭：裼，裘外罩衣，行礼时，敞开正服前襟叫裼，掩好正服前襟叫袭。

25. 乐由天作：音乐是取法天之气化育万物的道理制作的。《礼记正义》孔颖达曰："乐由天作者，乐生于阳，是法天而作也。"即乐属阳，按照天的形象缔造乐。天以和气化物，乐也是以律吕的调和产生的。

26. 礼以地制：礼制是效法地有山川高下的形貌制订的。《礼记正义》中孔颖达解释说："礼以地制者，礼主于阴，是法地而制。"乐属阳，礼属阴。阳为天，阴为地。所以乐法（象）天，礼法（象）地。法地就以地为法，为榜样，如地有山川丘陵，礼也仿照这种情况，把人分成尊卑贵贱、高低不同的若干等级。

27. 论伦无患：使人论辩事物有条理，不患个人得失。郑玄注："伦犹类也；患，害也。"

28. 越于声音：越，《说文》："越，度也。"这里"越于声音"为新声之意。

乐礼篇

王者功成作乐，治定制礼。其功大者其乐备，其治辩者其礼具[1]。干戚之舞，非备乐也[2]。孰亨而祀，非达礼也[3]，五帝殊时，不相沿乐。三王异世，不相袭礼[4]。乐极则忧，礼粗则偏矣[5]。及夫敦乐而无忧，礼备而不偏者，其唯大圣乎！

天高地下，万物散殊，而礼制行矣。流而不息，合同而化，而乐兴焉。春作夏长，仁也。秋敛冬藏，义也。仁近于乐，义近于礼。乐者敦和，率神而从天[6]；礼者别宜，居鬼而从地[7]。故圣人作乐以应天，制礼以配地。礼乐明备，天地官矣[8]。

天尊地卑[9]，君臣定矣。卑高已陈，贵贱位矣。动静有常[10]，小大殊矣。方以类聚[11]，物以群分[12]，则性命不同矣。在天成象，在地成形。如此，则礼者天地之别也。地气上齐[13]，天气下降，阴阳相摩，天地相荡，鼓之以雷霆，奋之以风雨[14]，动之以四时，煖之以日月[15]，而百化兴焉。如此，则乐者天地之和也。化不时则不生，男女无辨则乱升，天地之情也。

及夫礼乐之极乎天而蟠[16]乎地，行乎阴阳而通乎鬼神，穷高极远而测深厚。乐著大始[17]，而礼居成物[18]。著不息者天也，著不动者地也。一动一静者，天地之间也[19]。故圣人曰礼乐云[20]。

注疏：

1. 辩：通“遍”。

2. 干戚之舞，非备乐也：干戚之舞是颂扬武德的音乐。郑玄注：“乐以大德为备。”有武舞而无文舞，当然不能说“备”。

3. 孰亨而祀，非达礼也：即熟烹，用熟肉作供品。最隆重的祭礼是不用熟肉作供品的，而是用生肉，也就是《郊特牲》所说的“至敬不飨味，而贵气臭也”。所以熟亨不符合礼“贵本”之原则，故曰不是通达之礼仪。

4. 三王异世，不相袭礼：谓礼之事三王不必相袭，以其非礼乐之本故也。

5. 乐极则忧，礼粗则偏：谓乐失其本，而致饰于声容之盛，则反害于和乐之正而至于忧也。礼失其本，而徒务于仪物之粗，则不根于忠信之实而失之偏也。音乐对王者的功德颂扬太过分了，可能产生忧患。

6. 率神：阳之灵。

7. 居鬼：居，循也。与上文“率”为互文。鬼：阴之灵。《乐记》郑玄注说：“居鬼，谓居其所为，亦言循之也。鬼神，谓先圣先贤也。”

8. 官：官，吏事。郑玄注：“官犹事也。各得其事。”

9. 天尊地卑：见《易·系辞上》。本节中不少文句都是出自《系辞上》。

10. 动静：古人认为天绕地转，故称天动地静。

11. 方：指禽兽之属。

12. 物：指草木之属。

13. 齐：通“跻”，登。

14. 奋：《系辞》作“润”。郑玄注：“奋，迅也。”

15. 煖（xuān）：温暖，照耀。

16. 蟠：环绕，分布，充满。

17. 太始：初始，事物未具形态时的原始状态，这里指创始万物的天。

18. 成物：指形成万物的地。

19. 间：郑玄说是“百物”。

20. 圣人曰礼乐云：圣人，指孔子。《论语·阳货》：“子曰：‘礼云礼云，玉帛云乎哉？乐云乐云，钟鼓云乎哉？’”

乐施篇

昔者舜作五弦之琴以歌《南风》[1]，夔始制乐以赏诸侯[2]。故天子之为乐也，以赏诸侯之有德者也。德盛而教尊，五谷时孰，然后赏之以乐。故其治民劳者，其舞行缀远[3]；其治民逸者，其舞行缀短。故观其舞，知其德；闻其溢，知其行也。《大章》[4]，章之也。《咸池》[5]，备矣。《韶》[6]，继也。《夏》[7]，大也。殷周之乐[8]，尽矣[9]。

天地之道，寒暑不时则疾，风雨不节则饥。教者[10]，民之寒暑也，教不时则伤世。事者，民之风雨也，事不节则无功。然则先王之为乐也，以法治也，善则行象德矣。夫豢豕为酒，非以为祸也；而狱讼益繁，则酒之流生祸也[11]。是故先王因为酒礼。壹献之礼[12]宾主百拜，终日饮酒而不得醉焉。此先王之所以备酒祸也。故酒食者，所以合欢也；乐者，所以象德也；礼者，所以缀淫也[13]。是故先王有大事，必有礼以哀之；有大福，必有礼以乐之。哀乐之分，皆以礼终。乐也者，圣人之所乐也，而可以善民心，其感人深，其移风易俗易[14]，故先王著其教焉。

注疏：

1. 五弦之琴：传说神农作琴，舜只是去掉琴上的文武二弦，留下宫、商、角、徵、羽五根弦。《南风》：琴曲名，相传为舜帝所作。郑玄云“其辞未闻。”王肃引《尸子》及《孔子家语》，云其辞为：“南风之薰兮，可以解吾民之温兮！南风之时兮，可以阜吾民之财兮！”

2. 夔（kuí）：人名，舜时乐官。夔作乐，见《尚书·尧典》。

3. 舞行（háng）缀远：舞的行列。缀：舞位的标志。舞位标志间隔远，表示舞蹈队列之间的距离大，下文“舞行缀短”与此意相对。

4. 《大章》：尧之乐名。《吕氏春秋·古乐》言，帝尧时瞽以五弦瑟伴玉磬之音"为十五弦之瑟，命之曰《大章》"。

5.《咸池》：传为黄帝所作乐名。咸，皆也。池之言施也。《吕氏春秋·古乐》言黄帝令伶伦等铸十二钟，以和五音，以施英韶，……命之曰《咸池》。

6.《韶》：即《九韶》，舜之乐名。韶之言绍也。歌颂舜继承尧之圣德的音乐。《吕氏春秋·古乐》言："帝舜乃令质修《九招》、《六列》、《六英》，以明帝德。"

7.《夏》：禹所制乐名。歌颂禹光大尧舜之德的音乐。《吕氏春秋·古乐》言："命皋陶作为《夏籥》九成，以昭其功。"

8. 殷周之乐：殷之乐名叫《大濩》，歌颂成汤伐桀诛暴的音乐。《吕氏春秋·古乐》："汤乃命伊尹作为《大濩》，歌《晨露》，修《九招》《六列》，以见其善。"周之乐名叫《大武》，表现武王伐纣武功的乐舞。《吕氏春秋·古乐》言："乃命周公作为《大武》。"

9. 尽矣：夏代以前，其乐以文德命名；殷周二代，其乐以武功命名。命名之法，不外乎文德和武功二途，故曰"尽矣"。

10. 教：指乐教。下文"事"指礼。

11. 流：过度，过量。指饮酒放纵无度。

12. 壹献之礼：指敬酒一次为一献。孔颖达说："谓士之飨礼，唯有一献。言所献酒少也。从初至末，宾主相答而有百拜。言拜数多也。是意在于敬不在酒也。"

13. 缀：通"辍"，停止。

14. 其移风易俗易：下"易"字原脱，据王念孙校补。

乐言篇

夫民有血气心知之性，而无哀乐喜怒之常，应感起物而动[1]，然后心术形焉[2]。是故志微、噍杀之音作[3]，而民思忧；啴谐、慢易、繁文、简节之音作，而民康乐；粗厉、猛起、奋末[4]、广贲之音作[5]，而民刚毅；廉直、劲正、庄诚之音作，而民肃敬；宽裕、肉好[6]、顺成、和动之音作，而民慈爱；流辟、邪散、狄成、涤滥[7]之音作，而民淫乱。是故先王本之情性，稽之度数[8]，制之礼义，合生气之和，道五常之行[9]叭使之阳而不散，阴而不密，刚气不怒，柔气不慑，四畅交于中，而发作于外，皆安其位而不相夺也。然后立之学等，广其节奏，省其文采，以绳德厚，律小大之称，比终始之序，以象事行[10]。使亲疏、贵贱、长幼、男女之理皆形见于乐。故日："乐观其深矣。"

土敝则草木不长，水烦则鱼鳖不大，气衰则生物不遂，世乱则礼慝而乐淫。是故其声哀而不庄，乐而不安，慢易以犯节，流湎以忘本，广则容奸[11]，狭则思欲[12]，感条畅之气[13]，而灭平和之德，是以君子贱之也[14]。

注疏：

1. 应感起物而动：《汉书·礼乐志》无"起物"二字，文义更顺。血气，指情感 。心知，指思维。性，指先天秉赋。

2. 心术形焉：颜师古注《汉书·礼乐志》"应感起物而动，然后心术形焉"云："言人之性感物则动也。术，道径也。心术，心之所由也。形，见也。"心术，即心之所由，思者问题的方法途径。

3. 志微：《汉书》作"纤微"。噍杀（jiāo shài）：急促而衰微。此处为乐音纤细而微眇也。郑玄注："意细也。"

4. 猛起，谓乐之始刚猛。奋末，谓乐之终奋迅。

5. 贲：通"愤"。广贲，谓乐广大而愤怒也。

6. 肉好：璧的周边叫肉，其孔叫好。此处譬喻声音的圆转而润泽。

7. 狄成：节奏急促。王引之说：狄，通"誂"。"成"是"戉"字之讹，而戉又通"越"。"狄成"即《吕氏春秋·音初》篇的"誂越"。

8. 稽之度数：稽，考核。这里谓审定，指十二律上生下生，损益之度数。

9. 道：引导。五常之行：仁、义、礼、智、信五种道德。

10. 以象事行：使五声各象其代表之物。如宫象君、商象臣等。

11. 广：谓声缓。广则容奸，指声缓易藏客邪恶之念。

12. 狭：谓声急。狭则思欲，指声急易使人产生贪欲。

13. 条畅：《史记·乐书》作涤荡。王念孙说：条畅，读为“涤荡”。涤荡之气，即与平和之气相反之气。

14. 是以君子贱之也：从“夫民有血气心知之性”至此，为《乐言》篇。

乐象篇

凡奸声感人，而逆气应之；逆气成象[1]，而淫乐兴焉[2]。正声感人，而顺气应之；顺气成象，而和乐兴焉[3]。倡和有应，回邪曲直[4]，各归其分，而万物之理，各以类相动也。是故君子反情以和其志，比类以成其行。奸声乱色，不留聪明[5]；淫乐慝[6]礼，不接心术；惰慢邪辟之气，不设于身体。使耳目、鼻口、心知、百体皆由顺正，以行其义。然后发以声音，而文以琴瑟，动以干戚[7]，饰以羽旄，从以箫管，奋至德之光，动四气之和[8]，以著万物之理[9]。是故清明象天，广大象地，终始象四时，周还[10]象风雨，五色成文而不乱[11]，八风从律而不奸[12]，百度得数而有常[13]，小大[14]相成，终始相生，倡和清浊，迭相为经[15]。故乐行而伦清[16]，耳目聪明，血气和平，移风易俗，天下皆宁。故曰：乐者乐也，君子乐得其道，小人乐得其欲。以道制欲，则乐而不乱；以欲忘道，则惑而不乐。

是故君子反情以和其志，广乐以成其教，乐行而民乡方，可以观德矣。德者，性之端也。乐者，德之华也。金石丝竹，乐之器也。诗，言其志也。歌，咏其声也。舞，动其容也。三者本于心，然后乐气[17]从之。是故情深而文明，气盛而化神。和顺积中而英华发外，唯乐不可以为伪。

乐者，心之动也。声者，乐之象也。文采节奏，声之饰也。君子动其本[18]，乐其象，然后治其饰。是故先鼓以警戒[19]，三步以见方[20]，再始以著往，复乱以饬归[21]，奋疾而不拔[22]，极幽而不隐。独乐其志，不厌其道；备举其道，不私其欲。是故情见而义立，乐终而德尊，君子以好善，小人以听过。故曰："生民之道，乐为大焉。"

乐也者，施也。礼也者，报也。乐，乐其所自生；而礼，反其所自始。乐章德，礼报情反始也[23]。所谓大辂者[24]，天子之车也；龙旂九旒[25]，天子之旌也；青黑缘者[26]，天子之宝龟也；从之以牛羊之群，则所以赠诸侯也[27]。

注疏：

1. 成象：郑注："谓人乐习焉。"指造成影响，通过乐舞表现出来。

2. 淫乐：儒家所卑视之乐，如所谓"郑、卫之音"。

3. 和乐：儒家所推崇之乐，如上文所说的尧乐《大章》、舜乐《韶》等。

4. 回：乖违。回邪曲直，指以乐教正声感人而使走上邪路之人返回正道。

5. 不留聪明：听觉与视觉。孔颖达："不留停于耳目，令耳目不聪明也。"

6. 慝（tè）：邪恶。指不合先王之道的礼仪。

7. 动：谓舞蹈。指武舞。

8. 四气：本指春夏秋冬四时之气，这里附会喜、怒、哀、乐四种情感。

9. 以著万物之理：指上文"使亲疏、贵贱、长幼、男女之理皆形见于乐"的意思。

10. 周还：同“周旋”谓舞者。

11. 五色：王引之认为是乐器具备五色。五行之音，谓宫商角徵羽也。宫声为土，色黄；商声为金，色白；角声为木，色青；徵声为火，色赤；羽声为水，色黑。

12. 八风从律而不奸：八风，指八音，即金、石、丝、竹、匏、土、革、木八种不同材料所制乐器之音。这两句话就相当于《尚书·尧典》的“八音克谐，无相夺伦”。律：伦次。奸：干犯。

13. 百度：即百刻，百物的量度。古代以刻漏计时，一昼夜分为一百刻。

14. 小大：五声之中，宫声最大，羽声最小。大者音低，小者音高。

15. 迭相为经：指五音十二律在不同的月份里交替为主。经，经纬之经，意为主要、根本。

16. 伦清：伦，类也，谓人道；乐施则伦类清晰。

17. 气：通“器”。

18. 本：指心。

19. 是故句：从此句到“极幽而不隐”，是描写反映武王伐纣的《大武》之乐的演奏情况，用以说明音乐“象”德的作用。详参下文《宾牟贾》篇。

20. 方：谓方将欲舞。

21. 乱：乐曲的结束部分。

22. 拔：仓促。

23. 乐也者四句：郑玄注：“言乐出而不反，而礼有往来也。”

24. 大辂：天子所乘之车。按：从“所谓大辂者”以下数句，与上下文义不类，疑此上有脱简。《史记·乐书》，此段在《乐施篇》。

25. 龙旂九旒：龙旂，古代绘有龙图案的旗子。旒，旗下垂的飘带。

26. 青黑缘：指龟甲的边缘呈青黑色。只有千岁之龟才有此色。这里指龙旂边沿上绣制的青黑二色的图案。

27. 所以赠诸侯也：从“凡奸声感人”至此，为《乐象》篇。

乐情篇

乐也者，情之不可变者也。礼也者，理之不可易者也。乐统同，礼辨异。礼乐之说，管乎人情矣。穷本知变，乐之情也。著诚去伪，礼之经也。礼乐偩天地之情[1]，达神明之德，降兴上下之神[2]，而凝是精粗之体[3]，领父子君臣之节。是故大人举礼乐，则天地将为昭焉。天地䜣合[4]，阴阳相得，煦妪覆育万物[5]，然后草木茂，区萌达[6]，羽翼奋，角觡生[7]，蛰虫昭苏，羽者妪伏[8]，毛者孕鬻[9]，胎生者不殰[10]，而卵生者不殈[11]，则乐之道归焉耳。

乐者，非谓黄钟、大吕、弦歌、干扬也[12]，乐之末节也，故童者舞之。铺筵席[13]，陈尊俎，列笾豆[14]，以升降为礼者，礼之末节也，故有司掌之。乐师辨乎声诗，故北面而弦；宗祝辨乎宗庙之礼[15]，故后尸；商祝辨乎丧礼[16]，故后主人[17]。是故德成而上，艺成而下，行成而先，事成而后。是故先王有上有下，有先有后，然后可以有制于天下也[18]。

注疏：

1. 偩（fù）：依顺。朱子曰：“依象也。”

2. 降兴：犹言感动。谓乐能感动上下之神莅临人间。

3. 凝是：郑注云：“凝，成也。”使阴阳二气凝聚，引申为化育。未注“是”字。孔颖达把全句疏通为“言礼乐之能成就正其万物大小之体也”。今姑以“化育”二字对译之。粗精之体，指各种事物。

4. 䜣（xīn）：同“欣”。

5. 煦妪（xù yù）：覆育。以天降之气养物曰煦，以地腾之气养物曰妪。郑玄注：“气曰煦，体曰妪。”孔颖达：“天以气煦之，地以形驱之，是升煦复而地妪育，故言煦妪复育万物也。”

6. 区（gōu）萌：植物出芽。蜷曲而出曰区，如豆类。直出曰萌，如谷类。

7. 觡（gé）：没有光滑外皮的角。角觡生，指兽类得到生养。

8. 羽者妪伏：妪，母。伏，通“孵”。谓飞鸟之属皆得体伏而生子也。

9. 毛者孕鬻：谓走兽之属孕鬻而繁息也。鬻，通“育”。

10. 殰（dú）：胎死腹内。

11. 殈（xù）：裂也，鸟蛋破裂而不能孵化。

12. 黄钟、大吕：黄钟是十二律中阳律（即六律）之首，大吕是十二律中阴律（即六吕）之首。此以黄钟、大吕代表乐律。

13. 筵席：筵与席是同义词。析言之，则铺在下面挨着地面的叫筵，铺在筵上的叫席。

14. 笾豆：以竹为笾，以木为豆，均为祭祀礼器。

15. 宗祝：宗人之为祝也。太祝，有司之属。

16. 商祝：熟悉商代丧葬礼仪的太祝。五声中，商音凄凉凄怆，故称主持丧礼的官吏为“商祝”。即丧祝为商祝。

17. 故后主人：郑玄注此前几句云：“知本者尊，知末者卑。”也就是知其所以然者尊，只知其然者卑。

18. 有制于天下也：从“乐也者”至此句，为《乐情》篇。

魏文侯篇

魏文侯问于子夏曰[1]：“吾端冕而听古乐[2]，则唯恐卧。听郑、卫之音，则不知倦。敢问古乐之如彼，何也？新乐之如此，何也？”子夏对曰：“今夫古乐：进旅退旅[3]，和正以广。弦匏笙簧[4]，会守拊鼓[5]。始奏以文[6]，复乱以武[7]。治乱以相[8]，讯疾以雅[9]。君子于是语，于是道古。修身及家，平均天下。此古乐之发也。今夫新乐：进俯退俯[10]，奸声以滥，溺而不止。及优侏儒[11]，獶杂子女[12]，不知父子。乐终不可以语，不可以道古。此新乐之发也。今君之所问者乐也，所好者音也。夫乐者，与音相近而不同。”

文侯曰：“敢问何如？”子夏对曰：“夫古者天地顺而四时当，民有德而五谷昌，疾疢不作而无妖祥[13]，此之谓大当。然后圣人作，为父子君臣，以为纪纲。纪纲既正，天下大定。天下大定，然后正六律[14]，和五声，弦歌诗颂，此之谓德音，德音之谓乐。《诗》云：‘莫其德音，其德克明。克明克类，克长克君，王此大邦，克顺克俾。俾于文王，其德靡悔。既受帝祉，施于孙子[15]。’此之谓也。今君之所好者，其溺音乎[16]？”

文侯曰：“敢问溺音何从出也？”子夏对曰：“郑音好滥淫志，宋音燕女溺志[17]，卫音趋数烦志[18]，齐音敖辟乔志[19]。此四者，皆淫于色而害于德，是以祭祀弗用也[20]。《诗》云：‘肃雍和鸣，先祖是听[21]。’夫肃肃，敬也；雍雍，和也[22]。夫敬以和，何事不行？为人君者，谨其所好恶而已矣。君好之，则臣为之。上行之，则民从之。《诗》云：‘诱民孔易[23]。’此之谓也。然后圣人作，为鞉、鼓、椌、楬、埙、篪[24]，此六者，德音之音也[25]。然后钟、磬、竽、瑟以和之，干、戚、旄、狄以舞之[26]，此所以祭先王之庙也，所以献、酬、酳、酢也[27]，所以官序贵贱各得其宜也，所以示后世有尊卑长幼之序也。钟声铿，铿以立号，号以立横[28]，横以立武。君子听钟声，则思武臣。石声磬[29]，磬以立辨，辨以致死。君子听磬声，则思死封疆之臣。丝声哀，哀以立廉，廉以立志。君子听琴瑟之声，则思志义之臣。竹声滥[30]，滥以立会，会以聚众。君子听竽笙箫管之声，则思畜聚之臣。鼓鼙之声讙[31]，讙以立动，动以进众。君子听鼓鼙[32]之声，则思将帅之臣。君子之听音，非听其铿锵而已也，彼亦有所合之也[33]。”

注疏：

1. 魏文侯（前 472—前 396 年）：战国时魏国的建立者，名斯。

传说他曾拜子夏为师。曾用李悝、吴起等进行政治经济改革使魏国成为当时强国。

2. 端冕：身穿玄端（上身是细衣，下身是杂色之裳），头戴礼冠，表示尊敬。古乐：谓先王之正乐。

3. 旅：共同。进旅、退旅指齐进、齐退，行动一致。

4. 弦：指琴瑟等弦乐器。匏（páo）：一种葫芦，此处指笙类管乐器。

5. 拊鼓：两种打击乐器。拊，即拍搏。拊和鼓都是用来节制或指挥其他乐器的。击拊后堂上的其他乐器才合奏，击鼓后堂下的其他乐器才合奏。

6. 文：指鼓。郑玄注："文谓鼓也。"击鼓后众乐开始，故称"始奏以文"。

7. 武：指铙，又称钲，古代青铜打击乐器，最初功能为军中传播号令之用。乱：曲和舞的结尾部分。郑玄："武，谓金也。"乐曲结束时，击金铙而退。

8. 相：即拊。

9. 讯：告诉、引申为指示、控制。雅：乐器名。形如漆桶，但口小肚大，肚围两围，长五尺六寸，用羊皮蒙口，系有两根带子。有点像现在的腰鼓。以雅来控制演奏速度。

10. 俯：曲也。指表演时进退都旁身，动作不整齐。郑玄注："言不齐一也。"

11. 优：徘优。侏儒：矮子。古代杂技滑稽演员多以矮子充任。

12. 獶杂（yōu zá）：混杂。獶，又音 náo，猕猴。言舞戏之时，状如猕猴，间杂男女，故奸声以滥，溺而不止也。子女：指男女。

13. 疢（chèn）：热病，也泛指病。妖祥：灾祸的先兆，凶兆。

14. 六律：实指六律、六吕，即十二乐律。

15. 《诗》：引诗出自《诗·大雅·皇矣》。《皇矣》是周人自叙其开国历史的史诗之一。全诗八章，前四章写古公亶父，歌颂他与太伯、王季的事迹；后四章写周文王，歌颂其“肇国在西土”的功业。引文为第四章。莫：《广雅·释诂》：“莫，布也。”类：勤施无私曰类。俾：当作“比”，谓择善而从。悔：谓小过失。施（yì）：延及，流传。

16. 溺音：使人沉于迷乱。

17. 燕：安宁。郑玄注：“燕，安也。”

18. 趋数：急促多变。郑玄注：“读为‘促速’，声之误也。”

19. 敖辟：即傲僻。敖：即“骜”，指马骄不驯。辟：与傲同义。乔：通“骄”。

20. 此四者三句：郑玄说：“言四国皆出此溺音。祭祀不用淫乐。”

21. 《诗》云二句：出自《诗·周颂·有瞽》。《有瞽》是周王合乐祭祖之诗。《毛诗序》认为是“始作乐而合乎祖”。

22. 夫肃肃四句：顾炎武说：“《诗》本‘肃’‘雍’一字，而引之二字者，长言之也。”长言之，盖拖长声调之谓也。

23. 《诗》云句：出自《诗·大雅·板》。《诗》原文为“牖民孔易”，朱子注：“牖，开明也，犹言天启其心也。”孔：很，甚。

24. 鞉（táo）：有柄的摇鼓，俗称“拨浪鼓”。椌，一种外形类似覆斗的木制乐器。楬，一种外形类似伏虎的木制乐器。埙（xūn）：古代用陶土烧制的一种吹奏乐器。篪（chí）：古代用竹管制成的一种吹奏乐器，类似笛子。

25. 德音之音：上述六种乐器发出的声音质素单一，所以是道德之音。后“音”字作乐器解。

26. 狄：通“翟”，野鸡尾巴上的长毛。文舞所执道具。

27. 献、酬、酳（yìn）、酢：献、酬是敬酒和答酒，酳是食毕以酒漱口，酢是回敬酒。这里是泛指宴饮宾客的各种礼仪。

28. 横（guǎng）：通“犷”。谓充满勇气，振作士气。

29. 磬：《乐书》作“硁”（kēng），谓声音坚定。

30. 滥：谓宽广，箫、竽之类，组成较复杂，声音不如金石类单纯。

31. 谨：通“喧”，声音大，可以鼓动人心。

32. 鼙（pí）：鼙鼓，中国古代军队中用的小鼓，汉以后亦名骑鼓。古代乐队中也常用。

33. 彼亦有所合之也：从“魏文侯问于子夏”至此，为《魏文侯》篇。

宾牟贾篇

宾牟贾侍坐于孔子[1]，孔子与之言，及乐，曰：“夫《武》之备戒之已久，何也？[2]”对曰：“病不得其众也。”“咏叹之[3]，淫液之[4]，何也？”对曰：“恐不逮事也。”“发扬蹈厉之已蚤[5]，何也？”对曰：“及时事也。”“《武》坐，致右[6]宪左[7]，何也？”对曰：“非《武》坐也[8]。”“声淫及商，何也？”对曰：“非《武》音也。”子曰：“若非《武》音，则何音也？”对曰：“有司失其传也。若非有司失其传，则武王之志荒矣。”子曰：“唯！丘之闻诸苌弘[9]，亦若吾子之言是也。”

宾牟贾起，免席而请曰[10]：“夫《武》之备戒之已久，则既闻命矣[11]，敢问迟之迟而又久[12]，何也？”子曰：“居！吾语女。夫乐者，象成者也。摠干而山立[13]，武王之事也；发扬蹈厉，太公之志也[14]。《武》乱皆坐，周召之治也[15]。且夫《武》，始而北出，再成而灭商，三成而南，四成而南国是疆；五成而分，周公左，召公右，六成复缀，以崇天子[16]。夹振之而驷伐[17]，盛威于中国也。分夹而进，事蚤济也[18]。久立于缀，以待诸侯之至也。且女独未闻牧野之语乎[19]？武王克殷，反商[20]。未及下车而封黄帝之后于蓟[21]，封帝尧之后于祝[22]，封帝舜之后于陈[23]；下车而封夏后氏之后于杞[24]，投殷之后于宋[25]，封王子比干之墓[26]，释箕子之囚[27]，使之行商容而复其位[28]。庶民弛政，庶士倍禄。济河而西，马散之华山之阳而弗复乘；牛散之桃林[29]之野而弗复服，车甲衅[30]而藏之府库而弗得用，倒载干戈，包之以虎皮，将帅之士使为诸侯，名之曰'建櫜'[31]。然后天下知武王之不复用兵也。散军而郊射，左射《狸首》[32]，右射《驺虞》[33]，而贯革之射息也[34]。裨冕搢笏[35]，而虎贲之士说剑也[36]。祀乎明堂，而民知孝。朝觐[37]，然后诸侯知所以臣。耕藉[38]，然后诸侯知所以敬。五者[39]，天下之大教也。食三老五更于大学[40]，天子袒而割牲，执酱而馈，执爵而酳，冕而揔干，所以教诸侯之弟也。若此，则周道四达，礼乐交通，则夫《武》之迟久，不亦宜乎[41]！"

注疏：

1. 宾牟贾：人名。复姓宾牟，名贾。孔子弟子，春秋末年人。

2. 备戒：指击鼓警众。已：太，甚。指演出开始前击鼓警示演员准备的时间很长。

3. 咏叹：指歌声之漫长。孔颖达释："欲舞之前，其歌声吟咏之，长叹之。"

4. 淫液：谓声音如水之浸渍，绵延不绝。

5. 已蚤：太早。蚤，通"早"。指刚刚起舞之时。

6. 致：谓膝至地。

7. 宪：通"轩"，抬起，比前者高之意。古代一种有围棚或帷幕的车：轩驾（帝王的车驾）。轩冕（卿大夫的车和礼服是分等级的，借以指官爵禄位）。轩轾（车前高后低称"轩"，车前低后高称"轾"，用来喻高低优劣）。整句话为右膝着地而左膝不着地之意。

8. 非《武》坐也：孙希旦说："《武》乱（结束时）皆坐，坐则当两足皆致于地，今乃致其右而轩其左，则非《武》坐也。"

9. 苌弘：字叔，春秋时周大夫。事迹略见《国语·周语下》。传说孔子曾问乐于苌弘，求教《韶》乐与《武》乐之异同之处。

10. 免席：避席，离席。表示尊敬。

11. 闻命：领教。指自己的回答得到孔子的肯定。

12. 迟之迟而欢：指舞者每节舞结束时都要在舞位（即所谓“缀”）上久立不动。二“迟”字皆读“沙”，等待。

13. 摠干：持盾。摠，同“总”。山立：正立也。

14. 太公：即吕尚（约前1156—前1017年），俗称姜太公，辅佐武王伐纣建立周朝。

15. 召（shào）：指召公姬奭（shì），周武王弟。因采邑在召（今陕西岐山西南），故称。曾佐武王灭商，被封于燕。成王时任太保，与周公旦分陕（今河南陕县）而治，陕以西由他治理。

16. 且夫《武》十句：这是解说《武》舞的六节表演过程及其象征意义。武舞的缀位有四：西边南端为第一缀，西边北端为第二缀，东边北端为第三缀，东边南端为第四缀，很像正方形的四个角的位置。每一节舞毕，即顺序移动一个缀位。第一节是象征武王出兵至孟津等待诸侯，舞毕，由第一缀进至第二缀。第二节是象征武王率领诸侯东进灭商的，舞毕，进至第三缀。第三节是象征武王克商后又回师南向，所以舞毕进至第四缀。第四节是象征南方被收入版图的，所以舞毕大约仍是停留在第四缀未动。第五节是象征周公、召公一左一右辅佐天子的，所以舞者由一行变为两行，一向第三缀前进，一向第二缀前进。第六节象征武王回师镐京，受到诸侯拥戴，所以又回到第一缀。成：一曲终了，一节结束。缀：舞位。

17. 夹振：郑玄注：“王与大将夹舞者，振铎以为节也。”驷：通“四”。伐：一击一刺为一伐。意为王与大将分立舞者两旁，摇动铎铃以为节奏。

18. 事：犹“为”也。

19. 牧野之语：谓对《武》乐的评论。此“语”，即上文“君子于是语”之语。牧野：古地名。在今河南淇县西南，距殷都朝歌（今淇县）很近，是武王大败殷军之处。

20. 反：郑玄注说是“及”字之误。

21. 蓟（jì）：古地名。在今北京市西南。

22. 祝：上古国名。在今山东长清县东北。

23. 陈：上古国名。都宛丘（今河南淮阳），在今河南东部和安徽西部。

24. 杞：周朝古国名。在今河南杞县。

25. 宋：周朝古国名。都商丘（今河南商丘）。武王封殷纣王庶兄微子启于此。

26. 比干：殷纣的叔父。殷纣淫乱不止，比干强谏，纣怒，说：“我听说圣人的心有七个孔。”于是比干被剖心而死。死后未以礼葬，乃增大其坟头，故曰封。

27. 箕子：殷纣的叔父。纣杀比干，箕子惧，乃佯狂为奴，而纣又囚之。

28. 使之句：郑玄注：“行，犹视也。使箕子视商礼乐之官，贤者所处，皆令反其居也。”给箕子演示商朝礼仪且恢复其职位。

29. 桃林：古地区名。在今河南灵宝以西，陕西潼关以东地区。为周武王放牛处。

30. 衅：谓以血涂物。《史记·乐书》此字作“弢”。弢是弓套，引申为包裹义。此处应用《史记》之意。

31. 建櫜（gāo）：谓不再用干戈。建，通“鞬”，乃藏弓之袋。櫜：收藏兵器的袋子。

32. 《狸首》：逸《诗》篇名。据《射义》，诸侯射箭以《狸首》之曲为节度。

33. 《驺虞》：《诗·召南》篇名。天子射箭以《驺虞》之曲为节拍。

34. 贯革：穿透铠甲。贯革之射是军射，重在杀伤，与习礼之射目的不同。

35. 裨冕搢笏：礼服礼帽。裨，礼服。冕，礼帽。搢，插。笏，古代大臣上朝奏事所执手板。因古代官服没有口袋，于是将笏直接插在腰带上，故曰“搢笏”。

36. 虎贲（bēn）之士：谓勇士。贲，通“奔”。如虎奔（追赶）兽，故称。说，同“脱”。说剑，解下刀剑，指武士脱下戎装。

37. 朝觐：据《周礼·大宗伯》，诸侯朝见天子，“春见曰朝，夏见曰宗，秋见曰觐，冬见曰遇”。这里是以部分代全体。

38. 耕藉：即“藉礼”，古代帝王、诸侯征用民力来耕种公田（天子、诸侯的份田），称为“藉田”。耕藉的目的是保障祭祀所用。

39. 五者：指以上所说郊射、裨冕、祀乎明堂、朝觐、耕藉。

40. 食（sì）三老、五更：天子以父兄之礼供养三老、五更，目的是为诸侯作出孝梯的榜样。三老、五更，泛指年老退休的官员。

41. 不亦宜乎：从“魏文侯问于子夏曰”至此，为《宾牟贾》篇。

乐化篇

君子曰：礼乐不可斯须去身。致乐以治心[1]，则易直子谅之心油然生矣[2]。易直子谅之心生则乐，乐则安，安则久，久则天，天则神。天则不言而信，神则不怒而威，致乐以治心者也。致礼以治躬则庄敬[3]，庄敬则严威。心中斯须不和不乐，而鄙诈之心入之矣；外貌斯须不庄不敬，而易慢之心入之矣。故乐也者，动于内者也；礼也者，动于外者也。乐极和，礼极顺，内和而外顺，则民瞻其颜色而弗与争也，望其容貌而民不生易慢焉。故德辉动于内[4]而民莫不承听，理发诸外[5]而民莫不承顺。故曰：致礼乐之道，举而错之[6]，天下无难矣。乐也者，动于内者也；礼也者，动于外者也。故礼主其减，乐主其盈。礼减而进，以进为文；乐盈而反，以反为文[7]。礼减而不进则销，乐盈而不反则放，故礼有报[8]而乐有反。礼得其报则乐，乐得其反则安；礼之报，乐之反，其义一也[9]。

夫乐者，乐也，人情之所不能免也。乐必发于声音[10]，形于动静[11]，人之道也。声音动静，性术之变尽于此矣。故人不耐无乐[12]，乐不耐无形，形而不为道[13]不耐无乱[14]。先王耻其乱，故制《雅》《颂》之声以道之[15]，使其声足乐而不流[16]，使其文足论而不息，使其曲直、繁瘠、廉肉、节奏足以感动人之善心而已矣[17]，不使放心邪气得接焉。是先王立乐之方也。是故乐在宗庙之中，君臣上下同听之则莫不和敬；在族长乡里之中[18]，长幼同听之则莫不和顺；在闺门之内，父子兄弟同听之则莫不和亲。故乐者，审一以定和[19]，比物以饰节[20]，节奏合以成文，所以合和父子君臣，附亲万民也，是先王立乐之方也。故听其《雅》《颂》之声，志意得广焉；执其干戚，习其俯仰诎伸，容貌得庄焉；行其缀兆[21]，要其节奏[22]，行列是正焉，进退得齐焉。故乐者，天地之命[23]，中和之纪，人情之所不能免也。

夫乐者，先王之所以饰喜也，军旅铁钺者[24]，先王之所以饰怒也。故先王之喜怒，皆得其侪焉[25]。喜则天下和之，怒则暴乱者畏之。先王之道，礼乐可谓盛矣[26]。

注疏：

1. 致乐以治心：郑注：“致，犹深审也。乐由中出，故治心。”

2. 易直子谅：易，平易。直，正直。子谅，慈爱诚信。

3. 致礼以治躬：郑注：“躬，身也。礼自外作，故治。”指端正仪容举止。

4. 德辉：谓面部颜色润泽。承听，听从。

5. 理：指举动皆合规矩。

6. 错：通“措”，施也。

7. 礼减而进四句：郑玄注：“进，谓自勉强也。反，谓自抑止也。文，犹美也、善也。”销，同“消”。放，放纵。

8. 报：通“褒”，亦进取之义。

9. 礼之报三句：谓不温不火，适得其中为最好。

10. 乐必发于声音：如“嗟叹之，咏歌之”是也。

11. 形于动静：如“手之舞之，足之蹈之”是也。

12. 耐：古“能”字。下同。

13. 形：指声音、动静。道：通“导”。下同。

14. 乱：乱子。小而至于淫乱，大而至于亡国。

15. 《雅》《颂》：《诗经》内容和乐曲分类的名称。《雅》是大周朝廷的乐曲，《颂》是大周宗庙祭祀的乐曲。这是所谓典雅纯正之声。

16. 流：淫放。

17. 繁瘠：王念孙据《荀子》与《史记》校，说当作“繁省”，是。曲直、繁瘠、廉肉、节奏，分别指歌舞的婉转与平直（曲直），复杂与单纯（繁瘠）、简约与丰满（廉肉）、休止与进行（节奏）。

18. 族长乡里：皆古代行政单位。百户为族，五百户为长，一万二千五百户为乡，二十五户为里。此处是泛指。

19. 一：谓中音。即五音中之宫声。以宫音确定全曲和谐的主调。

20. 比物：谓配合各种乐器。饰节，体现节奏。

21. 缀兆：缀是舞位的标志。兆是舞者活动的范围。

22. 要：会，符合。

23. 命：王念孙据《荀子》《史记》校作“齐”，是“齐”是合同而化之义。

24. 铁钺：大斧。可以杀人。此泛指刑戮。

25. 侪（chái）：同辈，同类。

26. 礼乐可谓盛矣：从“君子曰”到此句，是《乐化》篇。

师乙篇

子赣见师乙而问焉[1]，曰："赐闻声歌各有宜也。如赐者，宜何歌也?"师乙曰："乙，贱工也，何足以问所宜?请诵其所闻，而吾子自执焉。爱者宜歌《商》，温良而能断者宜歌《齐》。夫歌者，直己而陈德也。动己而天地应焉，四时和焉，星辰理焉，万物育焉。故《商》者，五帝之遗声也。宽而静，柔而正者宜歌《颂》，广大而静，疏远而信者宜歌《大雅》，恭俭而好礼者，宜歌《小雅》，正直而静，廉而谦者宜歌《风》。肆直而慈爱，商之遗声也，商人识之[2]，故谓之《商》。《齐》者，三代之遗声也，齐人识之，故谓之《齐》。明乎商之音者，临事而屡断；明乎齐之音者，见利而让。临事而屡断，勇也；见利而让，义也。有勇有义，非歌孰能保此[3]?故歌者，上如抗[4]，下如队[5]，曲如折，止如槁木[6]，倨中矩[7]，句中鉤[8]，累累乎端如贯珠。故歌之为言也，长言之也。说之[9]，故言之；言之不足，故长言之；长言之不足，故嗟叹之；嗟叹之不足，故不知手之舞之，足之蹈之也。"——子贡问乐[10]。

注疏：

1. 子赣：即子贡（前520—前456年）。复姓端木，名赐。子贡是字。按本节有数处错简与衍文，今已并据郑注改正。师乙：师，乐官名；乙，人名。

2. 识（zhì）：记下。

3. 保：养育，产生。郑玄注："保，犹安也，知也。"

4. 上如抗：谓歌声高亢，感动人意，犹如抗举。抗，通"亢"。

5. 下如队：队，同"坠"。谓音声低落，触动人心，如似坠落。

6. 止如槁木：谓乐音静止，如同槁木寂然无声。无而胜有，感动人意，似枯槁之木，止而不动。

7. 倨中矩：中（zhòng），合乎。矩，画直角或方形的曲尺。谓旋律曲雅，如中当矩。

8. 句中钩：句，同“勾”。钩，圆规。谓歌声大曲，如中当于钩。

9. 说：同“悦”。

10. 子贡问乐：当是篇题。上古篇题在后。但据《别录》，此为《师乙》篇。

（三）精解①

1. 音乐与政治的关系及其社会功能

《乐记》强调音乐与政治、音乐与社会的密切关系。它认为：“故治世之音安以乐，其政和；乱世之音怨以怒，其政乖；亡国之音哀以思，其民困。声音之道，与政通矣。”

《乐记》主张音乐与治理朝政、端正社会风气、礼治、伦理教育等相配合，为统治者的文治武功服务。它认为：“乐在宗庙之中，君臣上下同听之，则莫不和敬；在族长乡里之中，长幼同听之，则莫不和顺；在闺门之内，父子兄弟同听之，则莫不和亲。故乐者，审一以定和，比物以饰节，节奏合以成文，所以合和父子君臣，附亲万民也，是先王立乐之方也。”“礼、乐、刑、政，其极一也，所以同民心而出治道。”“是故先王之政乐也，非以极口腹耳目之欲也，将以教民平好恶，而返人道之正。”

2. 音乐的起源

《乐记》有比较深层的论述。它强调音乐给人们的愉悦感受是人类生活不可缺少的，它认为：“夫乐者，乐也，人情之所不能免也。”《乐记》中的“乐”兼指诗、歌、舞三者，但主要以论述音乐为主。《乐记》认为，音乐是通过声音来表现情的，情来自人对现实生活的

① 选自冯克诚主编《原始儒家教育学说与论著选读》，人民武警出版社2010年版。

反映："凡音之起，由人心生也。人心之动，物使之然也。感于物而动，故形于声。""乐者，音之所由生也，其本在人心感于物也。"（《乐本》）这打破了以往认为乐是上天赐予或神圣创造的说法。《乐记》认为，外界事物的变化使人的感情产生各种变化，音乐则是这种感情变化的表露。这种感于外物而发的声音，并不就是"乐"。"声相应，故生变，变成方谓之音。比音而乐之，及干戚羽旄，谓之乐。"（《乐本》）这就是说，发出来的声音，要能按照宫、商、角、徵、羽排列变化，形成高低抑扬、有节奏的音调，才能称为乐。按照一定的音调歌唱、演奏，并举着干（盾牌）、戚（长柄斧）、羽（鸟羽毛）、旄（牛尾）跳舞，这就是乐。"故乐者，审一以定和，比物以饰节，节奏合以成文。"（《乐化》）乐的最大特点是"和"。《尚书·尧典》早已有"律和声""八音克谐""神人以和"的思想。郑国的史伯（公元前806—前711年）提出过"和六律以聪耳"的思想，认为诸多声音相异相和才能构成动听的乐曲（见《国语·郑语》）。孔子提出"乐而不淫，哀而不伤"（《论语·八佾》），强调情感和理智的平衡和谐。《乐化》继承与发展了这一思想，认为"大乐与天地同和"，"地气上齐，天气下降，阴阳相摩，天地相荡，鼓之以雷霆，奋之以风雨，动之以四时，暖之以日月，而百化兴焉。如此，则乐者天地之和也。"（《乐礼》）音乐犹如阴阳相摩、天地相荡、风雨飞动、日月光照、百化兴焉那样和谐美妙。"论伦无患，乐之情也。"（《乐论》）和谐而不相损害，这是乐的精神！

3. 乐对人情感的影响

音乐能影响人的情感。《乐记》认为，音乐可以表达情感。"乐也者，情之不可变者也……礼乐之说贯乎人情矣。"（《乐情》）"夫乐者乐也，人情之所不能免也。"（《乐化》）音乐是人感情的表现，音乐离不开情感。人生在世，孰能无情，因此人人都需要音乐，"人情之所不能免也"。

音乐是人情感的表现，情感能影响音乐，音乐能影响情感，所以不同的情感可以从不同的音乐中表现出来。“乐者，音之所由生也，其本在人心之感于物也。是故其哀心感者，其声噍以杀；其乐心感者，其声啴以缓；其喜心感者，其声发以散；其怒心感者，其声粗以厉；其敬心感者，其声直以廉；其爱心感者，其声和以柔。”（《乐本》）意思是说，引起悲哀的情感时，发出焦虑急促的声音；引起快乐的情感时，发出舒畅和缓慢的声音；引起愤怒的情感时，发出粗暴严厉的声音；引起敬重的情感时，发出直爽庄重的声音；引起慈爱的情感时，发出柔和的声音。

以上这六种情感和相应的六种声音的变化，都不是出于人的本性，都是由感于物发生的，引起哀、乐、喜、怒、敬、爱等不同的情感，不同的情感以不同的声调表现出来。反之，由于人与人之间的感情是相通的，故表达不同感情的音乐也能影响听者的感情，引起听者的共鸣，正如孔颖达在《乐言》疏上写道：“乐出于人而还感人，犹如雨出于山而还雨山，火出于木而还燔木。”

《乐记》说：“夫民有血气心知之性，而无哀乐喜怒之常，应感起物而动，然后心术形焉。是故志微噍杀之音作，而民思忧；啴谐慢易繁文简节之音作，而民康乐；粗厉猛起奋末广贲之音作，而民刚毅；廉直劲正庄诚之音作，而民肃敬；宽裕肉好顺成和动之音作，而民慈爱；流辟邪散狄成涤滥之音作，而民淫乱。”（《乐言》）意思是说，人是有感情冲动和认识的本能的，但哀、乐、喜、怒的变化是无常的，受到了客观外在事物的影响，才能形成主观内在的情感和认识。所以当微弱充满焦虑的音乐流行时，人民就产生了忧心忡忡的情感；当舒畅、和谐、缓慢、平易，内容丰富而有鲜明节奏的音乐流行时，人民便感到安康和快乐，当粗壮、威严、猛起猛落充满激愤的音乐流行时，人民就能刚强而有毅力；当庄重、正直、真诚的音乐流行时，人民就产生严肃崇高的情感；当舒畅、洪亮、流畅、柔和的音乐流行时，人民就会产生慈爱的情感；当邪僻、散乱、淫佚泛滥的音乐流行时，人民易产生淫乱的情感。

《乐记》强调音乐对情感的影响，这是十分正确的。一个时代，一个国家，当处于革命高潮时期，或处于抗击外来侵略者时期，革命歌曲盛行，人民充满了革命激情，正义感压倒了一切歪风邪气。反之，当靡靡之音或黄色歌曲泛滥时期，许多青少年深受其害，违法乱纪，颓废堕落，严重地影响社会治安。现代心理学家的研究证明，音乐与情感之间的确存在着一种奇妙的联系。如美国的苏珊·朗格在《情感与形式》一书中写道："音乐的音调结构，与人类的情感形式——增强与减弱，流动与休止，冲突与解决，以及加速、抑制、极度兴奋、平缓而微妙的激发、梦的消失等等形式——在逻辑上有着惊人的一致。这种一致恐怕不是单纯的喜悦与悲哀，而是与二者或其中一者在深刻程度上，在生命感受到的一切事物的强度、简洁和永恒流动中的一致。这是一种感觉的样式或逻辑形式。音乐的样式正是用纯粹的、精神的声音和寂静组成的相同形式，音乐是情感生活的音调摹写。"这段话更证明了《乐记》强调情感与音乐之间有着密不可分的联系的观点是很深刻的。

4. 乐对人的性格、意志的影响

由于音乐是感情的体现，而感情是有个性特征的，所以音乐对人的性格能发生巨大影响。《乐记》举了郑国、宋国、卫国、齐国不同特点的音乐对人意志和性格的影响的例子："郑音好滥淫志，宋音燕女溺志，卫音趋数烦志，齐音敖辟乔志，此四者，皆淫于色而害于德，是以祭祀弗用也。"（《魏文侯》）意思是说，郑国的音乐很复杂，使人意志放纵；宋国的音乐很妩媚，使人意志消沉；卫国的音乐很急促，使人的意志烦乱；齐国的音乐很古怪，使人意志傲慢。以上四种音乐，都是以声色丧志而损害品德的。所以不能登大雅之堂，祭祀时当然不能用这些音乐。《乐记》还说："明乎《商》之音者，临事而屡断，明乎《齐》之音者，见利而让。临事而屡断，勇也；见利而让，义也。有勇有义，非歌孰能保此?”（《师乙》）意思是说，《商》《齐》是两种来源不同、内容也不同的古代歌曲，对人的性格产生不同的影响，熟悉商乐的人，遇事而有果断性；熟悉齐乐的人，见利相让而不争。遇事能果断的解决，是勇敢的表现；见利相让是义气的表现。既勇敢又讲义气的性格，没有诗歌的感染力怎能保证形成呢？果断、勇敢、义气、谦让都是人的性格特征，音乐对这些性格特征是有影响的。《乐记》这种认为音乐能培养和影响人的性格的观点是有价值的。

《乐记》还认为，音乐表演应适合自己的个性特点。“夫歌者，直己而陈德也”（《师乙》），就是说，每个人要根据自己的德性来选择歌曲：“宽而静，柔而正者，宜歌《颂》；广大而静，疏达而信者，宜歌《大雅》；恭俭而好礼者，宜歌《小雅》；正直而静，廉而谦者，宜歌《风》；肆直而慈爱者，宜歌《商》；温良而能断者，宜歌《齐》。”（《师乙》）意思是说，宽厚平静、柔和正直性格的人，宜于歌唱《颂》；胸怀宽大、直率诚实性格的人，宜于歌唱《大雅》；恭俭好礼性格的人，宜于歌唱《小雅》，正直平静，廉洁谦逊性格的人，宜于歌唱《风》；坦率慈爱性格的人，宜于歌唱《商》；温良果断性格的人，宜于歌唱《齐》。

《乐记》提出六种性格的人各自宜于歌唱《颂》《大雅》《小雅》《风》《商》《齐》六种诗篇，与《诗经》的同名诗篇是一致的。《乐记》的作者在2000年前已经发现了性格和音乐之间的关系，提出什么性格的人宜于唱什么歌曲的思想，是难能可贵的。

孔子曾认识到乐有感人至深的力量，但没有进行更具体的阐述。孟、荀发挥了这一思想，荀子的论述，尤为详细。而《乐记》则大大发展了这种观点，把音乐对人的情感、性格、意志等心理的影响，论述得更加深入和全面。

5. 音乐的政教功能

《乐记》中首次系统论述了“乐”的政治教化功能，包括：(1) 乐教能促使政治清明，社会秩序稳定。《乐记》认为，乐是人的感情对外界事物的反映，而乐所表达的思想感情与人们所处的社会政治状况是紧密相联的。“治世之音安以乐，其政和；乱世之音怨以怒，其政乖；亡国之音哀以思，其民困。声音之道，与政通矣。”（《乐本》）治世的音乐和安而且快乐，说明其政治太平和谐；乱世的乐声悲怨而且愤怒，说明其世政动乱而不协调；临亡国家的乐音悲哀而又伤心，说明其世政危险、人民困苦。音乐与世政是相互联通的。音乐能反映出一个国家社会政治风俗的盛衰得失。一定的音乐反映一定的“世”。有什么样的“世”，就会有什么样的音乐。这个“世”包括一定的社会政治、经济状况和人们的生活状况。所以说《乐记》的“乐与政通”的观点和现代人们的“艺术是生活的一面镜子”的观点有些接近了。《乐记》说：“是故审声以知音，审音以知乐，审乐以知政，而治道备矣。”（《乐本》）《乐记》希望统治者关心乐，一方面通过乐观风俗、知盛衰，作为考察时政的手段；另一方面亦可以防范与禁止出现乱世之音、亡国之音，使“暴民不作，诸侯宾服，兵革不试，五刑不用，百姓无患，天子不怒，如此则乐达矣。”（《乐论》）《乐记》从礼乐配合、礼乐并重的角度，论述了乐对辅助政治、维护社会稳定所起的特殊作用。

我们知道，礼是关于“尊卑之差上下之制”等级制度和道德行为规范，这必然是来自外在的对人民的强制和约束。乐是用高低、强弱、长短不同的音阶配合所产生的旋律和谐。《乐记》强调这种“和”的性质企图反映着等级制度的完美性、合理性，试图表现各阶层各阶级之间各守其伦、互不冲犯、上下有序的和谐秩序。希望人们在乐的作用影响下，接受礼所规定的道德伦理规范，从而将人们的伦理同心理协调统一起来。

（2）《乐记》认为，礼与乐二者是相辅相成、互相补充的。它们一个强调同，一个强调异："乐者为同，礼者为异。同则相亲，异则相敬。"（《乐论》）一个讲"和"，一个讲"序"。"乐者，天地之和也；礼者，天地之序也。和，故百物皆化；序，故群物皆别。"（《乐论》）"乐统同，礼辨异，礼乐之说，管乎人情。"（《乐情》）正是由于礼与乐二者作用不同，所以，在政治伦理上就有不同的影响："礼义立，则贵贱等矣；乐文同，则上下和矣。"（《乐论》）"乐由中出，礼自外作。乐由中出故静，礼自外作故文。……乐至则无怨，礼至则不争。"（《乐论》）"故乐也者，动于内者也；礼也者，动于外者也。乐极和，礼极顺，内和而外顺，则民瞻其颜色而弗与争也，望其容貌而民不生易慢焉。故德辉动于内，而民莫不承听，理发诸外，而民莫不承顺。"（《乐化》）这即是说，乐偏重于治心，以情感人，以德化人，潜移默化地使人"承听"和顺。礼却偏重于从外在行为上规范人，强制人们去尊守。乐从内，礼从外；乐从情感，礼从理智；乐从潜移默化去感染人，礼从制度规范去强制人。礼乐配合，使人们内则无怨，外则不争，使社会呈现一种所谓内和而外顺的礼乐之治的升平景象。总之，礼与乐各有其本质、特点和作用，同时，又是互相联系、不可分割、不可偏废的。"乐胜则流，礼胜则离。"（《乐论》）过于偏重于乐则使人放荡不羁，过于偏重于礼则使人离而不亲。"乐极则忧，礼粗则偏。"（《乐礼》）乐若超过极限，则招致忧乱；礼若没有节制，则产生邪恶。所以礼乐相辅相成，交互为用，不可分离，共为儒家修身、齐家、治国、平天下之重要手段。

荀子曾对礼乐关系有过深刻的论述。《乐记》继承与发展了这一思想，把礼与乐的关系论述得更加辩证、完善。由于乐具有如此特殊的作用，因此，《乐记》一再强调统治者要利用乐来教化人民，弘扬乐教，以乐治国。

（3）《乐记》认为，乐对人的感情、性格，意志等有巨大的影响，这种影响必将扩展到人的心理的各个方面，从而对人的道德品质发生作用。“乐者，通伦理者也。”（《乐本》）“凡奸声感人，而逆气应之；逆气成象，而淫乐兴焉。正声感人，而顺气应之；顺气成象，而和乐兴焉。”（《乐象》）这种影响是双向的，一个人内心的道德品质，可以从乐中反映出来。“德者，性之端也；乐者，德之华也。”（《乐象》）“乐者，所以象德也”，“观其舞，知其德”。（《乐施》）乐是道德品质之花。不仅如此，乐对整个社会的伦理道德都能起到深远的影响。这种影响一方面表现为乐能“制欲”。人的感情和欲望有时会与“天理”发生冲突，如果不对这些欲望加以节制，就会灭绝“天理”，丧失天赋善性，而乐则是以道制欲的有效手段。乐能表现“天理”能“平好恶”、“反人道之正”。（《乐本》）所以，《乐记》告诫统治者务必要运用乐教来移风易俗，使人欲归其正，“致乐以治心，则易直子谅之心，油然生矣。易直子谅之心生则乐，乐则安，安则久，久则天，天则神。”（《乐化》）这即是说，乐可以提高人们的内心的修养，平易、正直、慈爱、善良的心，就会油然而生，因此乐在改变人的气质、消除人的欲望、培养人的品德方面，实在是很重要的。另一方面表现为乐能调节人与人之间的关系，使人民关系和睦，步调一致，欣喜欢爱，相亲相敬。《乐记》说：“乐也者，圣人之所乐也，而可以善民心，其感人深，共移风易俗，故先王著其教焉。”（《乐施》）“乐行而伦清，耳目聪明，血气和平，移风易俗，天下皆宁。”（《乐象》）此外《乐记》还要求统治者以乐来修身养性，以发出德性的光辉，做到不言而信，不怒而威，从而使百姓“莫不承听”“莫不承顺”。（《乐化》）

6. 乐教任务

乐教的内容与方法。《乐记》强调对音乐内容的控制和挑选，才能进行有成效的乐教。认为，不是所有的音乐都能对人民起到好的教育作用的。应当选用先王所制的“礼乐”“德音”来教化人民。“然后圣人作，为父子君臣，以为纪纲。纪纲既正，天下大定。天下大定，然后正六律，和五声，弦歌诗颂，此之谓德音。”（《魏文侯》）德音包含了亲疏贵贱、长幼男女之理，“足以感动人之善心”。（《乐化》），因此《乐记》认为乐教应包含三个方面的任务：

（1）道德教育。《乐记》强调用“德音”来施教，使人民的言行举止都符合封建伦理道德规范的要求：“故听其雅颂之声，志意得广焉；执其干戚，习其俯仰诎伸，容貌得庄焉；行其缀兆，要其节奏，行列得正焉，进退得齐焉。”（《乐化》）以乐教来辅助德育，是乐教的主要任务。《乐记》说：“唯乐不可以为伪。”（《乐象》）只有音乐是不能作伪的。音乐是品德的花朵，是品德的声音，是人的德性的真实的表现，是人的真情的流露。音乐既有披心露腹的抒情作用，又有潜移默化的教育作用，音乐能感化人心，培养人的道德品质，并进而形成道德行为习惯。总之，《乐记》认为音乐有助于道德教育。

（2）音乐知识教育。《乐记》中的乐，是诗，歌、舞三种文化的总汇，它包含着许多音乐、舞蹈、文化、艺术等多方面的知识与技艺。如“钟鼓管磬，羽管干戚，乐之器也；屈伸俯仰，缀兆舒疾，乐之文也”。（《乐论》）“金石丝竹，乐之器也。”（《乐象》）进行乐教的过程，也是对人民传授音乐文化知识的过程。

（3）情感教育。《乐记》认为，乐与人的感情密切相关。乐既是人们感情的表现，又能对人的感情发生深刻的影响。所以，进行乐教的过程，也是对人民进行情感教育的过程。

此外，《乐记》认为，乐教一定要与礼教相结合，因为礼乐是相辅相成的，互为补充的，所以应用平和的、发自内心的、近乎仁的乐来关怀引导人民百姓，同时又以区别差异的、发乎于外的、近乎义的礼来要求教导人民百姓才能收到好的教育效果。

《乐记》强调，乐教与礼教相结合，要在特定的场合下进行，才能收到预期的效果。如“乐在宗庙之中，君臣上下同听之，则莫不和敬；在族长乡里之中，长幼同听之，则莫不和顺；在闺门之内，父子兄弟同听之，则莫不和亲。故乐者，审一以定和，比物以饰节，节奏合以成文，所以合和父子君臣，附亲万民也，是先王立乐之方也。”（《乐化》）君臣在宗庙里祭祀列祖列宗，一起倾听反映尊卑贵贱的音乐，才会在君臣之间产生“和敬”的效果；在族长乡里的特定气氛中，同族老幼在一起倾听反映长幼有序的音乐，才能获得“和顺”的效果；在家族闺门中，父子兄弟在一起倾听反映父慈子孝的音乐，才能获得“和亲”的效果。《乐记》认为人的声音与人的感情是一致的。正因为这样，所以通过音乐上声音的和谐一致，可以达到人们感情上的和谐一致。“审一以定和”，即是说，音乐演奏，应当审定一个中声，不过高，不过低，演奏起来，自然“和”。音乐的声音和谐，它所产生的效果，打动的感情，也自然和谐。所以《乐记》希望通过音乐演奏的声音，来使本来不“和”的“父子君臣”能够“和谐”起来。《乐记》所谓“立乐之方”正在于此。这便是《乐记》阐述的乐教的方法和途径。

7.《乐记》的历史影响与局限

《乐记》继承与发展了孔子以来儒家关于音乐的特征、乐教的功用以及内容与形式、美与善、礼和乐等关系的思想，在阐述“心物感应”的乐的本质方面，在论及音乐对人的情感、性格、意志等心理活动的影响方面，在突出音乐的政治教育与教化功能方面，在强调音乐对于“修身齐家、治国平天下”的社会作用方面，在注重礼乐并重“先王之道，礼乐可谓盛矣”方面，都有了新的突破，其基本思想比在它之前的儒家著作中都更明确、更丰富、更具体、更深入、更系统，它是中国古代最重要、最系统的音乐教育思想的论著，至今仍未失去其灿烂的光辉。

在西方，古希腊的德谟克利特有乐论专著《论音乐》，惜已失传，其思想面貌不得而知，无法与《乐记》比较。柏拉图、亚里士多德都有论乐思想，但很不系统，远没有《乐记》这样丰富与完善。古罗马裴罗德谟的《论音乐》虽是一部乐论专著，但其主旨在于批判与否定古希腊音乐美育论，而未正面树立自己的音乐思想体系。因此，我们可以说，《乐记》不仅在中国，而且在世界古代音乐思想史及音乐教育思想史上也占有极其重要的地位。

但《乐记》把音乐当作封建地主阶级手中的工具。《乐记》希望通过音乐教育使“官序贵贱各得其宜”，要“示后世也有尊卑长幼之序”。《乐记》主张“德成而上，艺成而下”，就是主张以封建地主阶级的“德”作为“善”的标准，作为评价音乐的政治标准。《乐记》认为音乐是体现“天理”的，亦即天赋善性，“唯君子为能知乐”，音乐可以用来表彰君子的德行，宣扬统治者的功业，为巩固统治服务。对于广大人民来说，音乐则是统治者给予的恩赐，接受乐教的目的是使人民“制欲”“改过”，从而“无怨”“不争”，顺从统治。所以《乐记》对于三皇五帝以来一切统治阶级的音乐，一切对统治阶级歌功颂德的音乐都推崇备至，尊之为“德音”、相反，对一切民间的音乐，则大加攻击，斥之为“奸声”“邪音”“溺音”“淫乐”。《乐记》过分强调“乐”必配合于“礼”，“乐”被紧紧绑在“礼”的车子上，使“乐”逐渐失去了它的独立性与创造性。《乐记》过分强调“德”和“位”的音乐标准，这也就容易把中国的古代音乐引向庸俗化和势利化。中国古代社会的音乐，到了后来，愈来愈衰退，这不能不说和《乐记》所宣扬的“乐”配合“礼”的思想有些关系。所有这些，都是《乐记》的阶级与时代的局限性。

《乐记》以后，嵇康提出“声无哀乐”论，认为“声音自当以善恶为主，则无关于哀乐；哀乐自当以情感而后发，则无系于声音”，他突出了音乐本身的艺术特点，力图使音乐“越名教而任自然”，并肯定“郑声是音声之至妙”，这是向《乐记》等儒家传统音乐思想发起了挑战。冯梦龙也认为民间音乐“借男女之真情，发名教之伪药”，充分肯定了被儒家传统音乐思想所否定的“郑卫之音”，他们对《乐记》思想有所否定与突破。这样的观点，在中国过去是很少的。

《乐记》体大精深，以儒家思想为主，包容其他各派思想，谈到音乐的本源、音乐的特点、音乐与政治的关系、音乐与社会价值、音乐形式与内容的关系等问题，余篇仅留篇目，由篇名看，涉及乐器演奏、音乐创造、音律理论等问题。

（四）参考文献

1. 《钦定四库全书总目》（整理本），中华书局 1997 年版。

2. 郭沫若：《公孙尼子与其音乐理论》，上海新文艺出版社 1944 年版。

3. 蔡仲德：《〈乐记〉作者问题辨证》，《中央音乐学院学报》1980 年（创刊号）。

4. 蔡仲德：《〈乐记〉哲学思想辨析》，《音乐研究》1981 年第4 期。

5. 修海林：《〈乐记〉音乐美学思想试》，《音乐研究》1986 年第 2 期。

6. 冯克诚主编：《原始儒家教育学说与论著选读》，人民武警出版社 2010 年版。

（五）延伸阅读

《荀子·乐论》

夫乐者，乐也，人情之所必不免也，故人不能无乐。乐则必发于声音，形于动静，而人之道，声音、动静、性术之变尽是矣。故人不能不乐，乐则不能无形，形而不为道，则不能无乱。先王恶其乱也，故制雅、颂之声以道之，使其声足以乐而不流，使其文足以辨而不諰，使其曲直、繁省、廉肉、节奏，足以感动人之善心，使夫邪污之气无由得接焉。是先王立乐之方也，而墨子非之，奈何！

故乐在宗庙之中，君臣上下同听之，则莫不和敬；闺门之内，父子兄弟同听之，则莫不和亲；乡里族长之中，长少同听之，则莫不和顺。故乐者，审一以定和者也，比物以饰节者也，合奏以成文者也；足以率一道，足以治万变。是先王立乐之术也，而墨子非之，奈何！

故听其雅、颂之声，而志意得广焉；执其干戚，习其俯仰屈伸，而容貌得庄焉；行其缀兆，要其节奏，而行列得正焉，进退得齐焉。故乐者，出所以征诛也，入所以揖让也。征诛揖让，其义一也。出所以征诛，则莫不听从；入所以揖让，则莫不从服。故乐者，天下之大齐也，中和之纪也，人情之所必不免也。是先王立乐之术也，而墨子非之，奈何！

且乐者，先王之所以饰喜也；军旅铁钺者，先王之所以饰怒也。先王喜怒皆得其齐焉。是故喜而天下和之，怒而暴乱畏之。先王之道，礼乐正其盛者也。而墨子非之，故曰：墨子之于道也，犹瞽之于白黑也，犹聋之于清浊也，犹欲之楚而北求之也。

夫声乐之入人也深，其化人也速，故先王谨为之文。乐中平则民和而不流，乐肃庄则民齐而不乱。民和齐则兵劲城固，敌国不敢婴也。如是，则百姓莫不安其处，乐其乡，以至足其上矣。然后名声于是白，光辉于是大，四海之民，莫不愿得以为师。是王者之始也。乐姚冶以险，则民流僈鄙贱矣。流僈则乱，鄙贱则争。乱争则兵弱城犯，敌国危之。如是，则百姓不安其处，不乐其乡，不足其上矣。故礼乐废而邪音起者，危削侮辱之本也。故先王贵礼乐而贱邪音。其在序官也，曰："修宪命，审诛赏，禁淫声，以时顺修，使夷俗邪音不敢乱雅，太师之事也。"

墨子曰："乐者、圣王之所非也，而儒者为之，过也。"君子以为不然。乐者，圣王之所乐也，而可以善民心，其感人深，其移风易俗易，故先王导之以礼乐而民和睦。夫民有好恶之情而无喜怒之应，则乱。先王恶其乱也，故修其行，正其乐，而天下顺焉。故齐衰之服，哭泣之声，使人之心悲；带甲婴軸，歌于行伍，使人之心伤；姚冶之容，郑、卫之音，使人之心淫；绅、端、章甫，舞韶歌武，使人之心庄。故君子耳不听淫声，目不视邪色，口不出恶言。此三者，君子慎之。

凡奸声感人而逆气应之，逆气成象而乱生焉。正声感人而顺气应之，顺气成象而治生焉。唱和有应，善恶相象，故君子慎其所去就也。

君子以钟鼓道志，以琴瑟乐心。动以干戚，饰以羽旄，从以箫管。故其清明象天，其广大象地，其俯仰周旋有似于四时。故乐行而志清，礼修而行成，耳目聪明，血气和平，移风易俗，天下皆宁，美善相乐。故曰：乐者、乐也。君子乐得其道，小人乐得其欲。以道制欲，则乐而不乱；以欲忘道，则惑而不乐。故乐者，所以道乐也，金石丝竹，所以道德也。乐行而民乡方矣。故乐也者，治人之盛者也；而墨子非之。

且乐也者，和之不可变者也；礼也者，理之不可易者也。乐合同，礼别异，礼乐之统，管乎人心矣。穷本极变，乐之情也；着诚去伪，礼之经也。墨子非之，几遇刑也。明王已没，莫之正也。愚者学之，危其身也。君子明乐，乃其德也。乱世恶善，不此听也。于乎哀哉！不得成也。弟子勉学，无所营也。

声乐之象：鼓大丽，钟统实，磬廉制，竽、笙箫和，筦、籥发猛，埙、篪翁博，瑟易良，琴妇好，歌清尽，舞意天道兼。鼓，其乐之君邪！故鼓似天，钟似地，磬似水，竽、笙、管、籥似星辰日月，鞉、柷、拊、鞷、椌、楬似万物。曷以知舞之意？曰：目不自见，耳不自闻也，然而治俯仰诎信进退迟速，莫不廉制，尽筋骨之力以要钟鼓俯会之节，而靡有悖逆者，众积意乎！

吾观于乡而知王道之易易也。主人亲速宾及介，而众宾皆从之。

至于门外，主人拜宾及介，而众宾皆入，贵贱之义别矣。三揖至于阶，三让以宾升。拜至、献酬，辞让之节繁，及介省矣。至于众宾，升受，坐祭，立饮，不酢而降，隆杀之义辨矣。工入，升歌三终，主人献之；笙入三终，主人献之；间歌三终，合乐三终，工告乐备，遂出。二人扬觯，乃立司正，焉知其能和乐而不流也。宾酬主人，主人酬介，介酬众宾，少长以齿，终于沃洗者，焉知其能弟长而无遗也。降、说屦升坐，修爵无数。饮酒之节，朝不废朝，莫不废夕。宾出，主人拜送，节文终遂，焉知其能安燕而不乱也。贵贱明，隆杀辨，和乐而不流，弟长而无遗，安燕而不乱。此五行者，足以正身安国矣。彼国安而天下安。故曰：吾观于乡而知王道之易易也。

乱世之征，其服组，其容妇，其俗淫，其志利，其行杂，其声乐险，其文章匿而采，其养生无度，其送死瘠墨，贱礼义而贵勇力，贫则为盗，富则为贼。治世反是也。

二　（晋）嵇康《声无哀乐论》

（一）题解

嵇康（224—263 年），三国魏哲学家、文学家、思想家、音乐家。字叔夜。谯国铚（今安徽宿县西南）人。与魏宗室通婚，娶曹操曾孙女长乐亭主为妻。官中散大夫，世称嵇中散。晋室当道，拒出为官。崇尚老庄，讲求养生服食之道。为“竹林七贤”领袖，与阮籍齐名。因倡言“非汤武而薄周孔”，且不满当时掌权之司马氏集团，遭钟会构陷，为司马昭所杀。在哲学上，认为“元气陶铄，众生禀焉”（《明胆论》），肯定万物均禀受元气而生。又提出“越名教而任自然”之说，主张返回自然，厌恶儒家烦琐礼教。鲁迅称其文“思想新颖，往往与古时旧说反对"，《与山巨源绝交书》《难自然好学论》等为代表作。诗长于四言，风格清峻，有《幽愤诗》传世。善鼓琴，临终以一曲《广陵散》绝唱天下。作《琴赋》，对古琴的所制，琴曲的特色、琴之奏法及表现力，均作细致描写。其著《嵇中散集》，已散佚。后人辑本，以鲁迅所辑校《嵇康集》为最详备。

《声无哀乐论》收在《嵇康集》的第五卷。长近万字，用"秦客"（俗儒的化身）和"东野主人"（作者自况）的8次辩难，反复论证，有针对性地讨论了音、声的特殊性，进而阐述自己的音乐思想。嵇康认为音乐属于外界的客观事物，哀乐属于内心的主观感情，不是一回事。音乐的好与不好（美与不美），与人的哀乐无关；人的哀乐主要是人情有所感受而后表露出来的。《声无哀乐论》对音乐的哀乐与情感的关系、音乐的功能、音乐的鉴赏等音乐美学问题的思考有重要的推动作用。现有鲁迅手校影印本和排印本，戴明扬校注本和吉联抗译注本。

（二）原文

有秦客问于东野主人曰：闻之前论曰："治世之音安以乐，亡国之音哀以思。[1]夫治乱在政，而音声应之。故哀思之情，表于金石。安乐之象，形于管弦也。又仲尼闻《韶》[2]，识虞舜之德；季札听弦，知众国之风[3]；斯已然之事，先贤所不疑也。今子独以为声无哀乐，其理何居？若有嘉训，请闻其说。"

主人应之曰："斯义久滞，莫肯拯救。故令历世滥[4]于名实。今蒙启导，将言其一隅焉。夫天地合德，万物贵生。寒暑代往，五行以成。章为五色，发为五音。[5]音声之作，其犹臭[6]味在于天地之间。其善与不善，虽遭遇浊乱，其体自若，而不变也。岂以爱憎易操[7]，哀乐改度[8]哉？及宫商集比，声音克谐。此人心至愿，情欲之所钟。古人知情不可恣，欲不可极，因其所用，每为之节。使哀不至伤，乐不至淫。因事与名，物有其号。哭谓之哀，歌谓之乐。斯其大较也。然乐云乐云，钟鼓云乎哉[9]？哀云哀云，哭泣云乎哉？因兹而言，玉帛非礼敬之实，歌舞非悲哀之主也[10]。何以明之？夫殊方异俗，歌哭不同，使错而用之，或闻哭而欢，或听歌而戚，然其哀乐之情均也。今用均同之情而发万殊之声，斯非音声之无常哉？然声音和比，感人之最深者也。劳者歌其事，乐者舞其功。夫内有悲痛之心，则激切哀言。言比成诗，声比成音。杂而咏之，聚而听之。心动于和声，情感于苦言。嗟叹未绝而泣涕流涟矣。夫哀心藏于内，遇和声而后发；和声无象，而哀心有主。夫以有主之哀心，因乎无象之和声，其所觉悟，唯哀而已。岂复知'吹万不同而使其自已'哉[11]？风俗之流，遂成其政。是故国史明政教之得失，审国风之盛衰，吟咏情性，以讽其上[12]。故曰：亡国之音哀以思也。夫喜怒哀乐，哀憎惭惧，凡此八者，生民所以接物传情，区别有属，而不可溢者也。夫味以甘苦为称，今以甲贤而心爱，以乙愚而情憎，则爱憎宜属我，而贤愚宜属彼也。可以我爱而谓之爱人，我憎则谓之憎人？所喜则谓之喜味，所怒则谓之怒味哉？由此言之，则外内殊用，彼我异名。声音自当以善恶为主，则无关于哀乐。哀乐自当以情感而后发，则无系于音。名实俱去，则尽然可见矣。且季子在鲁，采诗观礼，以别风雅，岂徒任声以决臧否哉？又仲尼闻《韶》，叹其一致[13]，是以咨嗟，何必因声以知虞舜之德，然后叹美耶？今粗明其一端，亦可思过半矣。"

秦客难曰："'八方异俗，歌哭万殊'，然其哀乐之情不得不见也。夫心动于中，而声出于心，虽托之于他音，寄之于馀声，善听察者，要自觉之不使得过也。昔伯牙理琴，而钟子知其所志[14]；隶人击磬，而子期识其心哀[15]；鲁人晨哭，而颜渊察其生离[16]。夫数子者，岂复假智于常者，借验于曲度哉？心戚者则形为之动，情悲者则声为之哀。此自然相应，不可得逃。唯神明者能精之耳。夫能者不以声众为难，不能者不以声寡为易。今不可以为遇善听，而谓之声无可察之理；见方俗之多变，而谓声无哀乐也。又云：‘贤不宜言爱，愚不宜言憎。’然则有贤然后爱生，有愚然后憎起，但不当共其名耳。哀乐之作，亦有由而然。此为声使我哀，音使我乐也。苟哀乐由声，更为有实，何得名实俱去耶？又云：‘季子采诗观礼，以别风雅；仲尼叹韶音之一致，是以咨嗟。’是何言欤？且师襄奏操，而仲尼睹文王之容[17]；师涓进曲，而子野识亡国之音[18]。宁复讲诗而后下言，习礼然后立评哉？斯皆神妙独见，不待留闻积日，而已综其吉凶矣[19]，是以前史以为美谈。今子以区区之近知，齐所见而为限，无乃诬前贤之识微，负夫子之妙察耶？”

主人答曰：“难云：虽歌哭万殊，善听察者要自觉之，不假智于常音，不借验于曲度。钟子之徒云云是也。此为心哀者虽谈笑鼓舞，情欢者，虽拊膺咨嗟，犹不能御外形以自匿，诳察者于疑似也。以为就令声音之无常，犹谓当有哀乐耳。又曰：季子听声，以知众国之风；师襄奏操，而仲尼睹文王之容。案如所云，此为文王之功德，与风俗之盛衰，皆可象之于声音。声之轻重，可移于后世，襄涓之巧又能得之于将来。若然者，三皇五帝可不绝于今日，何独数事哉？若此果然也，则《文王》之操有常度，《韶》《武》之音有定数，不可杂以他变，操以馀声也。则向所谓声音之无常，钟子之触类，于是乎踬[20]矣。若音声之无常，钟子之触类，其果然耶？则仲尼之识微，季札之善听，固亦诬矣。此皆俗儒妄记，欲神其事而追为耳。欲令天下惑声音之道，不言理自。尽此而推，使神妙难知，恨不遇奇听于当时，慕古人而叹息。斯所以大罔[21]后生也。夫推类辨物，当先求之自然之道。理已足，然后借古义以明之耳。今未得之于心，而多恃前言以为谈证，自此以往，恐巧历不能纪耳[22]。又难云：哀乐之作，犹爱憎之由贤愚，此为声使我哀，而音使我乐。苟哀乐由声，更为有实矣。夫五色有好丑，五声有善恶，此物之自然也。至于爱与不爱，喜与不喜，人情之变，统物之理，唯止于此，然皆无豫于内，待物而成耳。至夫哀乐自以事会，先遘于心，但因和声，以自显发；故前论以明其无常，今复假此谈以正名号耳。不谓哀乐发于声音，如爱憎之生于贤愚也。然和声之感人心，亦犹酒醴之发人情也。酒以甘苦为主，而醉者以喜怒为用。其见欢戚为声发而谓声有哀乐，犹不可见喜怒为酒使而谓酒有喜怒之理也[23]。”

秦客难曰：“夫观气采色，天下之通用也。心变于内而色应于外，较[24]然可见。故吾子不疑。夫声音，气之激者也，心应感而动，声从变而发；心有盛衰，声亦隆杀。同见役于一身，何独于声便当疑耶？夫喜怒章于色诊[25]，哀乐亦宜形于声音，声音自当有哀乐，但暗者不能识之。至钟子之徒，虽遭无常之声，则颖然独见矣。今蒙瞽[26]面墙而不晤，离娄[27]照秋毫于百寻[28]，以此言之，则明暗殊能矣。不可守咫尺之度而疑离娄之察，执中庸[29]之听而猜钟子之聪，皆谓古人为妄记也。”

主人答曰：“难云：心应感而动，声从变而发，心有盛衰，声亦隆杀。哀乐之情，必形于声音。钟子之徒，虽遭无常之声，则颖然独见矣。必若所言，则浊质之饱[30]，首阳之饥[31]，卞和之冤[32]，伯奇之悲[33]，相如之含怒[34]，不占之怖祗[35]，千变百态。使各发一咏之歌，同启数弹之微，则钟子之徒各审其情矣。尔为听声音者不以寡众易思？察情者不以大小为异？同出一身者，期于识之也。设使从下出，则子野之徒亦当复操律鸣管以考其音[36]，知南风之盛衰[37]，别雅郑之淫正也。夫食辛之与甚噱[38]，熏目之与哀泣，同用出泪，使狄牙[39]尝之，必不言乐泪甜而哀泪苦。斯可知矣。何者？肌液肉汁，踧笮[40]便出，无主于哀乐，犹簁[41]酒之囊漉，虽笮[42]具不同而酒味不变也。声俱一体之所出，何独当含哀乐之理也？且夫《咸池》《六茎》，《大章》《韶》《夏》[43]，此先王之至乐，所以动天地感鬼神者也。今必云声音莫不象其体而传其心[44]，此必为至乐，不可托之于瞽史[45]，必须贤人理其管弦，尔乃雅音得全也。舜命夔击石拊石，八音克谐，神人以和[46]。以此言之，至乐虽待圣人而作，不必圣人自执也。何者？音声有自然之和而无系于人情，克谐之音成于金石，至和之声得于管弦也。夫纤毫自有形可察，故离瞽以明暗异功耳，若以水济水[47]，孰异之哉！”

秦客难曰：“虽众喻有隐，足招攻难，然其大理当有所就。若葛卢闻牛鸣，知其三子为牺[48]；师旷吹律，知南风不竞，楚师必败；羊舌母听闻儿啼，而知其丧家[49]。凡此数事，皆效于上世，是以咸见录载。推此而言，则盛衰吉凶，莫不存乎声音矣。今若复谓之诬罔，则前言往记，皆为弃物，无用之也。以言通论，未之或安。若能明其所以，显其所由，设二论俱济，愿重闻之。”

主人答曰：“吾谓能反三隅者，得意而忘言。是以前论略未详。今复烦循环之难，敢不自一竭耶！夫鲁牛能知历牺之丧生，哀三子之不存；含悲经年，诉怨葛卢。此为心与人同，异于兽形耳。此又吾之所疑也。且牛非人类，无道相通。若谓鸟兽皆能有知，葛卢受性独晓之，此为解其语而论其事，犹译传异言耳。不为考声音而知其情，则非所以为难也。若谓知者，为当触物而达，无所不知。今且先议其所易者。请问圣人卒入胡域，当知其所言否乎？难者必曰：知之。知之之理何以明之？愿借子之难以立鉴识之域。或当与关接识其言耶？将吹律鸣管，校其音耶？观气采色，知其心耶？此为知心，自由气色；虽自不言，犹将知之。知之之道，可不待言也。若吹律校音以知其心。假令心志于马而误言鹿，察者固当由鹿以知马也。此为心不系于所言，言或不足以证心也。若当关接而知言，此为孺子学言于所师，然后知之。则何贵于聪明哉？夫言非自然一定之物，五方殊俗，同事异号。趣举一名以为标识耳。夫圣人穷理，谓自然可寻，无微不照。苟理蔽则虽近不见[50]。故异域之言，不得强通。推此以往，葛卢之不知牛鸣，得不全乎？又难云：师旷吹律，知南风不竞，楚多死声。此又吾之所疑也。请问师旷吹律之时，楚国之风耶？则相去千里，声不足达；若正识楚风，来入律中耶？则楚南有吴越，北有梁宋，苟不见其原，奚以识之哉？凡阴阳愤激，然后成风；气之相感，触地而发；何必发楚庭来入晋乎？且又律吕分四时之气耳，时至而气动，律应而灰移[51]。皆自然相待，不假人以为用也。上生下生[52]，所以均五声之和，叙刚柔[53]之分也。然律有一定之声，虽冬吹中吕[54]，其音自满而无损也。今以晋人之气，吹无损之律，楚风安得来入其中，与为盈缩耶？风无形，声与律不通，则校理之地无取于风律，不其然乎？岂独师旷博物多识，自有以知胜败之形，欲固众心，而托以神微。若伯常骞之许景公寿哉[55]！又难云：羊舌母听闻儿啼，而审其丧家。复请问何由知之？为神心独悟，暗语而当耶？尝闻儿啼，若此其大而恶，今之啼声，似昔之啼声，故知其丧家耶？若神心独悟，暗语之当，非理之所得也。虽曰听啼，无取验于儿声矣。若以尝闻之声为恶，故知今啼当恶，此为以甲声为度，以校乙之啼也。夫声之于音，犹形之于心也。有形同而情乖，貌殊而心均者。何以明之？圣人齐心等德，而形状不同也。苟心同而形异，则何言乎观形而知心哉？且口之激气为声，何异于籁籥纳气而鸣耶？啼声之善恶，不由儿口吉凶，犹琴瑟之清浊，不在操者之工拙也。心能辨理善谈，而不能令籁籥调利，由瞽者能善其曲度，而不能令器必清和也。器不假妙瞽而良，籥不因慧心而调。然则心之与声，明为二物。二物诚然，则求情者不留观于形貌，揆心者不借听于声音也。察者欲因声以知心，不亦外乎？今晋母未得之于考诚，而专信昨日之声以证今日之啼，岂不误中于前世好奇者从而称之哉！”

秦客难曰：“吾闻败者不羞走，所以全也。吾心未厌[56]而言难复，更从其馀。今平和之人，听筝笛琵琶，则形躁而志越；闻琴瑟之音，则听静而心闲。同一器之中，曲用每殊，则情随之变。奏秦[57]声则叹慕而慷慨，理齐楚[58]则情一而思专，肆姣弄[59]则欢放而欲惬，心为声变，若此其众。苟躁静由声，则何为限其哀乐？而但云至和之声无所不感，托大同于声音，归众变于人情，得无知彼不明此哉？”

主人答曰：“难云：琵琶筝笛令人躁越。又云：曲用每殊而情随之变。所诚所以使人常感也。琵琶筝笛，间促而声高，变众而节数。以高声御数节，故使形躁而志越。犹铃铎警耳，钟鼓骇心。故闻鼓之音，则思将帅之臣[60]。盖以声音有大小，故动人有猛静也。琴瑟之体，间辽而音埤[61]，变希而声清，以埤音御希变，不虚心静听，则不尽清和之极。是以听静而心闲也。夫曲用不同，亦犹殊器之音耳。齐楚之曲多重，故情一；变妙，故思专。姣弄之音，挹众声之美，会五音之和，其体赡而用博，故心役于众理。五音会，故欢放而欲惬。然皆以单复、高埤、善恶为体，而人情以躁静、专散为应[62]。譬犹游观于都肆，则目滥而情放；留察于曲度，则思静而容端。此为声音之体，尽于舒疾；情之应声，亦止于躁静耳。夫曲用每殊，而情之处变，犹滋味异美而口辄识之也。五味万殊，而大同于美；曲变虽众，亦大同于和。美有甘，和有乐；然随曲之情，近乎和域；应美之口，绝于甘境。安得哀乐于其间哉？然人情不同，各师所解，则发其所怀。若言平和哀乐正等，则无所先发，故终得躁静。若有所发，则是有主于内，不为平和也。以此言之，躁静者，声之功也；哀乐者，情之主也；不可见声有躁静之应，因谓哀乐皆由声音也。且声音虽有猛静，猛静各有一和，和之所感，莫不自发。何以明之？夫会宾盈堂，酒酣奏琴，或忻然而欢，或惨尔而泣，非进哀于彼，导乐于此也。其音无变于昔，而欢戚并用，斯非吹万不同耶？夫唯无主于喜怒，亦应无主于哀乐，故欢戚俱见。若资偏固之音，含一致之声，其所发明，各当其分。则焉能兼御群理，总发众情耶？由是言之：声音以平和为体，而感物无常；心志以所俟为主，应感而发。然则声之与心，殊途异轨，不相经纬，焉得染太和于欢戚，缀虚名于哀乐哉？”

秦客难曰：“论云：猛静之音，各有一和。和之所感莫不自发，是以酒酣奏琴而欢戚并用。此言偏重之情先积于内，故怀欢者值哀因而发，内戚者遇乐声而感也。夫声音自当有一定之哀乐，但声化迟缓，不可仓卒，不能对易，偏重之情触物而作，故令哀乐同时而应耳。虽二情俱见，则何损于声音有定理耶?”

主人答曰：“难云：哀乐自有定声，但偏重之情，不可卒移，故怀感戚者遇乐声而哀耳。即如所言，声有定分；假使《鹿鸣》[63]重奏，是乐声也；而令戚者遇之，虽声化迟缓，但当不能使变令欢耳。何得更以哀耶？犹一爝[64]之火，虽未能温一室，不宜复增其寒矣。夫火非隆寒之物，乐非增哀之具也。理弦高堂而欢戚并用者，直至和之发滞导情，故另外物所感得自尽耳[65]。难云：偏重之情触物而作，故令哀乐同时而应耳。夫言哀者，或见机杖[66]而泣，或睹舆服而悲。徒以感人亡而物存，痛事显而形潜。其所以会之，皆自有由，不为触地而生哀，当席而泪出也。今无机杖以致感，听和声而流涕者，斯非和之所感，莫不自发也。”

秦客难曰：“论云：酒酣奏琴，而欢戚并用；欲通此言，故答以偏情感物而发耳。今且隐心而言，明之以成效。夫人心不欢则戚，不戚则欢，此情志之大域也。然泣是戚之伤，笑是欢之用也。盖闻齐楚之曲者，唯睹其哀涕之容，而未曾见笑噱之貌，此必齐楚之曲，以哀为体；故其所感应其度。岂徒以多重而少变，则致情一而思专耶？若诚能致泣，则声音之有哀乐，断可之矣。”

主人答曰：“虽人情感于哀乐，哀乐各有多少。又哀乐之极，不必同致也。夫小哀容坏，甚悲而泣，哀之方也；小欢颜悦，至乐而笑，乐之理也。何以明之？夫至亲安豫，则恬若自然，所自得也；及在危急，仅然后济[67]，则抃患拔琛?。由此言之，舞之不若向之自得，岂不然哉？至夫笑噱虽出于欢情，然自以理成，又非自然应声之具也。此为乐之应声以自得为主，哀之应感以垂涕为故，垂涕则行动而可觉，自得则神合而无变，是以观其异而不识其同，别其外而未察其内耳。然笑噱之不显于声音，岂独齐楚之曲耶？今不求乐于自得之域，而以无笑噱谓齐楚体哀，岂不知哀而不识乐乎？”

秦客问曰：“仲尼有言：移风易俗，莫善于乐[68]。即如所论，凡百哀乐，皆不在声，则移风易俗果以何物耶？又古人慎靡靡之风，抑慆[69]耳之声，故曰：放郑声，远佞人[70]。然则郑卫之音[71]，击鸣球以协神人[72]，敢问郑雅之体，隆弊所极，风俗移易，奚由而济？愿重闻之，以悟所疑。”

主人应之曰：“夫言移风易俗者，必承衰弊之后也。古之王者，承天理物，必崇简易之教，御无为之治。君静于上，臣顺于下；玄化潜通，天人交泰。枯槁之类，浸育灵液，六合之内，沐浴鸿流，荡涤尘垢。群生安逸，自求多福，默然从道，怀忠抱义而不觉其所以然也。和心足于内，和气见于外。故歌以叙志，舞以宣情[73]；然后文以采章，照之以风雅，播之以八音，感之以太和。导其神气，养而就[74]之；迎其情性，致而明之；使心与理相顺，气与声相应。合乎会通以济其美，故凯乐之情见于金石，含弘光大显于音声也。若此以往，则万国同风，芳荣济茂，馥如秋兰；不期而信，不谋而成，穆然相爱。犹舒锦布彩而粲炳可观也。大道之隆，莫盛于兹，太平之业，莫显于此。故曰：移风易俗，莫善于乐。然乐之为体，以心为主。故无声之乐，民之父母也。至八音会协，人之所悦，亦总谓之乐。然风俗移易，本不在此也。夫音声和比，人情所不能已者也。是以古人知情不可放，故抑其所遁；知欲不可绝，故因其所自。故为可奉之礼，致可导之乐。口不尽味，乐不极音。揆终始之宜，度贤愚之中，为之检[75]，则使远近同风，用而不竭，亦所以结忠信，著不迁也。故乡校庠塾[76]亦随之变。使丝竹与俎豆并存，羽毛与揖让俱用，正言与和声同发[77]。使将听是声也，必闻此言；将观是容也，必崇此礼。礼犹宾主升降，然后酬酢行焉。于是言语之节，声音之度，揖让之仪，动止之数，进退相须，共为一体。君臣用之于朝，庶士用之于家，少而习之，长而不怠，心安志固，从善日迁，然后临之以敬，持之以[78]久而不变，然后化成。此又先王用乐之意也。故朝宴聘享，嘉乐必存。是以国史采风俗之盛衰，寄之乐工，宣之管弦，使言之者无罪，闻之者足以诫[79]，此又先王用乐之意也。若夫郑声，是音声之至妙。妙音感人，犹美色惑志，耽盘[80]荒酒，易以丧业。自非至人，孰能御之？先王恐天下流[81]而不反，故具其八音，不渎其声；绝其大和，不穷其变；捐[82]窈窕之声，使乐而不淫。犹大羹不和，不极勺药之味也[83]。若流俗浅近，则声不足悦，又非所欢也。若上失其道，国丧其纪，男女奔随，淫荒无度，则风以此变，俗以好成。尚其所志，则群能肆之；乐其所习，则何以诛之？托于和声，配而长之，诚动而言，心感于和，风俗一成，因而名之。然所名之声，无中于淫邪也；淫之与正同乎心[84]，雅郑之体，亦足以观矣。”

（三）注疏

1. 治世二句：出自《礼记·乐记》：“治世之音安以乐，其政和；乱世之音怨以怒，其政乖；亡国之音哀以思，其民困。”

2. 仲尼闻《韶》：《论语·八佾》云：“子谓《韶》尽美矣，又尽善也。”《韶》相传为大舜乐。

3. 季札二句：吴国公子季札，以通晓音乐而闻名。曾出使鲁国，被邀请欣赏评价各国音乐。出自《左传·襄公二十九年》。

4. 滥：失，不加选择。

5. 五行三句：五行：木、火、土、金、水；五色：青、赤、黄、白、黑；五音：宫、商、角、徵、羽。在五行学说的系统内，它们一一相对应。（木—青—角，火—赤—徵，土—黄—宫，金—白—商，水—黑—羽）

6. 臭：气味。

7. 操：操弄。指抚琴。

8. 度：度量、律度。

9. 然乐二句：《论语·阳货》云："礼云，礼云，玉帛云乎哉！乐云，乐云，钟鼓云乎哉！"意谓玉帛和钟鼓只是礼乐制度的表象而非实质。

10. 歌哭非哀乐之主也：戴校本作"歌舞非悲哀之主也"。

11. 岂复句：语出《庄子·齐物论》："夫吹万不同，而使其自已也。咸其自取，怒者其谁邪？"郭象注云："自已而然，则谓之天然。"此句意思是天气吹煦，生养万物，使各得其性而止。嵇康认为，声音至高无上的境界是天籁，出于自然。

12. "是故"四句：出自《毛诗序》："国史明乎得失之迹，赏人伦之废，哀刑政之苛，吟咏情性，以风其上。"

13. "又仲"二句：孔子听到《韶》乐，叹美其艺术完整、统一。此据吉联抗说，参其所译注之《嵇康·声无哀乐论》，音乐出版社 1964 年版。

14. "昔伯"二句：《吕氏春秋·本味》云："伯牙鼓琴，钟子期听之。方鼓琴而志在太山，钟子期曰：'善哉乎鼓琴，巍巍乎若太山。'少选之间，而志在流水，钟子期又曰：'善哉乎鼓琴，汤汤乎若流水。'"

15. "隶人"二句：《吕氏春秋·精通》云："钟子期夜闻击磬者，而悲，使人召而问之曰：'子何击磬之悲也？'答曰：'臣之父不幸而杀人，不得生。臣之母得生，而为公家为酒。臣之身得生，而为公家击磬。臣不睹臣之母三年矣……是以悲也。"隶人，指以罪而入官家充徒役之人。

16. "鲁人"二句：刘向《说苑·辨物》云："孔子晨立堂上，闻哭者声音甚悲。……回曰：今者有哭音，其音甚悲，非独哭死，又哭生离者。……孔子使人问哭者。哭者曰：父死家贫，卖子以葬之，将与其别也。"

17. "且师"二句：韩婴《韩诗外传》记载孔子学琴于师襄，

“持文王之声，知文王之为人”，云：“洋洋乎，翼翼乎，必作此乐也。黯然黑，几然而长，以王天下，以朝诸侯者，其惟文王乎?”

18. “师涓”二句：《韩非子·十过》载卫灵公将到晋国，至濮水之上，夜闻鼓新声者，遂召师涓听而写之，后来演奏给晋平公听。“乃召师涓，令坐师旷之旁，援琴鼓之。未终，师旷抚止之，曰：‘此亡国之声，不可遂也。’平公曰：‘此道奚出?’师旷曰：‘此师延之所作，与纣为靡靡之乐也。及武王伐纣，师延东走，至于濮水而自投。故闻此声者，必于水之上。’”子野是师旷的号。

19. 综：理，辨。

20. 踬：窒碍不通。

21. 罔：诬。

22. 恐巧历不能纪：刘安《淮南子·览冥训》云：“天地之间，巧历不能举其数。”高诱注云：“巧，工也。虽工为历术者不能悉举其数也。”历术，古人计时之法。

23. 其见二句：吉联抗注云：“这一句的前半句与后半句文意反背了，或者是前半句‘见’上脱‘不可’，或者是后半句‘见’上衍‘不可’。”见吉联抗译注《稽康·声无哀乐论》（人民音乐出版社1964年版）。

24. 较：明显。

25. 诊：验。

26. 蒙瞽：通指盲人。有瞳仁的为蒙，无瞳仁的为瞽。

27. 离娄：古代传说中视觉最敏锐者。《孟子·离娄上》：“离娄之明，公输子之巧，不以规矩，不能成方圆”。

28. 寻：古代长度单位，八尺为一寻。

29. 中庸：这里指平庸。

30. 浊质之饱：《史记·货殖列传》云：“洒削薄技也，而郅（《汉书·食货志》作质）氏鼎食；胃脯简微耳，而浊氏连骑。”

31. 首阳之饥：《论语·季氏》："伯夷、叔齐饿于首阳之下。"

32. 卞和之冤：《韩非子·和氏》记载楚国卞和得到玉璞，献给楚厉王、楚武王，却以欺诳之罪被砍去双脚。"文王即位。和乃抱其璞而哭于楚山之下，三日三夜，泪尽而继之以血。王闻之，使人问其故，曰：'天下之刖者多矣，子奚哭之悲也？'和曰：'吾非悲刖也，悲夫宝玉而题之以石，贞士而名之以诳，此吾所以悲也。'王乃使玉人理其璞而得宝焉，遂命曰：'和氏之璧'。"

33. 伯奇之悲：扬雄《琴清英》云："尹吉甫子，伯奇至孝，后母谮之，自投江中。……扬声悲歌，船人闻而学之。"

34. 相如之含怒：指"完璧归赵"之事，典出《史记·廉颇蔺相如列传》。

35. 不占之怖祇：刘向《新序·义勇》载："齐崔杼弑庄公也，有陈不占者，闻君难，将赴之，比去，餐则失匕，上车失轼。御者曰：'怯如是，去有益乎？'不占曰：'死君，义也；无勇，私也。不以私害公。'遂往，闻战斗之声，恐骇而死。"怖祇，惊怖恐惧。

36. 设使二句：意谓假使声音从地下发出，那么师旷这样的人大概又要拿起律管来吹，从而考察它的声音。下，地下。

37. 南风之盛衰：《左传·襄公十八年》载："晋人闻有楚师，师旷曰：'不害。吾骤歌北风，又歌南风。南风不竞，多死声。楚必无功。'"

38. 噱：大笑。

39. 狄牙：又叫易牙，春秋时齐桓公的幸臣。以善烹调得宠于桓公。

40. 蹴笮：蹴笮二字义同。蹴通蹙，挤压。

41. 簁：筛酒的竹器。

42. 笮（zé）：压榨之义。

43. 《大章》《韶》《夏》：分别指传说中尧、舜、禹的音乐。

44. 象其体而传其心：象征演奏者的本性而传达其思想感情。

45. 瞽史：周代指乐工。

46. 舜命三句：《尚书·尧典》云：“帝曰：‘夔！命汝典乐，教胄子，直而温，宽而栗，刚而无虐，简而无傲。诗言志，歌永言，声依永，律和声。八音克谐，无相夺伦，神人以和。’夔曰：‘於！予击石拊石，百兽率舞。’”击，敲击。拊，拍击。八音：金、石、丝、竹、匏、土、革、木。

47. 以水济水：《左传·昭公二十年》晏子论和同之理云：“君所谓可，据亦曰可；君所谓否，据亦曰否。若以水济水，谁能食之？若琴瑟之专一，谁能听之？同之不可也如是。”

48. 若葛二句：《左传·僖公二十九年》载介葛卢闻牛鸣，曰：“是生三牺，皆用之矣，其音云。”牺，牺牲，用于祭祀的整头牲畜。

49. 羊舌二句：《左传·昭公二十八年》载：“伯石始生，子容之母走谒诸姑，曰：‘长叔姒生男。’姑视之，及堂，闻其声而还，曰：‘是豺狼之声也。狼子野心，非是莫丧羊舌氏矣。’遂弗视。”

50. 苟理蔽则虽近不见：吴钞本于“理”字上有“苟无微不照”五字，“无微不照”四字当为钞者误衍。

51. 律应而灰移：《后汉书·律历志》载候气之法云：“为室三重，户闭，涂衅必周，密布缇缦。室中以木为案，每律各一，内庳外高，从其方位，加律其上，以葭莩灰抑其内端，案历而候之。气至者灰动。其为气所动者其灰散，人及风所动者其灰聚。”

52. 上生下生：此音律相生之理。《吕氏春秋·音律》中记载十二律相生次序与方法，其中说：“三分所生，益之一分以上生；三分所生，去其一分以下生。”

53. 刚柔：吉联抗云：“可以看作音律的高低，亦可以看作是全音的稳定性和半音的不稳定性的代名词。”

54. 冬吹中吕：古人以十二律配合十二月，仲吕（即中吕）应孟夏四月。

55. 伯常骞之许景公寿：刘向《说苑·辨物》载齐景公为露寝之台，因恶枭鸣声而不往。柏常骞请禳而去之，后枭果伏地而死。“公曰：‘子之道若此其明也！亦能益寡人寿乎？’对曰：‘能。’公曰：‘能益几何？’对曰：‘天子九诸侯七大夫五。’……公喜，令百官趣具骞之所求。”嵇康认为此事虚妄，所谓“托以神微”。

56. 厌：同餍，满足。

57. 秦：泛指今陕西一带。

58. 齐楚：泛指今山东、河南一带。

59. 弄：小曲。乐曲中的一段或一章，如《梅花三弄》。

60. 故闻二句：《礼记·乐记》子夏云：“君子听鼓鼙之声，则思将帅之臣。”

61. 间辽而音埤：嵇康《琴赋》云：“间辽故音庳。”戴明扬注：“间者，谓岳山与左手取音处之间隔，去岳愈远，则音愈低。……琴之间隔最远，故能取庳下之音也。”埤，卑也，低下之意。参见《嵇康集校注》(中华书局1987年版)。

62. 此为嵇康关于“心”与“声”关系的“躁静”理论，即音声能够引起人内心的“躁静”情绪反应。

63. 《鹿鸣》：《诗经·小雅》篇名，古代多在举办“乡饮酒”礼时演奏。

64. 爝：火炬。

65. 故另外物所感得自尽耳：此句为嵇康对音声之于人心功能的概括。

66. 机杖：《礼记·曲礼》：“谋于长者，必操几杖以从之。”此处机同几，小桌子。杖，手杖。机杖与下文舆（车舆）服（服饰）对文，指亡故的亲人生前用过的东西。

67. 仅然后济：《战国策·秦策》云：“仅以救亡者。”高诱注：

"仅，犹裁（才）也。"意思是勉强挨过来。济：渡过。

68. 移风二句：语见《孝经·广要道》，《礼记·乐记》《史记·乐书》也有记载。

69. 慆（tāo）：喜悦。《左传》："君子之近琴瑟，以仪节也，非以慆心也。"

70. 放郑二句：语见《论语·卫灵公》，废弃郑国淫逸的音乐，远离逢迎的小人。

71. 然则郑卫之音：此句下疑有脱文，各本并同。

72. 击鸣球以协神人：《尚书·益稷》云："戛击鸣球，搏拊琴瑟以咏。"

73. 和心足于内，和气见于外。故歌以叙志，舞以宣情：嵇康以平和之心与平和之声相应，成就音乐之美。与儒家观点一致。

74. 就：成。

75. 检：法度。

76. 乡校庠塾：泛指学校。《礼记·学记》云："古之教者，家有塾，乡有庠。"

77. 使丝三句：丝竹指乐器，俎豆指礼器，羽毛指舞容，揖让指礼容，正言指礼，和声指乐。

78. 持之以："以"字下脱一字。

79. 是以五句：《毛诗序》云："国史明乎得失之迹，伤人伦之废，哀刑政之苛，吟咏情性，以风其上。"又云："上以风化下，下以风刺上，主文而谲谏，言之者无罪，闻之者足以戒，故曰风。"

80. 耽盘：耽，沉溺。盘：快乐。

81. 流：淫放。

82. 捐：限制。

83. 犹大二句：意思是祭祀用的肉品不调以咸菜和味道，因为它不以五味调和为贵。大羹不和，语出《礼记·乐记》。勺药之味，司马相如《子虚赋》云："勺药之和具。"郭璞注云："勺药，五味之和也。"

84. 淫之与正同乎心：吉联抗云："同下疑脱一字，或是'出'字，或是'系'字。"

（四）精解

1. 首先提出了"声无哀乐"的基本观点。

在嵇康看来，音乐是客观存在的音响，哀乐是人们被触动以后产生的感情，两者并无因果关系。也就是他所说的"心之与声，明为二物"。一方面，他指出，不能把主观的情感加于客观事物，把它们说成是客观的属性。他说："今以甲贤而心爱，以乙愚而情憎，则爱憎宜属我而贤于宜属彼也，可以我爱而谓之爱人，我憎则谓之憎人，所喜则谓之喜味，所怒则谓之怒味哉?"就是说，不能以主观爱憎来判定人们的贤愚，不能因醉者的喜怒而说酒有喜怒之味。同样，也不能把主观的哀乐作为声音的属性。另一方面，嵇康认为，客观的物质运动不以人的主观为转移。他说："音声有自然之和，而无系于人情。律吕分四时之气耳，时至而气动，律应而灰移，皆自然相待，不假人以为用也。上生下生，所以均五声之和，叙刚柔之分也。然律有一定之声，虽冬吹中吕，其音自满而无损也。"

2. 嵇康认为音乐的本体是"和"。

嵇康认为音乐的本体是"和"。这个"和"是"大小、单复、高埤（低）、善恶（美与不美）"的总合，也即音乐的形式、表现手段和美的统一。它对欣赏者的作用，仅限于"躁静""专散"；即它只能使人感觉兴奋或恬静，精神集中或分散。音乐本身的变化和美与不美，与人在感情上的哀乐是毫无关系的，即所谓"声音自当以善恶为主，则无关于哀乐，哀乐自当以情感而后发，则无系于声音"。

3. 嵇康认为人的情感是人"心"受到外界客观事物影响的一种反

映，具体地说是受政治影响的结果，即“哀乐自以事（客观事物）会，先遘（相遇）于心，但因和声以自显发。”人心中先有了哀乐，音乐（“和”）起着诱导和媒介的作用，使它表现出来。同时，他还认为“人情不同，各师其解，则发其所怀”，人心中先已存在的感情各不相同，对于音乐的理解和感受也会因人而异，被触发起来的情绪也会不同，所以他认为音乐虽然能使人爱听，但并不能起移风易俗的教育作用。

4. 嵇康还肯定了一般人在音乐生活中的地位，并提出了“劳者歌其事，乐者舞其功”的理论，与“王者功成作乐”的统治阶级垄断音乐的理论相对抗。嵇康认为音乐不仅具有养生、娱乐作用，还有其特殊的诱导作用。音乐的本原是天地万物的一部分，就像音乐本身就如同汗水、空气、自然、天地一样，因而研究音乐的客观属性，将更能了解音乐的本质，更具有辩证意义，更具有更加深厚的美学价值。“和声无象，哀心有主”的意思是说，有感情的并不是声音，不是音乐本身，而是人，是音乐的欣赏者。嵇康认为，声音即音乐只有美与不美的区分，完全不包含哀乐因素，哀乐是出自人的主观情感上的判断。

5. 嵇康大胆地反对了两汉以来把音乐简单地等同于政治，甚至要起占卜作用，而完全无视音乐的艺术性的音乐观，这具有十分重要的进步意义。他的主要贡献在于他在反复论证他的观点时相当广泛触及了音乐艺术本身所包含的一些矛盾，即音乐创作、表演和欣赏之间的关系；感情表达的多样性和音乐表达的多样性之间的关系；音乐欣赏和条件反射式联想的关系等，这些都是儒家音乐思想中没有触及过的。他在这方面的探讨已大大超越了在此之前音乐美学重在阐述音乐与道德、政治的关系的界限，而向着音乐艺术内部深入。①

① 参见百度文库《读〈声无哀乐论〉之反思》；钟呈祥《艺术概览》，中国传媒大学出版社2012年版，第281页。

（五）参考文献

1. 蔡仲德注译：《中国音乐美学史资料注译》，人民音乐出版社2007年版。

2. 武秀成译注：《嵇康诗文选择》，《古代文史名著选译丛书》，凤凰出版社2011年版。

3. 钱锺书：《谈艺录》，中华书局1984年版。

4. 钱锺书：《钱锺书论学文选》（第4卷），花城出版社1990年版。

5. 宗白华：《美学散步》，上海人民出版社1981年版。

6. 叶朗：《中国美学史大纲》，上海人民出版社1985年版。

7. 李泽厚、刘纲纪：《中国美学史》（二），中国社会科学出版社1987年版。

8. 于民：《中国古典美学举要》，安徽教育出版社2000年版 。

9. 钟呈祥：《艺术概览》，中国传媒大学出版社2012年版。

（六）延伸阅读

（三国）嵇康《琴赋并序》

余少好音声，长而玩之，以为物有盛衰，而此无变，滋味有厌，而此不倦。可以导养神气，宣和情志，处穷独而不闷者，莫近于音声也。是故复之而不足，则吟咏以肆志；吟咏之不足，则寄言以广意。然八音之器、歌舞之象，历世才士并为之赋颂，其体制风流，莫不相袭。称其才干，则以危苦为上；赋其声音，则以悲哀为主；美其感化，则以垂涕为贵。丽则丽矣，然未尽其理也。推其所由，似元不解音声；览其旨趣，亦未达礼乐之情也。众器之中，琴德最优，故缀叙其所怀，以为之赋。其辞曰：

惟椅梧之所生兮，托峻岳之崇冈。披重壤以诞载兮，参辰极而高骧。含天地之醇和兮，吸日月之休光。郁纷纷以独茂兮，飞英蕤于昊苍。夕纳景于虞渊兮，旦晞干于九阳。经千载以待价兮，寂神跱而永康。

且其山川形势，则盘纡隐深，磪嵬岑岩。互岭巉岩，岞崿岖崟，丹崖崄巇，青壁万寻。若乃重巘增起，偃蹇云覆，邈隆崇以极壮，崛巍巍而特秀。蒸灵液以播云，据神渊而吐溜。尔乃颠波奔突，狂赴争流。触岩牴隈，郁怒彪休。汹涌滕薄，奋沫扬涛。瀄汩澎湃，蜿蟺相纠。放肆大川，济乎中州，安回徐迈，寂尔长浮。澹乎洋洋，萦抱山丘。

详观其区土之所产毓，奥宇之所宝殖。珍怪琅玕，瑶瑾翕赩。丛集累积，奂衍于其侧。若乃春兰被其东，沙棠殖其西；涓子宅其阳，玉醴涌其前；玄云荫其上，翔鸾集其巅；清露润其肤，惠风流其间。竦肃肃以静谧，密微微其清闲。夫所以经营其左右者，固以自然神丽而足思愿爱乐矣。

于是遁世之士，荣期、绮秀之俦，乃相与登飞梁，越幽壑；援琼枝，陟峻崿，以游乎其下。周旋永望，邈若凌飞。邪睨昆仑，俯阚海湄。指苍梧之迢递，临迴江之威夷。悟时俗之多累，仰箕山之余辉。羡斯岳之弘敞，心慷慨以忘归。情舒放而远览，接轩辕之遗音。慕老童于騩隅，钦泰容之高吟。顾兹梧而兴虑，思假物以托心。乃斫孙枝，准量所任；至人摅思，制为雅琴。

乃使离子督墨，匠石奋斤，夔襄荐法，般倕骋神，锼会裛厕，朗密调均。华绘雕琢，布藻垂文，错以犀象，籍以翠绿。弦以园客之丝，徽以钟山之玉。爰有龙凤之象，古人之形，伯牙挥手，钟期听声。华容灼爚，发采扬明，何其丽也；伶伦比律，田连操张，进御君子，新声嘐亮，何其伟也。

乃其初调，则角羽俱起，宫徵相证，参发并趣，上下累应。踸踔磥硌，美声将兴，固以和昶，而足耽矣。尔乃理正声，奏妙曲，扬

《白雪》，发《清角》。纷淋浪以流离，奂淫衍而优渥。粲奕奕而高逝，驰岌岌以相属。沛腾遌而竞趣，翕韡韡而繁缛。状若崇山，又象流波；浩兮汤汤，郁兮峨峨。怫惆烦冤，纡余婆娑；陵纵播逸，霍濩纷葩。检容授节，应变合度。竞名擅业，安轨徐步。洋洋习习，声烈遐布。含显媚以送终，流余响于泰素。

若乃高轩飞观，广厦闲房，冬夜肃清，朗月垂光。新衣翠粲，缨徽流芳。于是器泠弦调，心闲手敏，触捴如志，唯意所拟。初涉《渌水》，中奏《清徵》，雅昶《唐尧》，终咏《微子》。宽明弘润，优游躇跱，附弦安歌，新声代起。歌曰：凌扶摇兮憩瀛洲，要列子兮为好仇。餐沆瀣兮带朝霞，眇翩翩兮薄天游。齐万物兮超自得，委性命兮任去留。激清响以赴会，何弦歌之绸缪！

于是曲引向阑，众音将歇；改韵易调，奇弄乃发。扬和颜，攘皓腕，飞纤指以驰骛，纷㗊譶以流漫。或徘徊顾慕，拥郁抑按；盘桓毓养，从容秘玩。闼而奋逸，风骇云乱，牢落凌厉，布濩半散。丰融披离，斐韡奂烂，英声发越，采采粲粲。或间声错糅，状若诡赴双美并进，骈驰翼驱。初若将乖，后卒同趣。或曲而不屈，直而不倨。或相凌而不乱，或相隔而不殊。时劫掎以慷慨，或怨媾而踌躇。忽飘摇以轻迈，乍留联而扶疏。或参谭繁促，复叠攒仄；从横骆驿，奔遁相逼。拊嗟累赞，间不容息。瑰艳奇伟，殚不可识。

若乃闲舒都雅，洪纤有宜。清和条昶，案衍陆离。穆温柔以怡怿，婉顺叙而委蛇。或乘险投会，邀隙趋危。嘤若离鹍鸣清池，翼若浮鸿翔层崖。纷文斐尾，慊縿离纚。微风余音，靡靡猗猗。或搂捴栎捋，缥缭潎洌。轻行浮弹，明婳睽慧。疾而不速，留而不滞。翩绵飘邈，微音迅逝。远而听之，若鸾凤和鸣戏云中；迫而察之，若众葩敷荣曜春风。既丰赡以多姿，又善始而令终。嗟姣妙以弘丽，何变态之无穷！

若夫三春之初，丽服以时，乃携友生，以遨以嬉。涉兰圃，登重基；背长林，翳华芝；临清流，赋新诗。嘉鱼龙之逸豫，乐百卉之荣滋。理重华之遗操，慨远慕而常思。

若乃华堂曲宴，密友近宾，兰肴兼御，旨酒清醇。进南荆，发西秦，绍《陵阳》，度《巴人》。变用杂而并起，竦众听而骇神。料殊功而比操，岂笙籥之能伦。若次其曲引所宜，则《广陵》《止息》《东武》《太山》，《飞龙》《鹿鸣》，《鹍鸡》《游弦》，更唱迭奏，声若自然，流楚窈窕，惩躁雪烦。下逮谣俗，蔡氏五曲，《王昭》《楚妃》，《千里》《别鹤》，犹有一切，承间簉乏，亦有可观者焉。然非夫旷远者，不能与之嬉游；非夫渊静者，不能与之闲止；非夫放达者，不能与之无恡；非夫至精者，不能与之析理也。

论其体势，详其风声，器和故响逸，张急故声清，间辽故音庳，弦张故徽鸣。性洁静以端理，含至德之和平。诚可以感荡心志，而发泄幽情矣！是故怀戚者闻之，则莫不憯懔惨凄，愀怆伤心，含哀懊咿，不能自禁；其康乐者闻之，则欨愉欢释，抃舞踊溢，留连澜漫，嗢噱终日；若和平者听之，则怡养悦愉，淑穆玄真，恬虚乐古，弃事遗身。是以伯夷以之廉，颜回以之仁，比干以之忠，尾生以之信，惠施以之辩给，万石以之讷慎。其余触类而长，所致非一，同归殊途，或文或质，总中和以统物，咸日用而不失，其感人动物，盖亦弘矣！

于时也，金石寝声，匏竹屏气。王豹辍讴，狄牙丧味。天吴踊跃于重渊，王乔披云而下坠。舞鸑鷟于庭阶，游女飘焉而来萃。感天地以致和，况跂行之众类。嘉斯器之懿茂，咏兹文以自慰。永服御而不厌，信古今之所贵。

乱曰：愔愔琴德，不可测兮，体清心远，邈难极兮。良质美手，遇今世兮；纷纶翕响，冠众艺兮。识音者希，孰能珍兮？能尽雅琴，惟至人兮！（《文选》，《艺文类聚》四十四，本集。）

（三国）阮籍《乐论》

刘子问曰："孔子云：'安上治民，莫善于礼；移风易俗，莫善于乐。'夫礼者，男女之所以别，父子之所以成，君臣之所以立，百姓之所以平也。为政之具，靡先于此。故'安上治民，莫善于礼'也。夫金石、丝竹、钟鼓、管弦之音，干戚、羽旄、进退、俯仰之容，有之何益于政？无之何损于化？而曰：'移风易俗，莫善于乐'乎?"

阮先生曰："善哉，子之问也。昔者孔子着其都乎，且未举其略也。今将为子论其凡，而子自备详焉。

"夫乐者，天地之体，万物之性也。合其体，得其性，则和；离其体，失其性，则乖。昔者圣人之作乐也，将以顺天地之体，体万物之性也。故定天地八方之音，以迎阴阳八风之声；均黄钟中和之律，开群生万物之情（气）。故律吕协则阴阳和；音声适而万物类；男女不易其所，君臣不犯其位；四海同其观，九州一其节。奏之圜丘而天神下（降），奏之方岳而地祇上（应）。天地合其德，则万物合其生，刑赏不用，而民自安矣。乾坤易简，故雅乐不烦；道德平淡，故无声无味；不烦则阴阳自通，无味则百物自乐；日迁善成化，而不自知，风俗移易，而同于是乐。此自然之道，乐之所始也。

"其后圣人不作，道德荒坏，政法不立；智慧扰物，化废欲行，各有风俗。故造始之教谓之风，习而行之谓之俗。楚越之风好勇，故其俗轻死；郑卫之风好淫，故其俗轻荡。轻死，故有蹈水赴火之歌；轻荡，故有桑间濮上之曲。各歌其所好，各咏其所为。歌之者流涕，闻之者叹息。背而去之，无不慷慨。怀永日之娱，抱长夜之叹，相聚而合之，群而习之，靡靡无已。弃父子之亲，弛君臣之制，匮室家之礼，废耕农之业，忘终身之乐，崇淫纵之俗。故江淮之南，其民好残；漳汝之间，其民好奔。吴有双剑之节，赵有扶琴之客。气发于中，声入于耳，手足飞扬，不觉其骇。好勇则犯上，淫放则弃亲。犯上则君臣逆，弃亲则父子乖。乖逆交争，则患生祸起。祸起而意愈异，患生而虑不同。故八方殊风，九州异俗，乖离分背，莫能相通。音异气别，曲节不齐。

“故圣人立调适之音，建平和之声，制便事之节，定顺从之容，使天下之为乐者，莫不仪焉。自上以下，降杀有等；至于庶人，咸皆闻之。

“歌谣者，咏先王之德；俯仰者，习先王之容；器具者，象先王之式；度数者，应先王之制。入于心，沦于气。心气合洽，则风俗齐一。圣人之为进退、俯仰之容也，将以屈形体，服心意，便所修，安所事也。歌咏诗曲，将以宣平和，着不逮也。钟鼓，所以节耳；羽旄，所以制目。听之者不倾，视之者不衰；耳目不倾不衰，则风俗移易。故移风易俗，莫善于乐也。

“故八音有本体，五声有自然；其同物者，以大小相君。有自然，故不可乱；大小相君，故可得而平也。若夫空桑之琴，云和之瑟，孤竹之管，泗滨之磬，其物皆调和淳均者，声相宜也，故必有常处。以大小相君，应黄钟之气，故必有常数。有常处，故其器贵重。有常数，故其制不妄。贵重，故可得以事神。不妄，故可得以化人。其物系天地之象，故不可妄造。其凡似远物之音，故不可妄易。《雅》《颂》有分，故人神不杂。节会有数，故曲折不乱。周旋有度，故俯仰不惑。歌咏有主，故言语不悖。导之以善，绥之以和，守之以衷，持之以久；散其群，比其文，扶其夭，助其寿；使其风俗之偏习，归圣王之大化。先王之为乐也，将以定万物之情，一天下之意也。故使其声平，其容和；下不思上之声，君不欲臣之色；上下不争而忠义成。

“夫正乐者，所以屏淫声也。故乐废，则淫声作。汉哀帝不好音，罢省乐府，而不知制礼乐，乐法不修，淫声遂起。张放、淳于长，骄纵过度；丙疆、景武，富溢于世。罢乐之后，下移逾肆。身不是好，而淫乱愈甚者，礼不设也。刑教一体，礼乐，外内也。刑弛，则教不独行；礼废，则乐无所立。尊卑有分，上下有等，谓之礼。人安其生，情意无哀，谓之乐。车服、旌旗、宫室、饮食，礼之具也；钟、磬、鞞、鼓、琴、瑟、歌、舞，乐之器也。礼逾其制，则尊卑乖；乐失其序，则亲疏乱。礼定其象，乐平其心；礼治其外，乐化其内。礼乐正而天下平。昔卫人求繁缨曲悬，而孔子叹息；盖惜礼坏而乐崩也。夫钟者，声之主也。悬者，钟之制也。钟失其制，则声失其主。主制无常，则怪声并出。盛衰之代相及，古今之变若一。故圣教废毁，则聪慧之人并造奇音。景王喜大钟之律，平公好师延之曲。公卿大夫，拊手嗟叹；庶人群生，踊跃思闻；正乐遂废，郑声大兴；《雅》《颂》之诗不讲，而妖淫之曲是寻。延年造'倾城'之歌，而孝武思嫌嫚之色；雍门作'松柏'之音，愍王念未寒之服。故猗靡哀思之音发，愁怨偷薄之辞兴，则人后有纵欲奢侈之意，人后有内顾自奉之心。是以君子恶《大凌》之歌，憎《北里》之舞也。

"昔先王制乐，非以纵耳目之观，崇曲房之嬿也。必通天地之气，静万物之神也。固上下之位，定性命之真也。故清庙之歌，咏成功之绩；宾飨之诗，称礼让之则；百姓化其善，异俗服其德。此淫声之所以薄，正乐之所以贵也。

"然礼与变俱，乐与时化。故五帝不同制，三王各异造。非其相反，应时变也。夫百姓安服淫乱之声，残坏先王之正；故后王必更作乐，各宣其功德于天下；通其变，使民不倦。然但改其名目，变造歌咏，至于乐声，平和自若。故黄帝咏《云门》之神，少昊歌凤鸟之迹；《咸池》、《六英》之名既变，而黄钟之宫不改易。故达道之化者，可与审乐；好音之声者，不足与论律也。舜命夔与龙典乐，教胄子以中和之德。‘诗言志，歌咏言，歌依咏，律和声；八音克谐，无相夺伦，神人以和。’又曰：‘予欲闻六律、五声、八音，在治忽，以出纳五言，女听。’夫‘烦奏淫声，汩湮心耳，乃忘平和；君子弗听。’言正乐通，平正易简，心澄气清，以闻音律，出纳五言也。夔曰：‘戛击鸣球，搏拊琴瑟以咏，祖考来格。虞宾在位，群后德让，下管鼗鼓，合止柷敔，笙镛以间，鸟兽跄跄；《箫韶》九成，凤凰来仪。’夔曰‘於。予击石拊石，百兽率舞，庶尹允谐’，言天下治平，万物得所；音声不哗，漠然未兆；故众官皆和也。故‘孔子在齐闻《韶》，三月不知肉味’，言至乐使人无欲，心平气定，不以肉为滋味也。以此观之，知圣人之乐，和而已矣。

“自西陵《青阳》之乐，皆取之竹，听凤凰之鸣，尊长风之象，采大林之□，当时之所不见，百姓之所希闻。故天下怀其德而化其神也。夫雅乐周通，则万物和；质静，则听不淫；易简，则节制全；神静重，则服人心。此先王造乐之意也。

“自后衰末之为乐也，其物不真，其器不固，其制不信。取于近物，同于人间；各求其好，恣意所存。闾里之声竞高，永巷之音争先；童儿相聚，以咏富贵；刍牧负戴，以歌贱贫；君臣之职未废，而一人怀万心也。当夏后之末，兴女万人；衣以文绣，食以粮肉；端噪晨歌，闻之者忧戚；天下苦其殃，百姓伤其毒。殷之季君，亦奏斯乐；酒池肉林，夜以继日。然咨嗟之音未绝，而敌国已收其琴瑟矣。满堂而饮酒，乐奏而流涕。此非皆有忧者也，则此乐非乐也。当王居臣之时，奏斯乐于庙中，闻之者皆为之悲咽。汉桓帝闻楚琴，凄怆伤心，倚扆而悲，慷慨长息，曰：‘善哉乎，为琴若此，一而已足矣！’顺帝上恭陵，过樊衢，闻鸟鸣而悲，泣下横流，曰：‘善哉，鸟鸣！’使左右吟之，曰：‘使丝声若是，岂不乐哉。’夫是谓以悲为乐者也。诚以悲为乐，则天下何乐之有？天下无乐，而欲阴阳调和，灾害不生，亦已难矣。乐者，使人精神平和，衰气不入；天地交泰，远物来集；故谓之乐也。今则流涕感动，嘘唏伤气；寒暑不适，庶物不遂；虽出丝竹，宜谓之哀。奈何俯仰叹息，以此称乐乎？昔季流子向风而鼓琴，听之者泣下沾襟。弟子曰：'善哉鼓琴，亦已妙矣。'季流子曰：'乐谓之善，哀谓之伤。吾为哀伤，非为善乐也。'以此言之，丝竹不必为乐，歌咏不必为善也。故墨子之非乐也，悲夫以哀为乐也。比胡亥耽哀不变，故愿为黔首；李斯随哀不返，故思逐狡兔。呜呼！君子可不鉴之哉。"（本集，又略见《续汉·五行志》注，《艺文类聚》四十、四十四，《初学记》十五，《御览》三百九十二、五百七十七、五百七十九）

三　（宋）朱长文《琴史》卷六

（一）题解

朱长文（1038—1098 年），字伯原，号乐圃、潜溪隐夫，江苏苏州人。他 19 岁中进士，后因坠马伤足，不肯出仕，在家乡苏州读书、教书、从事写作。家有藏书二万卷，在当地颇有声望。晚年任太学博士、枢密院编修等文职。除《琴史》以外，还编有《墨池编》《续书断》等书法理论专著。著有《吴郡图经续集》《琴台记》《乐圃余稿》《乐圃集》等。

《琴史》是我国现存最早的琴史专著，它成书于北宋元丰七年（1084 年）。朱长文认为琴也应当像书画那样写出专史，于是从史、传、记、集之中，"广览而博求"，写成《琴史》。该书共分六卷，一至五卷为琴人传略，以人记事，共收集了先秦到宋代 156 位琴人的事迹和对历代琴家的简评。其卷一按照历史时间的顺序先后叙述了尧、舜、禹、汤等 9 位历代帝王及周公、孔子等 26 位贤人与琴相关的事

（宋）赵佶《听琴图》

迹。卷二部分收录了先秦时期师旷、师襄、伯牙、钟子期、邹忌、雍门周等宫廷乐师或民间琴人，以及卫女、百里奚妻等妇女的琴艺传闻，这在封建时代十分难得。卷三记录了汉、魏、晋时期的琴人琴事，如汉高祖刘邦、淮南王刘安、司马相如、刘向、桓谭、蔡邕等人。卷四是内容比较丰富的一部分，所收琴家较多，如陶渊明、王僧虔、董庭兰、薛易简等，反映了魏晋南北朝和隋唐时期七弦琴艺术的发展。其中对民间琴家的收录超过宫廷琴家，这既是当时存在的客观历史事实，也是朱长文的琴史观和历史观的反映。卷五为宋代琴人，有宋太宗赵光义、崔遵度、朱文济等 10 人。

卷六论述了《莹律》《释弦》《明度》《拟象》《论音》《审调》《声歌》《广制》《尽美》《志言》《叙史》11 个专题。将历代散见的有关材料首次作出汇集和整理，按一定体例编辑成书，并提出不少有价值的见解，是研究琴史的重要著作。这部分集中体现出朱长文的史学观和音乐美学思想，即整体上反映出作者尊儒的思想与传统的琴乐观。如“音之生，本于人情而矣。夫遇世之治，则安以乐；逢政之苛，则怨以怒；悼时之危，则哀以思。”他认为弹琴不仅为己，也能为人，琴乐可以调气养神，如“古之君子，不彻琴瑟者，非主于为己，而亦可以为人也。雅琴之音，以导养神气，调和情志，摅发幽愤，感动善心，而人之听之者亦恢然也。岂如他乐，以蹈心堙耳，佐欢悦所，以为上哉。”关于琴乐与政通的观点，如“是故君子之于琴也，非徒取其声音而已，达则于以观政焉，穷则于以夺命焉”。

（二）原文与注疏

莹律

昔者伏羲氏既画八卦，又制雅琴。卦，所以推天地之象；琴，所以考天地之声也。天地之声出于气，气应于月，故有十二气[1]。十二气分于四时，非土不生。土，王于四季之中，合为十三，故琴徽十有三焉。其中徽[2]者土也，月令[3]中央。土，其音宫[4]，律中黄钟之宫[5]者是也，故中徽之声洪厚包容，为众徽之君，由中徽左右各六徽。徽有疏密者，取其声之所发，自然之节也，合于天地之数，故律之相生有上下，而为管有长短，盖取诸此也。凡天地五行十二气、阳律阴吕[6]、清浊高下，皆在乎十三徽之间。尽十三徽之声，惟三尺六寸六分之材可备，故度而制之，亦以象期之日也。当宓羲[7]之时，未有律吕之器，而圣人已逆其数矣，未有历象之书，而圣人已明其时矣。黄帝氏作命伶伦[8]，取嶰谷[9]之竹制十二篇[10]，以为黄钟、大蔟、姑洗、蕤宾、夷则、无射之律，大吕、夹钟、仲吕、林钟、南吕、应钟之吕，盖协于琴而备数，和声审度、嘉量权衡之术加备矣。琴之徽有十三，而律管虚其一者，谓土之数居中，其气无不通，其声无不在，不可以一器名也。律吕既成而八音[11]备，后世圣人复以六律，不可以易审，于是考律以立均[12]，因均以作乐，故曰“律”，所以出均立度也。夫律本于琴，乐本于律，故知琴者为能知律，能知律者为能知乐也。古之君子缺而不谈，或以十二徽配十二律，以中徽配闰[13]，而不言制作之义，本诸理，作《莹律》。

注疏：

1. 十二气：北宋科学家沈括创制的一种与现今阳历相似的历法。

2. 中徽：七弦琴琴面十三个指示音节的标志叫“徽”，居中的一个叫“中徽”，即七徽。白居易《夜调琴忆崔少卿》诗：“何人解爱中徽上，秋思头边八九声。”

3. 月令：月份司令，一般指十二月令而言。它在四季中包含了金、木、水、火、土“五行”。农历中某月中的气候、时令，人们以此来安排生产生活。

4. 宫：宫音为五音之首，由喉发出，气来自脾胃，脾胃属土，故宫音五行属土，其声漫而缓。

5. 黄钟之宫：十二乐律之一。黄钟律的官声，称“黄钟宫”，古时用十二乐律代表十二个月，黄宫代表仲冬之月，即十一月。宫调是古代戏曲、音乐名词。音乐的各种调式中，宫调不同，音调就不同。宫声既定，其他各声用何律可随之而定。

6. 阳律阴吕：按古代纳音之法，六律之间，亦有阴阳，其属于阳纪者，谓之“阳律”。沈括《梦溪笔谈·乐律一》：“自子至巳为阳律、阳吕，自午至亥为阴律、阴吕。”十二律的名称由低到高，依次为黄钟、大吕、大蔟、夹钟、姑洗、仲吕、蕤宾、林钟、夷则、南吕、无射、应钟，其中单数各律（阳六）称“律”或“阳律”，双数各律（阴六）称“吕”或“阴吕”，合称阳律阴吕。

7. 宓羲：即伏羲。宓羲氏亦作“宓戏氏”，即伏羲氏。中国传说中的上古帝王。宓，通“伏”。《汉书·古今人表》：“太昊帝宓羲氏。”颜师古注：“宓，音伏，字本作虙，其音同。”

8. 伶伦：又称泠伦，是古代中国民间传说中的人物，相传为黄帝时代的乐官，是中国古代发明律吕、据以制乐的始祖，即中国音乐的始祖《吕氏春秋·古乐》言：“昔黄帝令伶伦作为律。”

9. 嶰谷：典出《汉书》卷二十一上《律历志》。指昆仑山北谷名，传说黄帝使伶伦取嶰谷之竹以制乐器。

10. 筩：同“筒”，竹管。唐代释玄应、释慧琳《一切经音义》

卷二引《三苍》云："箫，竹管也。"

11. 八音：我国古代八种制造乐器的材料，通常为金、石、丝、竹、匏、土、革、木八种。也泛指音乐。

12. 均：平均，古代校正乐器音律的器具。依据宫音所在的律，称为某均，如黄钟、大吕称为黄钟均、大吕均。

13. 闰：闰月。

释弦

舜弦之五[1]，本于义[2]也，五弦所以正[3]五声[4]也。圣人观五行之象丽于天、五辰[5]之气运于时、五材[6]之形用于世，于是制为"宫、商、角、徵、羽"以考[7]其声焉。凡天地万物之声，莫出于此五音者，故最浊[8]者谓之宫，次浊者谓之商，清[9]浊者谓之角，微清者谓之徵，最清者谓之羽。宫为土，为君，为信，为思；商为金，为臣，为义，为言；角为木，为民，为仁，为貌；徵为火，为事，为礼，为视；羽为水，为物，为智，为听。故达于乐者，可以见五行之得失，君、臣、民、事、物之治乱，五常[10]之兴替，五事[11]之善恶，灼然[12]可以鉴也。帝舜曰："予欲闻六律、五声、八音，在治忽[13]，以出纳[14]五音，汝[15]听。"盖察音声以为政也。圣人既以五声尽其心之和，心和则政和，政和则民和，民和则物和。夫然，则天下之乐皆得其和矣。天下之乐皆得其和，则听之者莫不迁善远罪[16]，至于移风易俗而不知也。故乐者，上出于君心之和，下出于民心之和。上出于君心之和，而复以致君于善也；下出于民心之和，而复以纳民于仁也。故五声之和，致八风[17]之平，风平则寒暑雨旸[18]皆以其叙，而太平之功成矣。五声不和，致八风之违，则寒暑雨旸皆失其叙，而危乱之忧著矣。五声之感人，皆有所合于中也。宫正脾，脾正则好圣，故闻宫声者，温润而宽悦；商正肺，肺正则好义，故闻商声者，刚断而立事；角正肝，肝正则好仁，故闻角声者，恻隐而慈爱；徵正心，心正则好礼，故闻徵音者，恭俭而谦挹[19]；羽正肾，肾正则好智，故闻羽声者，深思而远谋，此先王所以贵于乐也。夫五声之作，始于宓羲之琴，其后神农、皇帝、尧、舜氏作，于是按之为六律，播之为八音，而大乐[20]备矣。故琴者，五声之准，六律之元，八音之舆[21]也。他乐不能备其用，众器不能俪[22]其德。至哉琴乎！昔舜之弹五弦也，非独舜能弹也，当是时，百辟卿士[23]，孰不知乐也。舜之命夔曰："命汝典乐，教胄子[24]。"此之谓也。至周之文武，谓五弦未足以尽清声之变也，于是加二弦，谓之少宫、少商，而声律加备矣。盖礼乐之制，皆始于羲、农、尧、舜之世，而备于禹、汤、文、武之时也。夫十二律还相为宫[25]，其法以黄钟为宫，大蔟为商，姑洗为角，林钟为徵，南吕为羽，五声足矣。又以应钟为变宫[26]、蕤宾为变徵[27]，合为七音[28]。余律皆然，谓之十二均，然后尽声之变而八音克谐[29]也。故琴之有少宫、少商[30]，犹律之有变宫、变徵也。或曰周加二声为变，然则律之二变亦本于文武二弦耶?《左传》曰："为七音、六律以奉五声。"谓是也。至于编钟、编磬，既设十二正音，各配一律，又设黄钟至夹钟四清声[31]以附正声之次，合为十六。则律吕还相为宫，各就谐协，而君、臣、民、事、物无陵慢[32]之声焉，琴加二弦，亦类此也。古人学琴者多矣，罕尝言文武二弦之意，独《琴操》以谓合君臣之恩，此未喻也。今推其法，作《释弦》。

注疏：

1. 舜弦之五：典出《礼记·乐记》："昔者舜作五弦琴，以歌《南风》。"

2. 义：正义，古代一种含义极广的道德范畴。义谓天下合宜之理，道谓天下通行之路。

3. 正：纠正、改正。

4. 五声：宫、商、角、徵、羽五音。

5. 五辰：古代谓五行分主四时（木主春、火主夏、金主秋、水主冬、土分属四时)，故称四时为“五辰”。《尚书·皋陶谟》：“抚于五辰，庶绩其凝。”

6. 五材：亦称“五才”。一指金、木、水、火、土五种物质。《左传·襄公二十七年》：“天生五材，民并用之，废一不可。”杜预注：“五材，金、木、水、火、土也。”一指金、木、皮、玉、土五种物质。《周礼·冬官·考工记》：“或审曲面势，以饬五材，以辨民器。”郑玄注：“此五材，金、木、皮、玉、土。”一指勇、智、仁、信、忠五种德性。《六韬·龙韬》：“所谓五材者，勇、智、仁、信、忠也。”此处指金、木、皮、玉、土。

7. 考：审查，考证。

8. 浊：低音。

9. 清：高音。

10. 五常：指仁、义、礼、智、信。董仲舒《贤良策一》：“夫仁、义、礼、智、信五常之道，王者所当修饬也。”

11. 五事：古人修身的五件事情，包括貌、言、视、听、思。《尚书·洪范》：“五事：一曰貌，二曰言，三曰视，四曰听，五曰思。貌曰恭，言曰从，视曰明，听曰聪，思曰睿。”

12. 灼然：明显的样子。

13. 在治忽：一作“采政忽”。《史记·夏本纪》作“来始滑”，司马贞《史记索隐》云：“今此云‘来始滑’，于义无所通。盖‘来’‘采’字相近，‘滑’‘忽’声相乱，‘始’又与‘治’相似。因误为‘来始滑’。”在，察，观察。治，治理。忽，乱。《经传释词》：“在始滑，调查治乱也。”

14. 纳：《史记·夏本纪》作“入”。夏僎《尚书详解》云：“所谓以乐出五言者，谓受君之言于上，乃播之于乐，使其言合于宫、商、角、徵、羽之五音，民闻之，皆洞晓上意，故谓之五言。所谓以乐纳五言者，谓采民之言于下，亦播之于乐，使其言亦合于五音，君闻之，足以为戒，故谓之纳五言。”五言：说法不一。一说为五德之言。孔传：“以出纳仁、义、礼、智、信五德之言，施于民以成化。”今人方孝岳认为：“‘五言’即《王制》所云‘五方言语’。”蔡仲德认为是五声之言，即乐言、歌辞。

15. 汝：指禹。“予欲言”四句出自《尚书·益稷》。

16. 迁善远罪：犹言向善而远离罪恶。迁，向。远，离开。

17. 八风：一说为八方之风，马端临《易纬·通卦验》：“八节之风谓之八风。立春条风至，春分明庶风至，立夏清明风至，夏至景风至，立秋凉风至，秋分阊阖风至，立冬不周风至，冬至广莫风至。”一说为八音，清王引之《经义述闻·春秋左传中》：“古者八音谓之八风。襄公二十九年传：‘五声和，八风平。’谓八音克谐也。”

18. 雨旸：谓雨天和晴天。旸，日出，晴天。

19. 谦挹：谦逊退让。挹，抑制，谦退。

20. 大乐：古代指典雅庄重的音乐，用于祭祀、朝贺、燕飨等典礼。《礼记·乐记》：“大乐与天地同和，大礼与天地同节。”

21. 舆：车厢。应劭《风俗通》：“琴者，乐之舆。八音并行，君臣以相御。”

22. 俪：对偶，相称。

23. 百辟卿士：列国诸侯，亦称百辟。《诗·大雅·假乐》：“百辟卿士，媚于天子。”

24. 胄子：指帝王或贵族的长子。语出《尚书·舜典》：“夔，命汝典乐，教胄子。”

25. 还相为宫：典出《礼记·礼运》：“五声六律十二管，还相为宫也。”还相为宫，一说即“旋相为宫”，指十二律轮流做宫音，以构成不同调高的五声、七声音阶。

26. 变宫：古代七声音阶中的第七音级，比宫音 do 低半音，即 si。

27. 变徵：比徵音 sol 低半个音，即 fa。

28. 七音：又称“七律”，是七声音阶及其七个音（宫、商、角、变徵、徵、羽、变宫）的总称。

29. 八音克谐：语出《尚书·尧典》：“诗言志，歌咏言，声依永，律和声。八音克谐，无相夺伦，神人以和。”克谐，能够成功。克，能，能够。谐，和谐，顺利，成功。

30. 少宫、少商：古琴原为五弦，后传周文王、武王各加一弦，成为七弦。后加的第六、七弦是第一、二弦的八度中音，称之为少宫、少商。徐祺《王知斋琴谱·七弦论考》上记录，一弦属土为宫，在天符经曰，土星分旺四季，弦最大，用八十一丝，声沉重而尊，故曰为君；二弦属金为商，在天符经曰，金星应秋之节，次于宫，弦用七十二丝，能决断，故曰为臣；三弦属木为角，在天符经曰，木星应春之节，弦用六十四丝，为之触地出，故曰为民，居在君臣之下为卑，故三弦下八为此也；四弦属火为徵，在天符经曰，火星应夏之节，弦用五十四丝，万物成美，故曰为之事；五弦属水为羽，在天符经曰，水星应冬之节，弦用四十八丝，聚集清物之相，故曰为之物；六弦文声主少宫，在天符经曰，文星柔以应刚，乃文王之所加也；七弦武声主少商，在天符经曰，武星刚以应柔，乃武王之所加也。

31. 清声：高八度音。扬雄《太玄赋》：“听素女之清声，观宓妃之妙曲。”

32. 陵慢：欺凌轻慢。

明度

《琴操》言：琴之度[1]，长三尺三寸六分，以象期之日，此古制也。旧说以谓自伏羲而后，琴制十有二，而尺度有修[2]短，短至于三尺三寸，修至于三尺九寸有奇。此无他，乃律学废而度数乖也。《周礼》：“凡为乐器，以十有二律为之度数，以十有二声为之齐量。”[3]言乐而不稽[4]诸度数，言度数而不合诸律，何以为乐？《孟子》曰："师旷之聪，不以六律，不能正五音。"此之谓也。自周道既亡，礼乐大坏，更秦燔[5]毁，寂无遗绪[6]。历代以来，有制为准弦[7]以定律者，有参校古器以立度者，有累积秬黍[8]以合尺者。制为准弦以定律，则患乎奥远而难继；参校古器以立度，则患乎咫[9]寸之难壹；累积秬黍以合寸，则患乎大小之不齐。议论纷纷，莫适其正。朝廷讲修[10]太平，大有为于天下，同律度而兴礼乐，其在今乎！夫然，则作琴之制，可著明矣。综其数，作《明度》。

注疏：

1. 度：尺度。

2. 修：长。

3. 齐量：标准的度量。郑玄注："齐量，侈弇之所容。"孙诒让《正义》："钟之侈弇，亦以十二律所容之齐量算之。"

4. 不稽：无可查考。《孔子家语·三恕》："听者无察，则道不入；奇伟不稽，则道不信。"王肃注："稽，考也。"

5. 燔：焚烧。

6. 遗绪：前人留下来的功业。

7. 准弦：按弦发音原理的定律法。弦律所用的正律器称为"弦准"或"律准"（简称准）。

8. 秬黍：黍的一种，古代的度量衡以产于羊头山（位于今山西省长治市境内）附近中等大小的秬黍的种子为基准单位。《汉书·律历志上》："度者，分、寸、尺、丈、引也，所以度长短也。本起黄钟之长。以子谷秬黍中者，一黍之广，度之九十分，黄钟之长。"

9. 咫：古代长度名，周制八寸，合今制市尺六寸二分二厘。

10. 讲修：谋议修治。

拟象

圣人之制器也，必有象[1]。观其象，则意存乎中矣。琴之为器，隆其上以象天也；方其下以象地也；广其首，俯其肩，象元首[2]股肱[3]之相得也，三才[4]之义也。高其前以为岳，命曰临岳，象名山峻极，可以兴云雨也。虚其腹以为池，一曰池，一曰滨，象江海幽远，可以蟠[5]灵物[6]也。所以张弦者曰轸，象车轸[7]以载，致远不败也。所以柅[8]弦者曰凤足，象凤皇来仪[9]，鸣声应律也。翼其旁者曰凤翅，传其末者曰龙尾，取其瑞也。其所饰之材，以枣，以黄杨，以玉，以金，或以竹。枣赤心，黄杨正色，玉温金坚，竹寒而青，皆君子所以比德[10]者也。若崇庳广狭尺寸，昔人已铢铢[11]而偶[12]之矣，余不复谈也。通其意，作《拟象》。

注疏：

1. 象：王弼《周易注》："夫象者，出意者也，言者明象者也。"

2. 元首：头。

3. 股肱：大腿和胳膊。

4. 三才：指天、地、人。

5. 蟠：盘曲，弯曲。

6. 灵物：祥瑞之物。

7. 车轸：车后横木。《周礼·考工记序》："车有六等之数，车轸四尺，谓之一等。"郑玄注："轸，舆后横木。"

8. 柅（nǐ）：塞在车轮下的制动木块，挡住车轮不使其转动。

9. 凤皇来仪：亦作"凤凰来仪"。凤凰来舞，仪表非凡，古代指吉祥的征兆。仪，容仪。《尚书·益稷》："《箫韶》九成，凤皇来仪。"

10. 比德：德行、德教可与之比拟、比配。

11. 铢铢：形容特别细小。铢，古代重量单位，二十四铢为一两。

12. 偶：匹对。

论音

音之生，本于人情而已矣。夫遇世之治则安以乐，逢政之苛则怨以怒，悼时之危则哀以思，此君子之常情也。出于情，发于器，形于声，若影响[1]之速也。然君子之情虽安以乐，而不忘于戒劝；虽怨以怒，而不忘于忠厚；虽哀以思，而不忘于扶持。故其为声，亦屡变而数迁，不可以为常也。善治乐者，犹治诗也，亦以意逆志，[2]则得之矣。夫八音之中，惟丝声于人情易见，而丝之器，莫贤于琴。是故听其声之和，则欣悦喜跃，听其声之悲，则蹙頞[3]愁涕，此常人皆然，不待[4]乎知音者也。若夫知音者，则可以默识[5]群心而预知来物，如师旷知楚师之败、钟期辨伯牙之志是也。古之君子不撤琴瑟者，非主于为己，而亦可以为人也。盖雅琴之音，以导养神气、调和情志、摅[6]发幽愤、感动善心，而人之听之者亦皆然也。岂如他乐，以为慆[7]心堙[8]耳、佐欢[9]悦听，以为尚哉？古之音指[10]，盖淳静简略，经战国暴秦，工师[11]逃散，其失多矣。然其故曲遗名，传者尚多，《琴操》所纪皆汉时有之也。故刘琨知《清角》[12]，嵇叔夜[13]所谓"初涉《渌水》，中奏《清徵》。雅昶唐尧，终咏《微子》"[14]。入言其曲、引，有《东武》《太山》《飞龙》《鹿鸣》《鹍鸡》《游弦》，皆叔夜所常为者，今人亦罕知之矣。夫蔡氏五曲，所谓《游春》《渌水》《坐愁》《秋思》《幽居》者也，今人以为奇声异弄，难工之操，而叔夜时特谓之"淫俗之曲"，且曰："承间簉乏，亦有可观"[15]，盖言其非古也。汉儒所制，尚且非古，况于魏晋之曲乎！

宋世有琴工嵇元荣、羊盖之俦[16]，率造新声，去古益远。柳吴兴[17]常以叹恨，乃著《清调论》，并上《乐议》，今逸[18]矣。惜哉！唐世琴工复各以声名家，曰：马氏、沈氏、祝氏，又有裴、宋、翟、柳、胡、冯诸家声。师既异门，学亦随判[19]，至今曲同而声异者多矣。虽然，古乐之行于人者，独琴未废，有志于乐者，舍琴何观？安得夔、旷之徒[20]，与之论至音哉！原于古，作《论音》。

注疏：

1. 影响：影子和回声，多用以形容感应迅捷。

2. 以意逆志：出自《孟子·万章上》：“故说《诗》者，不以文害辞，不以辞害志；以意逆志，是为得之。”用自己的想法去揣度别人的心思。

3. 蹙頞：愁苦貌。頞（è），鼻梁。

4. 待：依靠，凭借。

5. 识：记住。

6. 摅（shū）：表示，发表。

7. 慆：喜悦。

8. 堙：堵塞。

9. 佐欢：助兴。

10. 指：通“旨”，旨意，意图。

11. 工师：乐师。

12. 刘琨知《清角》：事出陈旸《乐书》卷一百十九：“……东汉刘琨亦能弹雅琴，知《清角》之操，则雅琴之制自汉始也。”刘琨（270—318年），字越石，中山魏昌（今河北无极）人，西汉中山靖王刘胜后裔。善文学，通音律。

13. 嵇叔夜：即嵇康。

14. “初涉”四句：出自嵇康《琴赋》：“初涉《渌水》，中奏《清徵》。雅昶唐尧，终咏《微子》。”

15. 承间簉乏，亦有可观：出自嵇康《琴赋》：“王昭楚妃，千里别鹤，犹有一切，承间簉乏，亦有可观者焉。”簉（zào）乏，临时充数。

16. 嵇元荣、羊盖之俦：嵇元荣、羊盖，皆为南朝宋著名琴士。《梁书·王瞻传》：“初，宋世有嵇元荣、羊盖，并善弹琴，云传戴安道之法，恽幼从之学，特穷其妙。”俦，同类，辈。

17. 柳吴兴：即柳恽（465—517 年），字文畅，南朝宋人。因任吴兴（今浙江湖州）太守，时人以所辖之地称之。著名诗人、音乐家、棋手。少有志行，师从戴逵的学生嵇元荣、羊盖。《南史·柳恽传》载：“南朝宋时有嵇元荣、羊盖并善琴，云传戴安道法，柳恽从之学琴，穷尽其妙。”

18. 逸：散失。

19. 判：区别。

20. 夔、旷之徒：指像夔、师旷这样的琴师。

审调

古者推律，以立均，依均以作乐，故十二律旋相为均。均有七调，合八十四调，播于八音，著于歌颂，而作乐之能事毕矣。夫琴之为器也，律吕备焉，八十四调存乎其中矣。三代之时，律正乐行，士君子举知乐，度之而立曲，拊之而成文，则八十四调之音皆可以知而鼓之，惟其意之所之耳。自汉而下，律乐两堕，旧音略存，而传习者犹患不及，况周知均调哉。唐人有言“琴通三均”，盖其所知者止三而已哉？其九均之音岂有不通？遭乱湮没世，莫得闻也。夫周之曲至汉而存者鲜矣，汉之曲至唐而存者希矣，唐世所传今人，亦有不能者，去古寖远而遗弄寖亡耶。夫近世乐道之士，或好于琴，聊以娱养情性而已。至于学释道[1]者，虽多从事于此，徒能纪其拂、历[2]之数，作为繁声淫韵，以悦人听而已，其知乐者，盖有之矣？我未之见也。呜呼，安得知？乐之君子，与之审调，以制音哉。述旋均，作《审调》。

注疏：

1. 释道：佛教和道教的并称。

2. 拂、历：皆为古琴的指法。

声歌

古之弦歌[1]，有鼓弦以合歌者，有作歌以配弦者，其归一揆[2]也。盖古人歌则必弦之，弦则必歌之，情发于中，声发于指，表里均也。《周礼·太师》教六诗[3]，以六德[4]为之本，以六律为之音。夫以六诗协六律，此鼓弦以合歌也。古之所传十操、九引之类，皆出于感愤之志，形之于言[5]，言之不足，故咏[6]歌之，咏歌之不足，于是援琴而鼓，此作歌以配弦也。《舜典》曰："诗言志，歌永言，声依永，律和声。"此典乐[7]教人之叙[8]也。以声依永，则节奏曲折之不失也；以律和声，则清浊高下之必正也，惟达乐者为能弦歌耳。孔子之删《诗》也，皆弦以律和声，则清浊高下之必正也，惟达乐者为能弦歌耳。孔子之删《诗》也，皆弦歌之，取其合于《韶》《夏》[9]，凡三百篇，皆可以为琴曲也。至汉世，遗音尚存者，惟《鹿鸣》《驺虞》《鹊巢》《伐檀》《白驹》而已，其余则亡。独文中子[10]尝闵[11]时之乱，泫然鼓《荡之什》[12]，世所不传，而能鼓之，可谓知乐也已。近世琴家所谓操弄者，皆无歌辞而繁声以为美，其细调琐曲，虽有辞，多近鄙俚，适足以助欢欣耳。稽[13]诸事，作《声歌》。

注疏：

1. 弦歌：用琴瑟等伴奏歌唱。

2. 揆：准则，道理。

3. 六诗：犹六义。出自《周礼·春官·太师》："教六诗：曰风，曰赋，曰比，曰兴，曰雅，曰颂。"太师，一作大师。

4. 六德：周大司徒教民的六项道德标准。《周礼·地官·大司徒》："以乡三物，教万民而宾兴之。一曰六德：知、仁、圣、义、忠、和。"

5. 形之于言：语出《毛诗·大序》："情动于中而形于言，言之不足，故嗟叹之，嗟叹之不足，故咏歌之，咏歌之不足，不知手之舞之足之蹈之也。”

6. 永：通“咏”，下同。

7. 典乐：古代官职名。舜置此官，掌管朝廷的音乐事务。

8. 叙：顺序，次序。

9. 《韶》《夏》：即舜之《韶》和禹之《大夏》，亦泛指古乐。

10. 文中子：即王通（584—618 年），字仲淹，号文中子，隋朝思想家。任蜀郡司户书佐。弃官归，以讲学著书为业。

11. 闵：同“悯”。怜恤，哀怜。

12. 《荡之什》：即《诗·大雅·荡之什》，共 11 篇。

13. 稽：查核，考核。

尽美

琴有四美：一曰良质、二曰善斫[1]、三曰妙指、四曰正心。四美既备，则为天下之善琴，而可以感格幽冥[2]，充被[3]万物，况于人乎？况于己乎？

昔司马子微[4]谓：“伏羲以谐八音，皆相假[5]合，思一器而备律吕者，遍斫众木，得之于梧桐。”盖圣人之于万物也，亦各辨其材而为之器也。既知其材矣，又常求其良者，以待于用，养其小者，以致于大。故禹作九州之贡[6]，有峄阳孤桐[7]，而《诗》美周室之盛曰：“梧桐生矣，于彼朝阳。”[8]又卫文公[9]之作宫室也，亦云：“树之榛栗，倚桐梓漆，爰伐琴瑟。”[10]是所谓求其良者以待于用，养其小者以致于大也。古之圣贤留神于琴也如此。后之赋琴言其材者，必取于高山峻谷、回溪绝涧、盘纡隐深、巉岩岖险之地，其气之钟者，至高至清矣；雷霆之所摧击，霰[11]雪之所飘压，羁鸾独鹄[12]之所栖，鹂黄鸮鸱[13]之所翔鸣，其声之感者，至悲至苦矣；泉石之所磅礴，琅玕之所丛集，祥云瑞霭之所覆被，零露惠风之所长育，其物之助者，至深至厚矣；根盘拏以轮菌[14]，枝纷郁以葳蕤，历千载犹不耀，挺百尺而见枝，其材之成者，至良至大矣。

一日，夔、襄、钟、牙之俦睨而视之，嘉其可以为琴也，于是命般、倕之徒斤斧[15]之，绳墨[16]之，锼[17]中襄间，平面去病，按律吕以定徽，合钟石以立度，法象[18]完密，髹[19]采焕华，于是饰以金、玉瑰奇之物，张以弦轸弭[20]之用，而琴成矣。昔伏羲之“龙吟”、黄帝之“清角”、齐桓公之“号钟”、楚庄王之“绕梁”、相如之“绿绮”、蔡邕之“焦尾”，传于天下久矣。唐相李勉[21]以“响泉”“韵磬”闻，白乐天以“玉磬”闻。而世称有雷氏[22]者、有张越[23]者，尤精斫琴，历代宝传，以至于今，非力[24]足而笃好者不能致也。近世斫琴者间有之，然孰能杰然可以绍[25]前人之作者欤？

昔圣人之作琴也，天地万物之声皆在乎其中矣。有天地万物之声，非妙指无以发，故为之参弹复徽，攫援摽拂[26]，尽其和以至其变，激之而愈清，味之而无厌，非天下之敏手[27]，孰能尽雅琴之所蕴乎？

当其援琴而鼓之也，其视也必专，其听也必切，其容也必恭，其思也必和，调[28]之不乱，醳[29]之甚愉，不使放声，邪气得奸[30]其间，发于心，应于手，而后可与言妙也。是故君子之于琴也，非徒取其声音而已，达则于以观政焉，穷则于以守命焉，尧之《神人》、舜之《南风》、武王之《克商》、周公之《越裳》，所以观政也。许由之《箕山》、伯夷之《采薇》、夫子之《猗兰》、王通[31]之《汾亭》，所以守命也。又若子贱以治一邑[32]、邹忌以相一国[33]，彼皆至命也，又有所自得也。夫丝与梧桐皆至清之物也，而可见人心者，至诚之所动也，是故孔子辨文王之操，子期识伯牙之心者，昭见精微[34]，如亲授于言也。故曰“惟乐不可以伪为”[35]，又曰“至诚动金石”[36]“不诚未有能动者也”[37]。吾于乐，益知诚之，不可不明也。夫金石丝桐，无情之物，犹可以诚动，况穹穹[38]而天，冥冥[39]而神，诚之所格，犹影响也。君子慎独[40]，不愧屋漏[41]，可不戒哉？是故黄帝作而鬼神会[42]、后夔成而凤凰至[43]，子野奏而云鹤翔[44]，瓠巴作而流鱼听[45]、师文弹而寒暑变[46]，可谓诚至也。是故良质而遇善斫，善斫既成而得妙指，妙指既调而资于正心，然后为天下之善琴也。总其能，作《尽美》。

注疏：

1. 斫：砍，削，引申为制作。

2. 感格幽冥：感格，感通，感动。幽冥，鬼神。《淮南子·说山训》："视之无形，听之无声，谓之幽冥。"

3. 充被：覆盖，这里指化育。被，同"披"。

4. 司马子微：唐道士司马承祯（639—735年），字子微，道教上清派茅山宗第十二代宗师。曾受武后、睿宗、玄宗接见，玄宗并从他受法箓。文学修养深，与李白、孟浩然、王维等称为"仙宗十友"，善斫琴，有《素琴传》传世。引文出之。

5. 假：大。

6. 禹作九州之贡：语出《尚书·禹贡》篇，篇中将全国分为九州，篇首云："禹别九州，随山浚川，任土作贡。"孔颖达疏："禹分别九州界，随其所至之山，刊除其木，深大其川，使得注海。水害既除，地复本性，任其土地所有定其贡赋之差。史录其事，以为《禹贡》之篇。"

7. 有峄阳孤桐：语出《尚书·禹贡》篇："海岱及淮惟徐州……峄阳孤桐。"孔安国传："峄山之阳，特生桐，中琴瑟。"峄阳，山名。《汉书·地理志》："东海下邳，县西有葛峄山，古文以为峄阳。"孤桐，桐树中特别好又难得的。

8. 梧桐生矣，于彼朝阳：梧桐挺拔生长，在朝阳照耀的地方。语出《诗·大雅·卷阿》。朝阳，古称山的东面为"朝阳"。

9. 卫文公：姓姬，卫氏，初名辟彊，后更名毁。公元前659—前635年在位。

10. 树之榛栗，倚桐梓漆，爰伐琴瑟：种植榛树和栗树，还有梧桐与梓漆，待其长成，制成琴瑟。语出《诗·鄘风·定之方中》。

11. 霰：高空中的水蒸气遇到冷空气凝结成的小冰粒，多在下雪前或下雪时出现。

12. 羁鸾独鹄：羁鸾，孤鸾。鹄，即天鹅。

13. 鳱鴠（gān dàn）：鸟名，似鸡，昼夜常鸣。《淮南子·时则训》载："（仲冬之月）冰益壮，地始坼，鳱鴠不鸣。"高诱注："鳱鴠，山鸟。是月阴盛，故不鸣也。"枚乘《七发》："朝则鹂黄，鳱鴠鸣焉。"

14. 根盘拏以轮菌：盘拏，盘绕。拏，通"挐"，纷乱。轮菌，屈曲的样子。

15. 斤斧：此处作动词，意为砍削。

16. 绳墨：木匠画直线用的工具。此处意为规划。

17. 锼（soū）：刻镂。

18. 法象：指事物现象的总称。出于《易经·系辞上》："是故法象莫大乎天地。"此处指琴的形制、构造。

19. 髹：赤黑色漆。把漆涂在器物上。

20. 弭（mǐ）：古时琴上类似发簪一样的装置，和琴轸配套使用。

21. 李勉（717—788年）：唐宗室，曾任宰相近二十年。《旧唐书》载其"善鼓琴，好属诗，妙知音律，能自制琴，又有巧思"。

22. 雷氏：唐代斫琴世家，蜀人。段安节《乐府杂录·琴》："古者能士固多矣。贞元中成都雷生善斫琴，至今尚有孙息，不坠其业，精妙天下无比也。"最著名的是雷威，此外雷俨、雷珏、雷文、雷迟、雷霄也为有名的雷琴制作家。

23. 张越：唐代斫琴家。陈旸《乐书》卷一百四十二："然斫制之妙，蜀称雷霄、郭谅，吴称沈镣、张越。霄、谅清雅而沈细，镣、越虚鸣而响亮。"

24. 力：财力。

25. 绍：继承。

26. 攫援摽拂：对古琴左手指法动作的形容。杨荫浏《七弦琴讲座提纲》中指出："攫、援、摽、拂"指"左手像禽鸟抢东西似的左右很快地移动着，以引取着琴音（攫、援）；右手向前向后地弹着拂着（摽、拂）"。

27. 敏手：指代技艺高超的演奏家。

28. 调：变化指法演奏。

29. 醳：通"释"，指演奏完毕。

30. 奸：通"干"，扰乱。语出《乐记·乐化篇》："不使放心邪气得接焉。"

31. 王通（584—617年）：字仲淹，隋代思想家。门人私谥"文中子"，并仿孔子门人作《论语》，将其学说编为《中说》。

32. 子贱以治一邑：典出《吕氏春秋·察贤》："宓子贱治单父，弹鸣琴，身不下堂而单父治。"子贱，即宓不齐，字子贱，曾为单父（今山东单县）宰。

33. 邹忌以相一国：典出《史记·田敬仲完世家》。邹忌，战国时人，以鼓琴游说齐威王，被任命为相国，齐国从此强大。

34. 昭见精微：明白地体会精深微妙之处。

35. 惟乐不可以为伪：语出《乐记·乐象》，原句为："惟乐不可以为伪。"

36. 至诚动金石：语出《说苑·修文》："钟鼓之声，怒而击之则武，忧而击之则悲，喜而击之则乐。其志变，其声亦变，其志诚通乎金石，而况人乎？"

37. 不诚未有能动者也：至诚动金石，不诚未有能动者也，语出《孟子·离娄》："诚者，天之道也；思诚者，人之道也。至诚而不动者，未之有也；不诚，未有能动者也。"

38. 穹穹：高远的样子。

39. 冥冥：幽深的样子。

40. 慎独：于人见闻不及之处也能谨慎不苟。

41. 不愧屋漏：语出《诗·大雅·抑》："相在尔室，尚不愧于屋漏。"《毛传》："西北隅之屋漏。"郑玄："'屋'，小幅也。'漏'，隐也。"指心地光明，不在暗中做坏事，生恶念。

42. 黄帝作而鬼神会：典出《韩非子·十过》："昔者黄帝合鬼神于西太山上，驾象车而六蛟龙，毕方并辖，蚩尤居前，风伯扫进，雨师洒道，虎狼在前，鬼神在后，腾蛇伏地，凤凰覆上，大合鬼神，作为《清角》。"

43. 后夔成而凤凰至：典出《尚书·益稷》："夔曰：'……《箫韶》九成，凤凰来仪。'"后夔，即舜乐官夔，诸侯称"后"。

44. 子野奏而云鹤翔：典出《韩非子·十过》："师旷援琴而鼓之，一奏之，有玄鹤二八集乎廊门；再奏之，延颈而鸣，舒翼而舞。"子野，即师旷，字子野。

45. 瓠巴作而流鱼听：典出《荀子·劝学》："瓠巴鼓瑟而流鱼出听。"马叙伦云："古书言琴、瑟不甚别异。"

46. 师文弹而寒暑变：典出《列子·汤问》："于是当春而叩商弦以召南吕，凉风忽至，草木成实；及秋而叩角弦以激夹钟，温风徐回，草木发荣；当夏而叩羽弦以召黄钟，霜雪交下，川池暴冱；及冬而叩徵弦以激蕤宾，阳光炽烈，坚冰立散；将终，命宫而总四弦，则景风翔，庆云浮，甘露降，澧泉涌。"

志言

琴之为乐，行于尧舜三代之时。至战国时，雅音废而淫乐兴，尚铿锵坠靡之声，而厌和乐深静之意。魏文侯[1]，当时之贤君，犹云："吾端冕而听古乐则惟恐卧，况其下者乎？"[2]于是秦筝、羌笛、箜篌、琵琶之类迭兴而并进，而琴亡矣。汉兴，犹未暇复古，由河间献王[3]留神雅乐，孝宣[4]时，制氏、龙氏、赵氏、师氏[5]之家，始于琴书[6]，谓之“雅琴”者，以别于俗乐也。又桓谭、孔衍皆集《琴操》，及马融[7]、蔡邕以大儒名当时，特好斯艺，时人翕然[8]宗尚。阮嗣宗、嵇叔夜绍而倡[9]之，自魏及晋，名儒高士学者盖多，而史册之间岂遑遍述。迨[10]乎隋唐，缙绅[11]多以是道为务，而清言雅技，罕常攻之。间有贤智有所论著，如吕渭[12]、李良辅[13]、陈拙[14]、赵惟谦[15]、李约[16]、齐嵩[17]、王大力[18]、陈康士[19]之徒，皆云有书，其名载于《艺文志》[20]。然余所未睹，亦不闻，其果精于琴与否？岂辞多近俚，不足以行远耶？抑不幸而不见耶？惜哉！观其名，作《志言》。

注疏：

1. 魏文侯（前472—前396年）：战国时期魏国国君。姓姬，魏氏，名斯。

2. “吾端冕”句：语出《礼记·乐记》：“魏文侯问于子夏曰：‘吾端冕而听古乐，则惟恐卧；听郑卫之音，则不知倦。敢问古乐之如彼，何也？新乐之如此，何也？’”

3. 河间献王：即刘德（前169—前130年），西汉景帝刘启之子，封河间王，谥献王，曾向汉武帝献雅乐。《汉书·礼乐志第二》：“是时，河间献王有雅材，亦以为治道非礼乐不成，因献所集雅乐，天子下大乐官，常存肄之。”

4. 孝宣：即汉宣帝刘询。

5. 制氏、龙氏、赵氏、师氏：制氏，汉代音乐家，鲁人，为大乐官。龙氏，即龙德。赵氏，即赵定。刘向《别录》：“雅琴之意皆出龙德诸琴杂事中。宣帝元康神爵间，丞相奏能鼓琴者，渤海赵定、梁国龙德，皆召入见温室，使鼓琴待诏。定为人尚清静，少言语，善鼓琴，时间燕为散操。”师氏，即师中，西汉琴师，东海（今江苏宿迁）人。汉武帝时被推荐入官为鼓琴待诏。据《汉书·艺文志》记载，他们均有关于琴的著述：《雅琴赵氏》七篇、《雅琴师氏》八篇、《雅琴龙氏》九十九篇。早已亡佚。

6. 琴书：指《雅琴赵氏》《雅琴龙氏》《雅琴师氏》。

7. 马融（79—166 年）：字季长，曾宦校书郎、郎中、议郎、武都太守以及南郡太守。东汉儒家学者，著名经学家，尤长于古文经学。

8. 翕（xī）然：一致的样子。

9. 倡：同“唱”，歌唱、吟咏、演奏。

10. 迨：至，到。

11. 缙绅：也作“搢绅”。将笏板插在腰间，引申为士大夫。《史记·封禅》：“搢绅之属皆望天子封禅改正度也。”

12. 吕渭（734—800 年）：字君载，唐浙东道节度使吕延之长子。《新唐书·艺文志》言其著有《广陵止息谱》一卷。

13. 李良辅：唐代琴家。《新唐书·艺文志》乐类录李良辅《广陵止息谱》一卷。

14. 陈拙：晚唐琴家，连州高良乡人，天祐元年（904 年）进士及第，曾做京兆户曹。传著有《大唐正声琴谱》十卷、《琴谱》九卷、《琴法数勾剔谱》，今已亡佚。

15. 赵惟谏：疑为“赵惟暕”，唐代翰林待诏。精通音律，传有《琴书》三卷。今已不传。

16. 李约：李勉之子，唐宗室，字在博，一作存博，有诗画名。

17. 齐嵩：唐时人。《文献通考》引《崇文总目》：“唐殿中侍郎齐嵩撰，概言创制音器之略。”著有《琴雅略》已佚，明初袁均哲的《新刊太音大全集》引用了其《弹琴法》。

18. 王大力：唐时人，著有《琴声律图》一卷，今佚。

19. 陈康士：字安道，晚唐琴家，活跃于唐僖宗时（874—888 年）。编有《琴书正声》十卷，又撰《琴调》十七卷、《琴谱记》一卷、《楚调五章》一卷和《离骚》谱一卷。传谱见于朱权《神奇秘谱》，原著已不传。

20.《艺文志》：即《新唐书·艺文志》，载："赵惟暕《琴书》三卷，陈拙《大唐正声新址琴谱》十卷，吕渭《广陵止息谱》一卷，李良辅《广陵止息谱》一卷，李约《东杓引谱》一卷，齐嵩《琴雅略》一卷，王大力《琴声律图》一卷，陈康勉子兵部员外郎士《琴谱》十三卷。"

叙史

夫琴者，闲邪[1]复性、乐道忘忧之器也。三代之贤，自天子至于士，莫不好之。自汉唐之后，礼缺乐坏，缙绅之德，罕或知音，然君子隐居求志，藏器待时[2]者，亦多学焉。然其人或晚登于卿相者，功业溥博[3]，而丝桐[4]小艺，史氏或不暇书；终遁岩壑者，名迹幽晦，而弦歌余事，后人岂能遍录？其漏缺无传者，可胜算[5]哉？余深惜之，是以于史、传、记、集，苟有闻见，皆著于篇，病[6]于尽得古书，可以广览而博求此，亦遗恨耳，叹其遗，作《叙史》。

注疏：

1. 闲邪：防止邪恶。《易·乾》："闲邪存其诚。"李鼎祚《集解》引宋衷曰："闲，防也。"

2. 藏器待时：比喻学好本领，怀才以等待施展的时机。器，用具，引申为才能。《周易·系辞下》："君子藏器于身，待时而动。"《梁书·武帝纪中》："独行周间，肥遁丘园，不求闻达，藏器待时。"

3. 溥博：周遍广远。《礼记·中庸》："溥博渊泉，而时出之。"孔颖达疏："溥，谓无不周徧；博，谓所及广远。"

4. 丝桐：指琴。削桐为琴，练丝为弦，故称。

5. 胜算：胜，尽。数量多得不可计算，形容数量极多。

6. 病：难，不易。

（三）精解

1. “惟乐不可以为伪”

这是朱长文关于“人德”与“琴德”关系的精辟论述。“惟乐不可以为伪”的命题始于《乐记》，《乐记·乐象》：“是故情深而文明，气盛而化神，和顺积中，而英华发外，唯乐不可以为伪。”这段话说明了艺术（音乐）是要表达人的真情实感的，朱长文将《乐记》中的这一命题进行了合理的充实，在他看来，演奏者人性的善恶可以从他的音乐中窥得，所谓“人之善恶……见于音声”；演奏者的内心活动也可从音乐中获知，所谓“子期识伯牙之心”。进一步，朱长文提出“穷通虽殊，其乐一也”的观点，尽管由于他的不幸遭遇（朱长文19岁中进士，后因坠马伤足，未能赴任，自那时开始就在自己的庭院“乐圃”中读书著述、与世无争，时间长达30年之久。）这种观点有道家出世的意味，但实际上作为太学博士他骨子所追求仍是儒家圣人的最高境界。

东汉桓谭在其《新论·琴道》中就已经提出“八音广播，琴德最优”的观点，这一认识代表了时代的审美观念已经逐渐从“金石之声”向“丝竹之声”的转移，前者是受政治巫术影响下的整体性审美认知，后者则是受个体情感支配的审美自觉。到了嵇康，这一思想被进一步推进，所以在《琴赋》中他说“众器之中，琴德最优”。在嵇康看来，“琴德”的内涵是“性洁净以端理，含至德之和平”，与之相比，桓谭作为东汉时期人物，其对“琴德”的认识仍带有一定的保守性，仍然囿于“琴之言禁也，君子守以自禁也”的传统认知体系之中。到了朱长文这里，则将嵇康的“琴德”观加以具体化。所以在其琴论中也不可避免地存在双重性，表现为既主张乐音的政治功能性，同时也承认乐音的艺术本性。如在《释弦》篇中他说：“故五声之和，致八风之平，风平则寒暑雨旸皆以其叙，而太平之功成矣。五声不和，致八风之违，则寒暑雨旸皆失其叙，而危乱之忧著矣。”

2. 关于古琴制作的美学思想

《琴史》末卷的“释弦”“明度”“拟象”“广制”“尽美”诸篇皆涉及古琴的具体制作问题。先来看看制作古琴的取材。“尽美”篇曰：“昔司马子微谓伏羲以谐八音，皆相假合。思一器而备律吕者，偏断众木得之于梧桐，盖圣人之于万物也，亦各辨其材而为之器也。既知其材矣，又求其良者以待于用，养其小者以致于大。”可见圣人欲创制一器，先于万物之中进行辨别，选取最为适合的材料。伏羲氏制作古琴，应当是经过了反复甄别和试验，在众木之中选择了梧桐，认为这是制作古琴的最佳材料，而后于梧桐之中再选其品质优良者，同时还注意培育以备用。古人还认为古琴的材质优劣与其生长环境有着密切的联系。“尽美”篇记述道：“后之赋琴言其材者，必取于高山峻谷、回溪绝涧、盘纡隐深、巉岩岖险之地，其气之钟者，至高至清矣；雷霆之所摧击，霰雪之所飘压，鹍鸾独鹄之所栖息，鹂黄鸹鸣之所翔鸣，其声之感者，至悲至苦矣 。泉石之所磅礴，琅玕之所丛集，祥云瑞霭之所覆被，零露惠风之所长育，其物之助者，至深至厚矣。根盘拏以轮菌，枝纷郁以葳蕤，历千载犹不耀，挺百尺而见枝，其材之成者，至良至大矣。”

《琴史》认为真正优良的古琴之材，必在高山深谷隐深曲折之地，得之十分不易。《琴史》的思想认为，古琴之材的梧桐如果生长在险绝幽曲之地，其所禀赋之气必然至高而至清；雷霆、霰雪对梧桐的摧击、飘压，珍禽异鸟在梧桐上的栖息翔鸣，可以使梧桐感得一种至悲至苦的声音；而祥云瑞霭，零露惠风的滋养润育，又使之有至深至厚的质性。这种材料所产生的声音应当是最为符合古琴所追求的某种艺术境界的，因而成为制琴者的理想之选。古琴赖弦以发声，弦在八音之中属丝声，《乐志》称八音之中“惟丝声五声齐备而其变无穷”，说明丝所发出的声音最丰富，最微妙（琴书大全序）。古琴除了琴身的木材取材讲究之外，其琴弦以蚕丝制成，而对于蚕丝的选择同样有优劣高低之分，不过由于《琴史》主要从五行和礼乐教化的角度“释弦”，对琴弦的材料未有所论述，故而此处暂不探讨。古琴的形制古琴的主要目的在于清正身心、颐养性情，正如《琴史》“拟象”篇所言：“圣人之制器也，必有象。观其象则意存乎中矣。”先来看看琴身的制作。古琴的形体总的来看是表面隆起，底部方直，“拟象”云：“琴之为器，隆其上以象天也，方其下以象地也。”古人认为“天圆而地方”，天覆地载而人生其间，天地化育人类万物，具有神圣而崇高的地位。这是基于对天地朴素的认知以及对于天地的崇拜意识。整个琴体具备首、肩、翅、腰、腹、尾和足，宛然是一个有生命的个体，首、肩、翅、足以凤名；腰、腹、尾则以龙名，并不唯独取象于某种确定的生物，然而“广其首、俯其肩，象元首股肱之相得也”，琴之各部却丝毫没有冲突抵牾，浑然一体。古琴之各部位多以龙凤命名，是因为龙凤皆为华夏之图腾，历来为诸种神瑞动物之首，“柅弦者曰凤足，象凤凰来仪，鸣声应律也，翼其旁者曰凤翅，传其末者曰龙尾，取其瑞也”，显然具有集美好于一身的象征意味。凤翔于千仞，龙潜于深渊，因此古琴“高其前以为岳，命曰临岳，象名山峻极，可以兴云雨也；虚其腹以为池（一曰滨），象江海幽远，可以蟠灵物也”。

3. 集中体现出朱长文的史学观和音乐美学思想

该文整体上反映出作者尊儒的思想与传统的琴乐观。如“音之生，本于人情而已矣。夫遇世之治，则安以乐；逢政之苛，则怨以怒；悼时之危则哀以思。”他认为弹琴不仅为己，也能为人，琴乐可以调气养神，如“古之君子不御琴瑟者，非主于为己，而亦可以为人也。盖雅琴之音，以导养神气，调和情志，摅发幽愤，感动善心，而人之听之者亦皆然也，岂如他乐以为蹈心堙耳，佐欢悦听，以为尚哉”。关于琴乐与政通的观点，如“是故君子之于琴也，非徒取其声音而已，达则于以观政焉，穷则于以夺命焉。”①

（四）参考文献

1. 朱长文：《琴史》，上海古籍出版社 1991 年版。

2. 朱长文：《乐圃余稿》，文渊阁《四库全书》本。

3. 朱熹：《四书章句集注》，中华书局 2011 年版。

4. 常俊珩主编：《琴史汇要》（第二辑），香港心一堂有限公司 2010 年版。

5. 许建：《琴史新编》，中华书局 2012 年版。

6. 章华英：《宋代古琴音乐研究》，中华书局 2013 年版。

7. 蔡仲德：《中国音乐美学史》，人民音乐出版社 2003 年版。

8. 韩伟：《朱长文〈琴史〉综论》，《音乐探索》2017 年第 1 期。

9. 崔伟：《朱长文〈琴史〉古琴理论初探》，《音乐研究》2015 年第 12 期。

（五）延伸阅读

（宋）成玉磵《琴论》

宫、商、角、徵、羽，谓之五音。过此则慢商、慢角、黄钟凡十九，名曰转弦外调。其声清浊高下不同，而有自然之妙。若一声差互，则五音不正。古曲历代浸久，后人妄意加减，递相传授，遂至五音杂乱，欲其动天地、感鬼神，不亦远乎！然非知音者不可语此。

指法遒劲，则失于大过；懦弱则失于不及，是皆未探古人真意。惟优游自得，不为来去所窘，乃为合道。取声忌用意太过，太过则失真，操者亦不觉，惟旁观者乃知。然俗耳有人全不可取，率意自任，

---

① “精解”参见韩伟《朱长文〈琴史〉综论》，《音乐探索》2017 年第 1 期；崔伟《朱长文〈琴史〉古琴理论初探》，《音乐研究》2015 年第 12 期。

号为天然，不识者亦从嗟美，尝窃笑之，是指风真汉唤为道人。由来此病，卒难医也。京师、两浙、江西，能琴者极多，然指法各有不同。京师过于刚劲，江南失于轻浮，惟两浙质而不野、文而不史。此法人多不知，惟三人对弹，可较优劣。所谓“弹欲断弦，按欲入木”，贵其持重，然亦要轻重、去就，皆当乎理，乃尽其妙。不然，但兢乎音响，非能琴者也。

操琴之法大都以得意为主，虽寝食不忘，故操弄不过一、二曲，则其奥穷。至于调虽十数，而意愈妙。盖调子贵淡而有味，如食橄榄。若夫操弄如飘风骤雨，一发则中，使人神魄飞动。然作家者多以调子自娱。设或操弄太纲，要轻重起伏有节，首尾中贯，不求小过，如人作长韵诗。至若调子要吟猱亲切，下指简静，如人作五言诗。后之作者，不易此论。子瞻谓“和缓之医，不别老少；曹吴之画，不择人物。”一切理当如此，非为医、画而然。善知琴者，不拘操、弄、调、引，自然有胜入处。盖指下任运，自与造化相合，操弄者亦莫知其然也。

长锁、短锁，其实一也，然意趣各别。短锁弹不过三四，长锁不定，以意为主，醉锁似而非。长锁、短涓、慢拨、刺涓、醉涓，凡六，名人多不一。若悟是理，则无适而不通，其要在下指耳。

琴中巧拙，在于用工，至于风韵，则出入气宇，要知其优劣，政如郑都官、李太白作诗。学琴如学古画，初虽无味，至于用工深远，自成一家精妙，造次逢源，不藉力也。所以操而倦，敦猱声贵圆静，外虚中实，如绵里秤锤，此声最要取，纵能者十亦失其一二。至于未至敦而指先下，谓之折腰敦。中徽而无力，谓之醉敦，此最不佳。有来去无迹，谓之藏头敦，最妙。有从上直下，谓之硬敦，得此鲜有，但比藏头敦差麄耳。多以能琴相高，是盖未谙琴中之趣。凡不攻者取声则不问软。要得指下有无穷之意，非软则不可取。余平生最好弹琴。操弄贵飘扬而多失手无度，调子贵淡静而多陷于僻涩，惟淡静有淡，飘扬合节乃妙，人多罕有两全。人皆慕指法齐整、动作拘硬，政如小儿学书欲得风韵潇洒，出于规矩准绳之外，不亦难乎！此类盖未达古人妙处耳。余尝谓琴者非十年不可成功，惟其至精至熟，乃有新奇声，亦须参考诸家，择其善者从之可也。至于胸中自得，殆不可言传。或者谓琴曲古人所制，不可去取。余曰不然。且琴曲始自神农氏，流及尧、舜、文、武、周、孔，后蔡邕、嵇中散、柳文畅等，皆规模古意为新曲，迄今千载矣。古曲罕得，世俗所传，杳无明调，至律有不协，声韵繁乱，自当删除，岂可蔽于一曲哉！是犹盲人骑瞎马而望千里之远，计亦疏矣。攻琴如参禅，岁月磨炼，瞥然省悟则无所不通，纵横妙用而尝若有余。至于未悟，虽用力寻求，终无妙处。琴无好恶，在弹者工拙。不善取声，纵曲本佳，愈觉生硬，如丑妇珠翠徒自多耳。善取声者，纵曲本不佳，亦自美听，如西施淡妆，自有不凡气韵。若施粉黛，岂易量哉！大匠无弃材，信有之矣。

下指要逼岳，则声铿锵。至于微细之处，当四徽之下，不然，是琴筝也。或云细声麄弹，麄声细弹，此皆好奇之过，元无旨趣。盖天地阴阳之理，声韵起伏之节，若麄声细弹，岂能宣和畅之情？若细声麄弹，是麄细同列耳。下指要圆如珠走柈，莹无留迹，乃极其妙。今人但得其清圆无得，已自可观，固难造此。坐次偏斜，调弦无度，指法轻乱，曲未终而力先乏，谓之瞬梦弹，后人多类此。

鼓琴最要严毅，谓虎距按剑者是也。坐止不正，非但取用无准，且自丑。不得佳思不可弹，又不可摘撮好声，为一时戏弄，遂惯了人。人多懒弹大曲，始由此病。嵇中散临刑索琴弹《广陵散》，曲终曰“《广陵》自此绝矣”。不知何代得知何人。

手指润则取声圆，手燥者纵有功亦自一般矣。是皆系天，不由人力。弹难，听者亦难，锺子期没，伯牙绝弦，良有以也。今人非惟不知音，又且阖坐喧语不辍口，俗物乃尔，败人佳思。琴中巧拙，非作家者则不知。大凡事至妙处，多不合俗，所谓“调弥高，和弥寡”。

凡俗之人，辄望风轻重，人是亦是，人非亦非，此乃际帘听琵琶，殆不可与较长量短。夫正音雅淡，非俗耳所知也。慢角调中曲多是。今人所制，如《江上闻角》《沙塞晚晴》《宋玉悲秋》《蓬莱春晚》，闻其声则验非古也。然则亦有锺期风韵可喜，料亦非凡人所为。慢商调十数调亦皆清和，不蹈袭群曲，一声声如琼林瑶树，无一枝杂。未鼓其声，使人如在云外，得非上古之遗风也耶？宫调亦可弹，近有黄锺亦佳，但上下改一弦耳。《履霜》最多好声，以易入俗耳，故弹者众、议者寡。至于《秋思》《悲风》，巍然如泰山，仰不可越，常人岂得致语哉！宫调十调子，其声大都相通。初虽互为意思，终亦同归。苟能洞晓《贺若》一曲，则无适而非也。《贺若》外虚中实，似淡而实甘，故子瞻诗云“清风终日自开帘，明月今宵独挂檐。琴里若能知《贺若》，诗中应合爱陶潜。”此曲本因贺若，因以为名，书传不载。《清江引》《孔子哭颜回》《风入松》《仙鹤舞》最是古曲，今人多将设容压良为贱，理犹不工，但未见好本。近有一种指法，谓之“舞手”，虽伶人贱役，亦不肯为也。向见一道士言自能琴，众往听之，坐定，道士取琴品弦，良久曰：“弦虽未调，且弹一曲《清江引》”，至今为笑。

弹琴最多病，或头动，甚者身摇动。盖因始不自禁，久掼则不可易。取声贵来云无迹，则混成。然须初学可到，若辟昔人写字法，则近之矣。泛声，左手低平，去来不觉。若左手高，两手互相上下，政如碓杵，不可不戒。指法虽身贵简静，要须气韵生动，如寒松吹风，积雪映月是也。若僻于简静，则亦不可，有如隆冬枯木槎杇而终无屈伸者也。大都不可偏执，所谓得之于心，应之于手。至于造微入玄，则心手俱忘，岂容有苦意思，得者终不及自然冲融尔。庄子云“机心存于胸中，则纯白不备。”故弹琴者至于忘机，乃能通神明也。伯牙鼓琴，六马仰秣，瓠巴鼓瑟，鸟舞鱼跃。今来去古远矣，机巧滋多，欲其“仰秣”“舞跃”，岂可得哉！《蔡琰传》曰：“父夜鼓琴，弦断。琰曰：'一弦也。'邕故断一弦而问之。琰曰：'四弦也。'邕曰：'偶得之耳。'"余试之，无足奇。且夫弦之高下不等，声随弦断，显然可验。

四 （明）徐上瀛《溪山琴况》

（一）题解

（元）赵孟頫《松萌会琴图》

徐上瀛（约1582—1662年），号石帆，又号青山，明末清初琴家。江苏娄东（太仓）人，虞山琴派代表人物。万历年间曾从陈星源、张渭川学琴，并与严徵等交往，后发展虞山派"清、微、淡、远"的风格，并兼收各家之长而别创一格，时人誉为"今世之伯牙"。

徐上瀛学风严谨，眼光开放，纠正了严徵只求简缓摒弃繁急的缺点。该文于崇祯十四年（1641年）。所谓"琴况"，即琴之状况、意态与况味、情趣。徐上瀛根据宋崔尊度"清丽而静，和润而远"之原则，仿照司空图《二十四诗品》，根据冷谦《琴声十六法》提出二十四种琴况，从指与弦、音与意、形与神、德与艺等众多方面深入探讨，提出了深于“气候”，臻至于美，深于“游神”，得于弦外，以“气”为中介，使“音之精义应乎意之深微”的一整套演奏美学思想。他认为宏细、轻重、迟速互存互用不可偏废，于前人思想有所突破。提出亮、采、润、圆之“美音”要求，重视想象、联想在弹奏与欣赏中之作用，追求会心之音、含蓄之美等，也于前人思想有所发展。《溪山琴况》是古琴文化美学思想之集大成者，对后世琴文化的发展影响重大。《溪山琴况》收入于徐上瀛《大还阁琴谱》中，清康熙十二年（1673 年），由其弟子夏溥编印刊行。

（二）原文与注疏

一曰和

稽[1]古至圣，心通造化[2]，德协神人，理一身之性情，以理天下人之性情，于是制之为琴。其所首重者，和也。和之始，先以正调[3]品弦、循徽叶声，辨之在指，审之在听，此所谓以和感，以和应也。和也者，其众音之窾会[4]，而优柔平中之橐籥[5]乎？

论和，以散和为上，按和为次。散和者，不按而调，右指控弦，迭为宾主[6]，刚柔相济[7]，损益相加[8]，是谓至和。按和者，左按右抚，以九应律，以十应吕[9]，而音乃和于徽矣。设按有不齐，徽有不准，得和之似，而非真和，必以泛音[10]辨之。如泛尚未和，则又用按复调。一按一泛，互相参究，而弦始有真和。

吾复求其所以和者三，曰：弦与指合，指与音合，音与意合。而和至矣。夫弦有性，欲顺而忌逆，欲实而忌虚。若绰者注之[11]，上者下之，则不顺；按未重，动未坚，则不实。故指下过弦，慎勿松起；弦上递指，尤欲无迹。往来动宕[12]，恰如胶漆，则弦与指和矣。

音有律，或在徽，或不在徽，固有分数以定位。若混而不明，和于何出？篇中有度，句中有候，字中有肯，音理甚微。若紊而无序，和又何生？究心于些者，细辨其吟猱[13]以叶之，绰注以适之，轻重缓急以节之。务令宛转成韵，曲得其情，则指与音和矣。

音从意转，意先乎音，音随乎意，将众妙归焉。故欲用其意，必先练其音；练其音，而后能洽其意。如右之抚也，弦欲重而不虐，轻而不鄙，疾而不促，缓而不弛。左之按弦也，若吟若猱，圆而无碍（吟猱欲恰好，而中无阻滞），以绰以注，定而可伸（言绰注甫定，而或再引申）。纡回曲折，疏而实密，抑扬起伏，断而复联，此皆以音之精义而应乎意之深微也。其有得之弦外者，与山相映发，而巍巍影现；与水相涵濡，而洋洋徜恍。暑可变也，虚堂凝雪；寒可回也，草阁流春。其无尽藏[14]，不可思议[15]，则音与意合，莫知其然而然矣。

要之，神闲气静，蔼然醉心，太和鼓鬯[16]，心手自知，未可一二而为言也。太音希声[17]，古道难复，不以性情中和相遇，而以为是技也，斯愈久而愈失其传矣。

注疏：

1. 稽：考察。

2. 造化：天地自然。

3. 正调：古琴正调为“仲吕调”，弦序为徵、羽、宫、商、角、徵、羽。

4. 窾会：关键、枢要之处。窾（kuǎn），骨节空处。

5. 橐籥：古代鼓风生火的器具。喻指造化。

6. 迭为宾主：迭即更迭，交替。此处指以某弦的音高为参照标准来调整另外的琴弦。

7. 刚柔相济：明蒋克谦《琴书大全・声分刚柔》：“每弦取声自有刚柔相应。指往上为刚，刚声清远；指往下为柔，柔声和润。句内参详而用，勿失刚柔之理。”文中指先调节手指的触弦部位，在音色刚柔适中并且相近的情况下来准备调整音高。

8. 损益相加：损，减少。益，增加。此处指调节各弦的音高。

9. 以九应律，以十应吕：九、十，指琴面上的徽位。律、吕，古代十二律的统称，其中阳声为律，阴声为吕。文中指散按调弦法。

10. 泛音：古琴指法。《万峰阁指法閟笺》："右弹，左指点弦上（徽位处），取音轻清，名曰天音。"

11. 绰者注之：绰，左手上滑音。注，左手下滑音。均为左手指法。

12. 往来动宕：指左手手指在弦上的运动。宕（dàng），拖延。

13. 吟猱（yín náo）：吟、猱皆为左手指法。吟，按弦取音，在指按处往来摇动，上下不出三四分。猱，指于按处往来摇动，约过本位五六分。

14. 无尽藏：佛家语，指事物之无穷无尽。《维摩诘所说经》："诸有贫穷者，现作无尽藏。因以劝导之，令发菩提心。"

15. 不可思议：佛家语，指神秘奥妙，无法想象。《维摩诘所说经》："诸佛菩萨有解脱名不可思议。"

16. 太和鼓鬯（chàng）：太和，即天地之间的冲和之气。《周易·乾·彖》："保合大和，乃利贞。"鼓鬯，鬯同"畅"，即鼓动、发扬并使之和畅、畅达之意。

17. 太音希声：出自《老子》第四十一章："大音希声，大象无形"，指"不可得闻之音"。

一曰静

抚琴卜[1]静处亦何难？独难于运指之静。然指动而求声，恶乎得静？余则曰，政[2]在声中求静耳。

声厉则知指躁，声粗则知指浊，声希则知指静，此审音之道也。盖静由中出，声自心生，苟心有杂扰，手有物挠[3]，以之抚琴，安能得静？惟涵养之士，淡泊宁静，心无尘翳，指有余闲，与论希声之理，悠然可得矣。

所谓希者，至静之极，通乎杳渺，出有入无，而游神于羲皇之上[4]者也。约其下指工夫，一在调气，一在练指。调气则神自静，练指则音自静。如爇[5]妙香者，含其烟而吐雾，涤岕茗[6]者，荡其浊而泻清。

取静音者亦然，雪其躁气，释其竞心，指下扫尽炎嚣[7]，弦上恰存贞洁，故虽急而不乱，多而不繁，渊深在中，清光发外，有道之士当自得之。

注疏：

1. 卜：选择。

2. 政：通“正”。

3. 手有物挠：指手饰过多、指甲过长、琴弦不洁等挠手之物，对走弦灵活度的干扰。挠（náo），扰乱、阻止。

4. 羲皇之上：伏羲之前的悠闲自得的理想时代。

5. 爇（ruò）：焚烧。

6. 岕茗：岕茶，产于浙江长兴县境内的罗岕山，茶中上品。

7. 炎嚣：热闹喧嚣。指凡俗红尘的喧扰。

一曰清

语云“弹琴不清，不如弹筝”，言失雅也。故清者，大雅之原本，而为声音之主宰。地而不僻则不清，琴不实则不清，弦不洁则不清，心不静则不清，气不肃则不清，皆清之至要者也，而指之清尤为最。

指求其劲，按求其实，则清音始出。手不下徽[1]，弹不柔懦，则清音并发。而又挑必甲尖，弦必悬落[2]，则清音益妙。两手如鸾凤和鸣，不染纤毫浊气，厝指[3]如敲金戛石[4]，傍弦[5]绝无客声，此则练其清骨，以超乎诸音[6]之上矣。

究夫曲调之清，则最忌连连弹去，亟亟[7]求完，但欲热闹娱耳，不知意趣何在，斯则流于浊矣。故欲得其清调者，必以贞、静、宏、远为度，然后按以气候，从容宛转。候宜逗留，则将少息以俟之。候宜紧促，则用疾急以迎之。是以节奏有迟速之辨，吟猱有缓急之别，章句必欲分明，声调愈欲疏越[8]，皆是一度一候，以全其终曲之雅趣。试一听之，澄然秋潭，皎然寒月，湱[9]然山涛，幽然谷应，始知弦上有此一种清况，真令人心骨俱冷，体气欲仙矣。

注疏：

1. 手不下徽：右手只在一徽和岳山之间弹奏，不出徽下。

2. 弦必悬落：指挑弦时必以甲尖悬空落于弦上。

3. 厝指：厝（cuò），即施，放。运指之意。

4. 敲金戛石：原指演奏钟磬等乐器，此处形容声音铿锵。戛（jiá），敲打。

5. 傍弦：手指靠近琴弦。

6. 诸音：指“八音”，即丝、竹、金、石、匏、土、革、木等各种乐器。

7. 亟亟：迅速、匆忙。

8. 疏越：原指疏通瑟底之孔，使其声发越。此处有清越，悠扬，隽永之意。《礼记·乐记》：“清庙之瑟，朱弦而疏越，一倡而三叹。”

9. 湱（huò）：波涛冲击声。

一曰远

远与迟似，而实与迟异，迟以气用，远以神行。故气有候，而神无候。会远于候之中，则气为之使。达远于候之外，则神为之君。至于神游气化[1]，而意之所之，玄而又玄[2]。时为岑寂[3]也，若游峨眉之雪。时为流逝也，若在洞庭之波。倏[4]缓倏速，莫不有远之微致。盖音至于远，境入希夷[5]，非知音未易知，而中独有悠悠不已之志。吾故曰：“求之弦中如不足，得之弦外则有余也。”

注疏：

1. 神游气化：神游，精神想象驰骋之意。气化，指弹琴时气息和天地自然融为一体。此处表达一种高妙宏远的自由境界。

2. 玄之又玄：形容玄妙莫测。出自《老子》一章：“玄之又玄，众妙之门。”

3. 岑寂：寂寥，清冷。

4. 倏：忽而。

5. 希夷：形容一种玄妙的境界。出自《老子》十四章：“视之不见名曰夷，听之不闻名曰希。”

一曰古

《乐志》[1]曰：“琴有正声，有间声[2]。其声正直和雅，合于律吕，谓之正声，此雅、颂之音，古乐之作也。其声间杂繁促，不协律吕，谓之间声，此郑卫之音[3]，俗乐之作也。雅、颂之音理而民正，郑卫之曲动而心淫。然则如之何而可就正乎？必也黄钟以生之[4]，中正[5]以平之，确乎郑卫不能入也。”按此论，则琴固有时古之辨矣！

大都声争而媚耳者，吾知其时也。音淡而会心者，吾知其古也。而音出于声，声先败，则不可复求于音。故媚耳之声，不特为其疾速也。为其远于大雅也；会心之音，非独为其延缓也，为其沦于俗响也。俗响不入，渊乎大雅，则其声不争，而音自古矣。

然粗率[6]疑于古朴，疏慵[7]疑于冲淡，似超于时，而实病于古。病于古与病于时者奚以异？必融其粗率，振其疏慵，而后下指不落时调，其为音也，宽裕温庞[8]，不事小巧，而古雅自见。一室之中，宛在深山空邃谷，老木寒泉，风声簌簌，令人有遗世独立之思，此能进于古者矣。

注疏：

1. 《乐志》：指宋代陈旸《乐书》。本段文字原文详见《乐书》

卷九十六。

2. 间声：指变宫、变徵等不入正调的乐声。

3. 郑卫之音：春秋时期郑、卫两国的诗歌风格热情奔放，具有广泛的群众性，孔子认为“郑声淫”。后世以郑卫之音代表俗乐。

4. 黄钟以生之：用黄钟为宫来变生十二律。《吕氏春秋》：“黄钟之宫，律吕之本。”

5. 中正：声音温雅平和。晋李轨注扬雄《法言》：“中正者，宫商温雅也。”“声平和，则郑卫不能入也。”

6. 粗率：指声音曲调缺乏锤炼磨洗而少有光彩。

7. 疏慵：指曲调散漫而不挺拔。

8. 温庞：温和宽厚。

一曰淡

弦索[1]之行于世也，其声艳而可悦也。独琴之为器，焚香静对，不入歌舞场中；琴之为音，孤高岑寂，不杂丝竹[2]伴内。清泉白石，皓月疏风，翛翛[3]自得，使听之者游思缥缈，娱乐之心不知何去，斯之谓淡。

舍艳而相遇于淡者，世之高人韵士也。而淡固未易言也，祛[4]邪而存正，黜[5]俗而归雅，舍媚而还淳，不着意于淡而淡之妙自臻[6]。

夫琴之元音[7]本自淡也，制之为操，其文情[8]冲乎淡也。吾调之以淡，合乎古人，不必谐于众也。每山居深静，林木扶苏[9]，清风入弦，绝去炎嚣[10]，虚徐其韵，所出皆至音，所得皆真趣，不禁怡然吟赏，喟[11]然云：“吾爱此情，不求不竞[12]；吾爱此味，如雪如冰；吾爱此响，松之风而竹之雨，涧之滴而波之涛也。有寤寐于淡之中而已矣。”

注疏：

1. 弦索：金、元以来对三弦、琵琶等弦乐器的统称。

2. 丝竹：指琴瑟之外的各种管弦乐器。

3. 翛翛（xiāo）：无拘无束，自由自在。出自《庄子·大宗师》：“翛然而往，翛然而来而已矣。”

4. 祛：除去。

5. 黜：排斥。

6. 臻：达到。

7. 元音：纯正的本音。

8. 文情：文才或文章的情致。

9. 扶苏：即“扶疏”，树木枝繁叶茂的样子。

10. 炎嚣：炎，热闹。嚣，喧嚣。文中指俗世的喧闹。

11. 喟：叹息。

12. 不求不竞：出自《诗·商颂·长发》：“不求不竞，不刚不柔。”

一曰恬

诸声[1]澹则无味，琴声澹则益有味。味者何？恬是已。味从气出，故恬也。夫恬不易生，澹不易到。唯操[2]至妙来，则可澹。澹至妙来，则生恬。恬至妙来，则愈澹而不厌。故于兴到而不自纵，气到而不自豪，情到而不自扰，意到而不自浓。及睨[3]其下指也，具见君子之质，冲然[4]有德之养，绝无雄竞[5]柔媚态。不味而味，则为水中之乳泉。不馥[6]而馥，则为蕊中之兰茝[7]。吾于此参之，恬味得矣。

注疏：

1. 诸声：指琴之外的其他各种乐器之声。

2. 操：弹奏。

3. 睨：视，看。

4. 冲然：冲和澹泊。

5. 雄竞：雄强争竞。

6. 馥：香气。

7. 兰茝（chǎi）：兰、茝皆为香草之名。《楚辞·九歌·湘夫人》："沅有茝兮澧有兰。"

一曰逸

先正[1]云："以无累之神合有道之器[2]，非有逸致者则不能也。"其人必具超逸之品，故自发超逸之音。本从性天[3]流出，而亦陶冶可到。如道人弹琴，琴不清亦清。朱紫阳[4]曰："古乐虽不可得而见，但诚实人弹琴，便雍容[5]平淡。"[6]故当先养其琴度，而次养其手指，则形神并洁，逸气渐来。临缓则将舒缓而多韵，处急则犹连急而不乖[7]，有一种安闲自如之景象，尽是潇洒不群之天趣。所以得之心而应之手，听其音而得其人，此逸之所征也。

注疏：

1. 先正：前代的贤人。

2. 以无累之神有道之器：累，牵挂，束缚。出自《南史》卷二十八："以无累之神合有道之器，宫商暂离，不可得已。"

3. 性天：即天性。

4. 朱紫阳：朱熹（1130—1200年），字元晦，南宋著名哲学家、教育家、儒家理学集大成者，人称"紫阳先生"。

5. 雍容：从容不迫。汉班固《两都赋序》："雍容揄扬，著于后嗣。"

6. "古乐"三句：原文出自《朱子语类·论语二十一·先进于礼乐章》。

7. 乖：不协调。

一曰雅

古人之于诗则曰"风""雅"[1]，于琴则曰"大雅"[2]。自古音沦没，即有继空谷之响[3]，未免郢人寡和[4]，则且苦思求售，去故谋新，遂以弦上作琵琶声，此以雅音而翻为俗调也。惟真雅者不然，修其清静贞正，而籍琴以明心见性[5]，遇不遇，听之也，而在我足以自况[6]。斯真大雅之归也。然琴中雅俗之辨，争在纤微？喜工[7]柔媚则俗，落指重浊则俗，性好炎闹则俗，指拘局促则俗，取音粗厉则俗，入弦仓卒则俗，指法不式[8]则俗，气质浮躁则俗，种种俗态未易枚举，但能体认[9]得“静”“远”“淡”“逸”四字，有正始[10]风，斯俗情悉去，臻于大雅矣。

注疏：

1. 风雅：《诗经》由风、雅、颂组成，故后人往往以“风雅”代指诗歌创作的典范。

2. 大雅：《诗经》中有大雅、小雅。《诗大序》：“雅者，正也，言王政之所废兴也。政有小大，故有《小雅》焉，有《大雅》焉。”故以“大雅”一词形容超乎凡俗的琴音。

3. 空谷之响：指孔子所作《猗兰操》，此处代指雅乐。明谢琳《太古遗音·猗兰操题解》：“猗兰，孔子所作也。孔子历聘诸侯，皆莫能任。自卫返鲁，于空谷之中见猗兰独茂，喟然叹曰：‘兰当为王者之香，今乃零落与众草为伍。’止车，援琴而鼓之，以成此曲，实伤时之言。”

4. 郢人寡和：比喻曲高和寡。李白《秋登巴附望洞庭》：“郢人唱《白雪》，越女歌《采莲》。”

5. 明心见性：佛教语，指摒弃世俗杂念，领悟自心本性。

6. 况：比拟。意为用琴曲来寄喻自己的怀抱。

7. 工：擅长，善于。

8. 不式：不合法度。

9. 体认：体察，辨识。

10. 正始：雅正。《毛诗序》：“周南召南，正始之道，王化之基。”

一曰丽

丽者，美也，于清静中发为美音。丽从古淡出，而非从妖冶[1]出也。

若音韵不雅，指法不隽[2]，徒以繁声促调触人之耳，而不能感人之心，此媚也，非丽也。譬[3]诸西子[4]，天下之至美，而具有冰雪之资，岂效颦[5]者可与同语哉！美与媚判若秦越[6]，而辨在深微，审音者当自知之。

注疏：

1. 妖冶：本义指艳丽美好，后指艳而不正。

2. 隽：通“俊”，俊逸挺秀。

3. 譬：好比。

4. 西子：西施。西施与王昭君、貂蝉、杨玉环并称为中国古代四大美女，其中西施居首，是美的化身和代名词。

5. 效颦：效，效仿。颦，皱眉。比喻以丑拙而仿效美好。出自《庄子·天运》：“西施病心而颦其里，其里之丑人见而美之，归亦捧心而颦其里。其里之富人见之，坚闭门不出；贫人见之，挈妻而去走。彼知颦美，而不知颦之所以美。”

6. 秦越：秦国与越国一处西北，一处东南，形容相去甚远。

一曰亮

音渐入妙，必有次第[1]。左右手指既造就[2]清实，出有金石声[3]，然后拟一“亮”字。故清后取亮，亮发清中，犹夫水之至清者，得日而益明也。唯在沉细之际而更发其光明，即游神于无声之表，其音亦悠悠而自存也，故曰亮。至于弦声断而意不断，此政[4]无声之妙，亮又不足以尽之。

注疏：

1. 次第：次序。

2. 造就：培育练就。

3. 金石声：指钟磬一类乐器发出的乐声。

4. 政：通“正”。

一曰采

音得清与亮，既云妙矣，而未发其采，犹不足表其丰神[1]也。故清以生亮，亮以生采。若越清亮而即欲求采，先后之功舛[2]矣。盖指下之有神气，如古玩之有宝色，商彝周鼎[3]自有暗然之光，不可掩抑[4]，岂是致哉？经几锻练，始融其粗迹，露其光芒。不究心音义[5]，而求精神发现，不可得也。

注疏：

1. 丰神：风貌神情。

2. 舛：舛错，错乱。

3. 商彝周鼎：彝，盛酒用的器具。鼎，烹煮用的器具。指商周时代的青铜器。

4. 掩抑：掩蔽，抑没。

5. 音义：琴音之理。

一曰洁

贝经[1]云：“若无妙指，不以发妙音。”[2]而坡仙[3]亦云：“若言声在指头上，何不于君指上听？”[4]未始是指，未始非指，不即不离[5]，要言妙道[6]，固在指也。

修指之道由于严净，而后进于玄微[7]。指严净则邪滓[8]不容留，杂乱不容间，无声不涤，无弹不磨，而祇以清虚[9]为体，素质[10]为用。习琴学者，其初唯恐其取音之不多，渐渐陶熔[11]，又恐其取音之过多。从有而无，因多而寡，一尘不染，一滓弗留，止于至洁之地，此为严净之究竟[12]也。

指既修洁，则取音愈希。音愈希则意趣愈永。吾故曰："欲修妙音者，本于指。欲修指者，必先本于洁也。"

注疏：

1. 贝经：贝叶经，此处指佛经，有2500多年的历史，是用"斋杂"和"瓦都"两种文字写成。

2. "若无妙指，不以发妙音"：出自《楞严经》："譬如琴瑟、箜篌、琵琶，虽有妙音，若无妙指，终不能发。"

3. 坡仙：苏轼（1037—1101年），字子瞻，号东坡居士，北宋著名政治家、文学家、艺术家。仰慕者称其"坡仙"。

4. "若言声在指头上，何不于君指上听"：出自苏轼《与彦正判官》："某素不解弹。适纪老枉道见过，令其侍者快作数曲，拂历铿然，正如若人之语也。试以一偈问之：'若言琴上有琴音，放在匣中何不鸣？若言声在指头上，何不于君指上听？'录以奉呈，以发千里一笑也。"

5. 不即不离：即，靠近。离，疏远。《大方广圆觉修多罗了义经》："不即不离，无缚无脱。"

6. 要言妙道：要，切要。妙，精微。指切要而精微的言谈理论。出自枚乘《七发》："今太子之病，可无药石针刺灸疗而已，可以要言妙道说而去也。"

7. 玄微：深远微妙。

8. 滓（zǐ）：污垢。

9. 清虚：清净虚明。

10. 素质：质朴纯净的音质。

11. 陶熔：陶铸熔炼。

12. 究竟：犹言极致，即佛典里所指最高境界。《妙法莲华经》："为是究竟法，为是所行道。"

一曰润

凡弦上取音惟贵中和[1]，而中和之妙用全于温润呈之。若手指任其浮躁，则繁响必杂，上下往来[2]音节俱不成其美矣。故欲使弦上无煞声[3]，其在指下求润乎？盖润者，纯也，泽也，所以发纯粹光泽之气也。左芟[4]其荆棘[5]，右熔[6]其暴甲[7]，两手应弦，自臻纯粹。而又务求上下往来之法，则润音渐渐而来。故其弦若滋，温兮如玉，泠泠然[8]满弦皆生气氤氲，无毗阳毗阴[9]偏至之失，而后知润之为妙，所以达其中和也。古人有以名其琴者，曰"云和"，曰"泠泉"，倘亦润之意乎？

注疏：

1. 中和：中正平和。《中庸》："致中和，天地位焉，万物育焉。"
2. 上下往来：指各种运动变化。
3. 煞声：粗暴浮躁之声。
4. 芟（shān）：割草，此处指删去。
5. 荆棘：或指左手运指生硬不畅。或可理解为指下多刺耳的摩擦声。
6. 熔：陶冶化除。
7. 暴甲：粗厉的指甲打弦声。
8. 泠泠然：形容声音清越悠扬。
9. 毗阳毗阴：偏于阳或偏于阴。出自《庄子·在宥》："人大喜邪，毗于阳；大怒邪，毗于阴。"

一曰圆

五音[1]活泼之趣半在吟猱[2]，而吟猱之妙处全在圆满。宛转动荡无滞无碍，不少不多，以至恰好，谓之圆。吟猱之巨细缓急俱有圆者，不足则音亏缺，太过则音支离，皆为不美。故琴之妙在取音，取音宛转则情联，圆满则意吐[3]，其趣如水之兴澜，其体如珠之走盘，其声如哦咏[4]之有韵，斯可以名其圆矣。抑又论之，不独吟猱贵圆，而一弹一按一转一折之间亦自有圆音在焉。如一弹而获中和之用，一按而凑[5]妙合之机，一转而函[6]无痕之趣，一折而应起伏之微，于是欲轻而得其所以轻，欲重而得其所以重，天然之妙犹若水滴荷心[7]，不能定拟[8]。神哉圆乎！

注疏：

1. 五音：宫、商、角、徵、羽。这里指代乐曲。

2. 吟猱：吟、猱皆为左手指法。吟，按弦取音，在指按处往来摇动，上下不出三四分。猱，指于按处往来摇动，约过本位五六分。

3. 吐：呈现。

4. 哦咏：吟咏，有节奏地朗诵。

5. 凑：会合。

6. 函：包含。

7. 水滴荷心：水滴在荷叶中心凝聚成珠，随荷叶的摆动而滚动不定。宋梅尧臣《王德言夏日西湖晚步十韵次而和之》："荷积水滴重，天收霓帔轻。"

8. 定拟：指作出确定的描述和形容。

一曰坚

古语云："按弦如入木"，形其坚而实也。大指坚易，名指坚难。若使中指帮名指，食指帮大指，外虽似坚，实胶[1]而不灵[2]。坚之本全凭筋力，必一指卓然[3]立于弦中，重如山岳，动如风发，清响如击金石，而始至音[4]出焉，至音出，则坚实之功到矣。

然左指用坚，右指亦必欲精劲，乃能得金石之声。否则抚弦柔懦[5]，声出萎靡[6]，则坚亦浑浑[7]无取。故知坚以劲合，而后成其妙也。况不用帮而参差[8]其指，行合古式，既得体势之美，不爽[9]文质之宜[10]，是当循循练之，以至用力不觉，则其然亦不可窥也。

注疏：

1. 胶：黏滞。
2. 灵：灵动。
3. 卓然：高挺的样子。
4. 至音：最美妙的音乐。
5. 柔懦：亦作"柔愞"，优柔懦弱。
6. 萎靡：柔弱不振。
7. 浑浑：混浊纷乱。
8. 参差：高下不齐。
9. 爽：差失，违背。
10. 文质之宜：文华与质实的分寸。《论语·雍也》："子曰：质胜文则野，文胜质则史，文质彬彬，然后君子。"

一曰宏

调无大度则不得古，故宏音先之。盖琴为清庙[1]、明堂[2]之器，声调宁不欲廓然[3]旷远哉？

然旷远之音落落[4]难听，遂流[5]为江湖派，因致古调渐违，琴风愈浇[6]矣。若余所受则不然：其始作也，当拓其冲和闲雅[7]之度，而猱、绰之用必极其宏大。盖宏大则音老，音老[8]则入古也。至使指下宽裕纯朴[9]，鼓荡弦中，纵指自如，而音意欣畅疏越，皆自宏大中流出。

但宏大而遗细小则其情未至，细小而失宏大则其意不舒。理固相因[10]，不可偏废。然必胸襟磊落，而后合乎古调，彼局曲[11]拘挛[12]者未易语也。

注疏：

1. 清庙：即太庙，古代帝皇的宗庙。
2. 明堂：古代帝王宣明政教的地方。
3. 廓然：宏旷，空阔。

4. 落落：孤高寡和。

5. 流：向坏的方向转变。

6. 浇：浇漓，变得浮薄。

7. 闲雅：沉静文雅。

8. 老：苍劲。

9. 宽裕纯朴：宽和宏大，纯正质朴。

10. 相因：相互依托，相辅相成。

11. 局曲：畏缩，不舒展。

12. 拘挛：拘泥，拘束。

一曰细

音有细缈[1]处，乃在节奏间。始而起调[2]先应和缓，转而游衍[3]渐欲入微，妙在丝毫之际，意存幽邃[4]之中。指既缜密，音若茧抽，令人可会而不可即，此指下之细也。至章句转折时，尤不可草草放过，定将一段情绪缓缓拈[5]出，字字摹神，方知琴音中有无限滋味，玩之不竭，此终曲[6]之细也。昌黎[7]诗"昵昵儿女语，恩怨相尔汝。划然[8]变轩昂，勇士赴敌场。"[9]其宏细互用[10]之意欤？

往往见初入手者一理琴弦便忙忙不定，如一声中欲其少停一息而不可得，一句中欲其委婉一音而亦不能。此以知节奏之妙未易轻论也。盖运指之细在虑周，全篇之细在神远[11]，斯得细之大旨者矣。

注疏：

1. 细渺：细微。

2. 起调：乐曲起音。

3. 游衍：从容自如地敷演展开。《诗·大雅·板》："昊天曰旦，及尔游衍。"孔颖达疏："游行衍溢，亦自恣之意也。"

4. 幽邃：幽深，深邃。

5. 拈：取。

6. 终曲：整首乐曲。

7. 昌黎：韩愈（768—824年），字退之，唐代著名文学家，“唐宋八大家”之一。韩愈自称“郡望昌黎”，世称“韩昌黎”“昌黎先生”。

8. 划然：忽然。

9. “昵昵儿女语”四句：出自韩愈《听颖师弹琴》：“昵昵儿女语，恩怨相尔汝。划然变轩昂，勇士赴敌场。浮云柳絮无根蒂，天地阔远随飞扬。喧啾百鸟群，忽见孤凤凰。跻攀分寸不可上，失势一落千丈强。嗟余有两耳，未省听丝篁。自闻颖师弹，起坐在一旁。推手遽止之，湿衣泪滂滂。颖师尔诚能，无以冰炭置我肠！”

10. 宏细互用：宏细，此处指风格意义上的宏大和细腻。互相，交错运用。

11. 神远：指无边无际的精神活动。出自《文心雕龙·神思》“文之思也，其神远矣”。

一曰溜

溜者，滑[1]也，左指洽涩[2]之法也。音在缓急，指欲随应，苟非握其滑机[3]，则不能成其妙。若按弦虚浮，指必柔懦，势难于滑；或着[4]重滞，指复阻碍，尤难于滑。然则何法以得之？惟是指节炼至坚实，极其灵活，动必神速。不但急中赖[5]其滑机，而缓中亦欲藏其滑机也。故吟、猱、绰、注之间当若泉之滚滚[6]，而往来上下之际更如风之发发[7]。刘随州[8]诗云“飗飗青丝上，静听松风寒”[9]，其斯之谓乎？

然指法之欲溜，全在筋力运使。筋力既到，而用之吟猱则音圆，用之绰注上下则音应，用之迟速跌宕[10]则音活。自此精进[11]，则能变佛莫测，安往而不得其妙哉！

注疏：

1. 滑：灵活流畅。

2. 涩：与滑相反，这里指左手应滑动自如。治，为“治”字之误。

3. 滑机：机，机微，动之微。指“滑”是一种应机而动的反应。

4. 着：着弦，按弦。

5. 赖：依靠。

6. 滚滚：水涌翻腾之貌。

7. 发发：风吹迅疾之貌。

8. 刘随州：唐代诗人刘长卿（709—789 年），字文房，曾任随州刺史。

9. “飗飗青丝上”二句：出自刘长卿《杂咏八首上礼部李侍郎·幽琴》诗。“月色满轩白，琴声宜夜阑。飗飗青丝上，静听松风寒。古调虽自爱，今人多不弹。向君投此曲，所贵知音难。”飗飗（liú），微风吹动的样子。

10. 跌宕：音调抑扬顿挫，节奏自由多变。

11. 精进：努力进取，毫不懈怠。

一曰健

琴尚[1]冲和[2]大雅，操慢音者得其似而未真，愚[3]故提一健字，为导[4]滞之砭[5]。乃于从容闲雅中刚健其指，而右则发清冽[6]之响，左则练活泼之音，斯为善也。请以健指复明之。右指靠弦则音钝而木，故曰“指必甲尖，弦必悬落”，非藏健于清也耶？左指不劲，则音胶而格[7]，故曰“响如金石，动如风发”，非运健于坚也耶？要知健处，即指之灵处，而冲和之调无疏慵[8]之病矣。滞气之在弦，不有不期去而自去者哉。

注疏：

1. 尚：重视，讲究。

2. 冲和：澹泊平和。

3. 愚：谦称，我。

4. 导：疏导，疏通。

5. 砭（biān）：治病刺穴的石针，此处泛指治病的药石。

6. 清冽：声音清脆激越。

7. 格：阻碍，限制。

8. 疏慵：慵，懒散。疏慵当指曲调散漫不挺拔。

一曰轻

不轻不重者，中和之音也。起调当以中和为主，而轻重特损益之，其趣自生也。

盖音之取轻，属于幽情[1]，归乎玄理；而体曲之意，悉[2]曲之情，有不期轻而自轻者。第[3]音之轻处最难，工夫未到则浮而不实，晦而不明，虽轻亦未合。惟轻之中不爽清实，而一丝一忽[4]指到音绽，更飘飖[5]鲜朗[6]，如落花流水[7]，幽趣[8]无限。乃有一节一句之轻，有间杂[9]高下之轻，种种意趣皆贵清实中得之耳。

要知轻不浮，轻中之中和也；重不煞[10]，重中之中和也。故轻重者，中和之变音[11]；而所以轻重者，中和之正音[12]也。

注疏：

1. 幽情：深远高雅的情思。

2. 悉：详细了解。

3. 第：但，只是。

4. 忽：长度单位，十忽为一丝，十丝为一毫。

5. 飘飖：轻盈，飘扬。

6. 鲜朗：鲜明，清朗。

7. 落花流水：此处指暮春时节的美景。出自唐·白居易《过元家履信宅》诗：“落花不语空辞树，流水无情自入池。”

8. 幽趣：幽雅的趣味。

9. 间杂：交错。

10. 煞：粗暴。

11. 变音：相对于本音而言的变化之音。

12. 正音：正雅之本音。

一曰重

诸音之轻者业[1]属乎情，而诸音之重者乃由乎气。情至而轻，气至而重，性固然也。第[2]指有重、轻则声有高下，而幽微之后，理宜发扬，倘指势太猛，则露杀伐之响，气盈胸臆，则出刚暴之声。惟练指养气之士，则抚下当求重抵轻出之法，弦自有高朗[3]纯粹之音，宣扬[4]和畅[5]，疏越[6]神情，而后知用重之妙，非浮躁乖戾[7]者之所比也。故古人抚琴则曰“弹欲断弦，按如入木”，此专言其用力也，但妙在用力不觉耳。夫弹琴至于力，又至于不觉，则下指虽重如击石，而毫无刚暴杀伐之疚[8]，所以为重欤！及其鼓宫叩角[9]，轻重间出，则岱岳江河[10]，吾不知其变化也。

注疏：

1. 业：已经。

2. 第：只要。

3. 高朗：高洁明朗。

4. 宣扬：发扬。

5. 和畅：温和舒畅。

6. 疏越：同疏瀹，疏导。

7. 乖戾：性情反常悖谬，急躁易怒。

8. 疚：久病。

9. 鼓宫叩角：鼓、叩，弹奏之意。宫、角，泛指宫商角徵羽的五音变化。此处指在诸弦上弹奏。

10. 岱岳山河：岱岳，泰山。江河，长江黄河。意指博大精深，莫知其涯。

一曰迟

古人以琴能涵养情性，为其有太和之气[1]，故名其声曰“希声”。未按弦时，当先肃[2]其气，澄[3]其心，缓其度[4]，远其神，从万籁[5]俱寂中冷然[6]音生，疏如寥廓[7]，窅[8]若太古[9]，优游[10]弦上，节其气候，候至而下，经叶[11]厥[12]律者，此希声之始作也。或章句舒徐，或缓急相间，或断而复续，或幽而致远，因候制宜，调古声淡，渐入渊原，而心志悠然不已者，此希声之引伸也。复探其迟之趣，乃若山静秋鸣，月高林表，松风远拂，石涧流寒，而日不知晡[13]，夕不觉曙[14]者，此希声之寓境也。严天池[15]诗“几回拈出阳春调，月满西楼下指迟”，其于迟意大有得也。若不知“气候”两字，指一入弦，惟知忙忙连下，迨[16]欲入放慢，则竟然无味矣。深于气候，则迟速俱得，不迟不速亦得，岂独一“迟”尽其妙耶？

注疏：

1. 太和之气：指天地之间的冲和之气。
2. 肃：安静庄重。
3. 澄：清静安定。
4. 度：胸怀气度。
5. 籁：原指排箫之类吹管乐器，后泛指各种声响。
6. 冷然：同“泠然”，形容声音清越。
7. 寥廓：太虚空旷的宇宙。
8. 窅：深远，深邃。
9. 太古：远古。
10. 优游：悠闲自得。
11. 叶：同“协”，和洽。
12. 厥：其。

13. 晡：申时，午后三点至五点。

14. 曙：天刚亮时。

15. 严天池：严澂（1547—1625年），字道澂，号天池，明末古琴家，开创了虞山琴派，形成了具有“清、微、淡、远”的一代琴风。

16. 迨：等到。

一曰速

指法有重则有轻，如天地之有阴阳也；有迟则有速，如四时之有寒暑也。盖迟为速之纲，速为迟之纪，当相间错而不离。故句中有迟速之节，段中有迟速之分[1]，则皆籍[2]一速以接其迟之候也。然琴操之大体固贵乎迟：疏疏淡淡，其音得中正和平者，是为正音，《阳春》、《佩兰》之曲是也；忽然变急，其音又系最精最妙者，是为奇音[3]，《雉朝飞》《乌夜啼》之操是也。所谓正音备而奇音不可偏废，此之为速。拟[4]之于似速而实非速，欲迟而不得迟者，殆[5]相径庭[6]也。

然吾之论速者二：有小速，有大速。小速微快，要以紧紧，使指不伤速中之雅度[7]，而恰有行云流水趣；大速贵急，务令急百不乱，依然安闲之气象，而能泻出崩崖飞瀑之声。是故速以意用，更以意神。小速之意趣，大速之意奇。若迟而无速，则以何声为结构[8]？速无大小，则亦不见其灵机[9]。故成连[10]之教伯牙[11]于蓬莱山中，群峰互峙，海水崩折，林木幽冥，百鸟哀号，曰：“先生将移我情矣！”后子期[12]听其音，遂得其情于山水。噫！精于其道者自有神而明之[13]之妙，不待缕悉[14]，可以按节而求也。

注疏：

1. 分：律历之度数。

2. 籍：同“借”，依靠。

3. 奇音：相对于正音而言的异变之音。

4. 拟：比。

5. 殆：当然，肯定。

6. 径庭：相距很远。

7. 雅度：正度，即中和之度。

8. 结构：音与音之间的搭配排列。

9. 灵机：玄机，奥妙。

10. 成连：传说春秋时期著名琴师，伯牙之师。

11. 伯牙：俞伯牙，传说春秋战国时期著名琴师。

12. 子期：钟子期，传说春秋时期音乐家，以“知音”著称。

13. 神而明之：指以意会意，明白其中的妙处。出自《易·系辞上》：“化而裁之，存乎变；推而行之，存乎通；神而明之，存乎其人。”

14. 缕悉：逐条详细分析。

（三）精解

1. 和

“和”在中国古代思想和文艺范畴体系内具有元范畴的地位，是中国古代乐论中的核心范畴，也是儒家音乐审美的最高境界。《礼记·中庸》：“喜怒哀乐之未发谓之中，发而皆中节谓之和，中也者，天下之大本也，和也者，天下之达道也。致中和，天地位焉，万物育焉。”

《溪山琴况》关于“和”的基本内涵可分为四个层次：声和——弦和——意合——心和。

一为声和。荀子在《乐论》中提出“审一以定和”的音乐审美范畴，徐上瀛在此基础上提出“辨之在指”“审之在听”的观点。

一为弦和。弦和分为：散和、按和、泛和。这三者为古琴三种音色，分别象征天地人之和合。

一为意合。意合中，“合”乃和合之意。意合的实现分为三个步骤，即“弦与指合，指与音合，音与意合”。

一为心和。徐上瀛融合了儒家“中和”的思想，又吸收了道家“淡和”的审美思想，提出“神闲气静，蔼然醉心，太和鼓鬯，心手自知”的观点。愚以为“太和鼓鬯”为“和”之最高境界。

2. 希声

徐上瀛于“迟”况有言：“古人以琴能涵养性情，为其有太和之气也，故名其声曰‘希声’。”“希声”一词出自《老子》：“大器晚成，大音希声，大象无形。”王弼，注：“听之不闻名曰希，不可得闻之音也。”

青山在“静”况中以“至静之极，通乎杳渺，出有入无”对“希声”做出详细阐述。所谓“希”者，即是静到极致，通向深远，进而出入有无之间，神游悠然自得的理想境界之中。

于“清”况中，徐上瀛用“澄然秋潭、皎然寒月、湱然山涛，幽然谷应”外化了“希声”之境。在“迟”况中则以“山静秋鸣、月高林表，松风远沸，石涧流寒”等意趣，将“希声”所寄寓的审美意境展现得淋漓尽致。

“希声”的审美范畴在诸况之中反复提及，承袭了道家虚无超脱的审美意趣，体现了“无声之中，独闻和焉”的精神境界。

3. 气候

“气候”乃古代历律术语。《逸周书·时训解》：“以五日为候，三候为气，六气为时，四时为岁。”

徐上瀛在“和”况中提到：“篇中有度，句中有候，字中有肯。”于“清”况中有言：“故欲得其清调者，必以贞、静、宏、远为度，然后按以气候，从容宛转。”而“迟”况中亦说：“节其气候，候至而下。”可见，徐上瀛在二十四况中常以“气候”一词来表示琴曲中的缓急之度，在一定程度上可将其理解为现代乐理中所用的节奏时值。

“远”况中有言：“故气有候，而神无候。会远于候之中，则气为之使；达远于候之外，则神为之君。”此处之“气”指天地之间流转的气息，即太和之气。“候”则为气息流转时产生的征候。“远”况中所言“气候”并非特指音乐中的固定节拍，而是指代演奏者自身的气息气韵。

青山于“迟”况中提到：“深于气候，则迟速俱得，不迟不速亦得。”此处所言之“气候”，乃是指演奏者自身气质神韵与琴曲之间相契合，以达到“太和鼓鬯”之状态。

（四）参考文献

1. 铙尚宽译注：《老子》，中华书局 2006 年版。

2. 郭彧译注：《周易》，中华书局 2006 年版。

3. 安小兰译注：《荀子》，中华书局 2007 年版。

4. 朱杰人等主编：《朱子全书》，上海古籍出版社、安徽教育出版社 2002 年版。

5. 徐上瀛：《万峰阁指法閟笺》，上海古籍出版社 1996 年版。

6. 蒋克谦：《琴书大全》，《琴曲集成》第五册，中华书局 1982 年版。

7. 王耀珠：《〈溪山琴况〉探赜》，上海音乐出版社 2008 年版。

8. 徐樑：《溪山琴况：中华生活经典》，中华书局 2013 年版。

9. 蔡仲德：《中国音乐美学思想史》，人民音乐出版社 1995 年版。

10. 蔡仲德：《中国音乐美学史资料注译》，人民音乐出版社 2007 年版。

（五）延伸阅读

（明）冷谦《琴声十六法》

冷谦的《琴声十六法》见于明代项元汴的《蕉窗九录》。琴声十六法实际上是提出了十六个审美范畴，企图为琴乐的审美与表演作一归纳和依据。十六法分别为：轻、松、脆、滑、高、洁、清、虚、幽、奇、古、澹、中、和、疾、徐。在每一个美学范畴之下，冷谦更详细地论述它的内涵和外延，企图从不同的本质与现象和美感特征去引导读者把握古琴的声音美。

一曰轻

不轻不重者，中和之音也。起调当以中为主，而轻重持损益之则，其趣自生。盖音之轻处最难。力有未到，则浮而不实，晦而不明，虽轻亦不佳。惟轻之中，不爽清实，而一丝一忽，指到音绽。幽趣无限，乃有一节一句之轻。有间杂高下之轻。种种意趣。皆贵于清实中得之。

二曰松

松。即吟猱妙处。宛转动荡。无滞无碍。不促不慢。以至恰好。谓之松。吟猱之巨细缓急。俱有松处。故琴之妙在取音。取音宛转则情联。松活则意畅。其趣如水之与澜。其体如珠之走盘。其声如哦咏之有韵。可以名其松。

三曰脆

脆者健也。於冲和大雅中。健其两手。而音不至於滞。两手皆有脆音。第藏不见。出之不易。右手靠弦。则音滞而木。故曰。指必甲尖。弦必悬落。在指不劲。则音胶而格。故曰。声如金石。动如风发。要知脆处。即指之灵处。指之灵。自出於健。而指之健。又出於腕。腕中之力既到。则为坚脆。然后识滞气之在弦。不为知音厌听。

四曰滑

滑者溜也。又涩之反也。音当欲涩。而指当欲滑。音本喜慢。而缓缓出之。若流泉之呜咽。时滴滴不已。故曰涩。指取走弦而滞则不灵。乃往来之鼓动。如风发发。故曰滑。然指之运用。固贵其滑。而亦有时乎贵留。盖其留者。即滑中之安顿处也。故有涩不可无滑。有滑不可无留。意有在耳。

五曰高

高与古似。而实与高异。古以韵发。高以调裁。指下既静既清。而又得能高调。则音意始臻微妙。故其为宁谧也。若深渊之不可测。若乔岳之不可望。其为流逝也。若江河之欲无尽。若三籁之欲无声。

六曰洁

欲修妙音者。必先修妙指。修指之道。从有而无。因多而寡。一尘不染。一垢弗缁。止於至洁之地。而人不知其解。指既修洁。则音愈希。音愈希。则意趣愈永。吾故曰。欲修妙音者。必先修妙指。欲修妙指者。又必先自修洁始。

七曰清

清者。音之主宰。地僻则清。心静则清。气肃则清。琴实则清。弦洁则清。必使群清咸集。而后可求之指上。两手如鸾凤和鸣。不染丝毫浊气。厝指如击金戛石。缓急绝无客声。试一听之。则澄然秋潭。皎然月洁。湱然山涛。幽然谷应。真令人心骨俱冷。体气欲仙。

八曰虚

抚琴著实处。亦有何难。独难於得虚。然指动而求声。乌乎虚。余则曰。政在声中求耳。声厉则知躁。声粗则知浊。声静则知虚。此审音之道也。盖其下指功夫。一在调气。一在淘洗。调气则心自静。淘洗则声自虚。故虽急而不乱。多而不繁。深渊自居。清光发外。高山流水。於此可以神会。

九曰幽

音有幽度。始称琴品。品系乎人。幽繇於内。故高雅之士。动操便有幽韵。洵知幽之在指。无论缓急。悉能安闲自如。风度盎溢。纤尘无染。足觇潇洒胸次。指下自然写出一段风情。所谓得之心。而应之手。听其音而得其人。此幽之所以微妙也。

十曰奇

音有奇特处。乃在吟逗间。指下取之。当如千岩竞秀。万壑争流。令人流连不尽。应接不暇。至於章句顿挫。曲折之际。尤不可轻易草草放过。定有一段情绪。又如山随人面转。字字摹神。方知奇妙。

十一曰古

琴学祗有二途。非从古。则从时。兹虽古乐久淹。而仿佛其意。则自和澹中来。故下指不落时调。便有羲皇气象。宽大纯朴。落落弦中。不事小巧。宛然深山邃谷。老木寒泉。风声簌簌。顿令人起道心。绝非世所见闻者。是以名其古音。

十二曰澹

时师欲人耳。必作媚音。殊伤大雅。第不知琴音本澹。而吾复调之以澹。故众人所不解。惟澹何居。吾爱此情。不爹不竞。吾爱此味。如雪如冰。吾爱此响。松之风。而竹之雨。涧之滴。而波之涛也。故善知音者。始可与言澹。

十三曰中

乐有中声。惟琴固然。自古音淹没。攘臂弦索。而捧耳於琴者。比比矣。即有继空谷之声。未免郢人寡合。不知喜工柔媚则偏。落指重浊则偏。性好炎闹则偏。发声局促则偏。取音粗厉则偏。入弦仓卒则偏。气质浮躁则偏，矫其偏。归於全。祛其倚。习於正。斯得中之传。

十四曰和

和为五音之本。无过不及之谓也。当调之在弦。审之在指。辨之在音。弦有性。顺则协。逆则矫。往来鼓动。有如胶漆。则弦与指和。音有律。或在徽。或不在徽。俱有分数以位其音。要使婉婉成吟。丝丝叶韵。以得其曲之情。则指与音和。音有意。意动音随。则众妙归。故重而不虚。轻而不浮。疾而不促。缓而不弛。若吟若猱。圆而不俗。以绰经注。正而不差。迂回曲折。联而无间。抑扬起伏。断而复连。则音与意和。因之神闲气逸。指与弦化。自得浑合无迹。吾是以和其太和。

十五曰疾

指法有徐则有疾。然徐为疾之纲。疾为徐之应。尝相错间。故句中借速以落迟。或句完迟老以速接。又有二法。小速微快。要以紧。递指不伤疾中之雅度。而随有行云流水之趣。大速贵急。务使急而不乱。依然安闲之气象。而泻出崩崖飞瀑之声。是故疾以意用。更以意神。

十六曰徐

古人以琴涵养性情。故名其声曰希。尝于徐徐得之。音生于指。优游弦上。节其气候。候至而下以叶厥律。或章句舒徐。或缓急相间。或断而复续。或续而复断。因候制宜。自然调古声希。渐入渊微。严道彻诗。几回拈出阳春调。月满四楼下指迟。其於徐意。大有得也。

后　记

本教材是我在中山大学哲学系长达十几年的经典美学原著选读课基础上编写成的，为的是在教学过程中给学生更多的参考。

经典原著经过长期的历史沉积，具有深厚的文化底蕴，并且对于今天来说仍然有着无穷魅力，是国人修身养性的重要源泉。对于哲学系的学生来说，需要一些留得住的东西，无论今后从事什么样的工作，自身的修养都是必需的。以往我们的学生出去找工作或者继续读研究生，在面试时往往吃亏的都是基础知识不足，所以通过经典阅读来加强这方面的改进是本教材最当务之急的意义所在。此外，我系开设古琴班已经有十三年，学生除了实践教学外，更需要理论修养。本教材的特色是结合本系教学特点，重点加强了乐论与琴美学的经典阅读，是适合本科学生阅读的经典原著。本教材的特色是解释清晰到位，生动又不失原味，通过阅读可以提升专业素养，学生也会对中华传统文化与民族精神有进一步的亲近与热爱。

本教材共选取古典诗文、书画、乐舞方面重要代表性文章 14 篇，每篇分题解、原文、注疏、精解、参考文献、延伸阅读六个方面全面系统地介绍，使学生能够深入理解。其中主编负责教材整体设计和最后统编，并负责曹丕《典论 · 论文》、陆机《文赋》、《礼记 · 乐记》、嵇康《声无哀乐论》、朱长文《琴史》部分的编写，其余部分均由曾担任本课程助教的博士编写，其中包括：李智星负责刘勰《文心雕龙》选读、司空图《二十四诗品》，庄谦之负责钟嵘《诗品序》、王延寿《鲁灵光殿赋》，龙进负责宗炳《画山水序》（并谢赫《古画品录》），陈华负责孙过庭《书谱序》，管丽珺负责郭熙《林泉高致》选读，黄新然负责石涛《画语录》选读，杨赟负责徐上瀛《溪山琴况》。

希望本教材对哲学专业学生、对艺术与美学感兴趣的非哲学专业大学生以及普通读者对中华文学艺术美学经典的理解有所帮助，并能够在未来的专业阅读与理解的基础上有所完善。

罗筠筠

2019年6月